高职高专“十二五”规划教材 汽车系列

汽车发动机机械维修

张 峻 主编
王华云 主审

化学工业出版社
·北京·

本书以汽车发动机维修职业能力为培养目标，以维修工作项目为载体，通过具体工作任务构建一体化教学内容体系，安排教学活动。主要内容包括发动机总体构造、曲柄连杆机构的检修、配气机构的检修、润滑系的检修、冷却系的检修、发动机大修等，突出按维修企业实际工作流程来培养学生职业核心能力的特点。

本书可作为高职高专、技工院校汽车类专业使用，还可供汽车维修短期培训使用。

图书在版编目（CIP）数据

汽车发动机机械维修/张峻主编．—北京：化学工业出版社，2015.10

高职高专“十二五”规划教材．汽车系列

ISBN 978-7-122-25155-8

Ⅰ.①汽…　Ⅱ.①张…　Ⅲ.①汽车-发动机-车辆修理-高等职业教育-教材　Ⅳ.①U472.43

中国版本图书馆 CIP 数据核字（2015）第 218094 号

责任编辑：潘新文　　装帧设计：孙远博

责任校对：宋　玮

出版发行：化学工业出版社（北京市东城区青年湖南街 13 号　邮政编码 100011）

印　　装：高教社（天津）印务有限公司

787mm×1092mm　1/16　印张 13½　字数 336 千字　2015 年 11 月北京第 1 版第 1 次印刷

购书咨询：010-64518888（传真：010-64519686）　售后服务：010-64518899

网　　址：http://www.cip.com.cn

凡购买本书，如有缺损质量问题，本社销售中心负责调换。

定　　价：30.00 元

前　言

近年来，我国汽车保有量急剧上升，私家车数量也急剧增加，这极大地拉动了我国汽车产业经济的发展。随着汽车用量的不断攀升，大大小小的汽车维修点数量不断增加，对汽车维修人才的需求不断扩大。随着新结构、新工艺、新材料、新技术的发展，许多先进技术逐渐融合到汽车中，汽车维修的技术含量也越来越高，对维修人员的专业技能素质也提出了越来越高的要求，汽车维修人员需要不断进行新的技能培训才能适应维修工作的需要。就业市场的旺盛需求，使得当前越来越多的职业院校开设汽车维修专业，并且汽修专业年招生量一直保持稳中有升的态势。由于汽车维修专业具有明显不同于其他专业的特点，更注重实操性，动手性，因此其专业教程相比其他专业更适合采用一体化的教学思路编写，本书正是基于当前汽车维修业的需求，根据一体化教学思路，本着在工作任务中掌握维修技能的教学原则，采用具体项目加学习任务模式编写而成。全书分发动机总体构造、曲柄连杆机构的检修、配气机构的检修、润滑系的检修、冷却系的检修和发动机大修六个项目，每个项目以解决检修问题点为主线，将汽车发动机的结构、工作原理、故障诊断与检修方法等渗透到每个子任务中去，以完成具体任务为目标展开教学，通过每个任务下的技能点的操作训练，培养学生的“故障入手—分析故障、制订维修方案—实施检修作业—维修质量检验”一系列全面职业技能，达到实际汽修企业一线岗位的专业要求，从而使学生毕业即能胜任汽车发动机维修业岗位工作。

各学校或培训班在使用本教材组织教学时，可以创建汽车发动机工作站，模拟企业工作环境，从具体车辆典型故障案例入手，按维修接待—收集信息—制订维修计划—实施维修作业—维修质量检查与评估等六个环节实施项目教学。

本书适用于高职高专、技工院校汽车维修、汽车检测、汽车运用及汽车电子技术等专业，还可供汽车维修短期培训使用，或作为自学用书。

本书由张峻任主编，朱联军、窦在学任副主编，王华云任主审，郭建尊任副主审，卢建平、李衍德、赵文志、梁力艳参加了编写，在本书编写过程中，张政新、赵国同老师对本书提出了许多宝贵意见和建议，山东唐骏汽车制造有限公司等汽车制造、维修企业对本书编写给予了大力支持，在此一并表示衷心的感谢。

由于编者的水平有限，书中难免有不妥之处，欢迎广大师生、读者提出宝贵批评意见。

编者

2015. 7

目 录

项目一　发动机总体构造

本项目的总体描述见表1-1。

表1-1　项目总体描述

<table>
<tr><td>项目名称</td><td colspan="3">发动机总体构造</td></tr>
<tr><td>教学安排</td><td>第二学期</td><td>基准学时</td><td>20学时</td></tr>
<tr><td colspan="4">案例</td></tr>
<tr><td colspan="4">一辆丰田轿车在行驶过程中出现冒黑烟、加速无力、怠速不稳、油耗增加等现象，进厂检测后确定需要大修，首先需要对发动机总成吊装</td></tr>
<tr><td colspan="4">工作分析</td></tr>
<tr><td colspan="4"><table><tr><td>工作对象
1. 维修合同或维修工单的识读；
2. 与维修接待员、车间主管和质检员的沟通；
3. 专用工具、设备、维修材料及配件的领用；
4. 维修资料的借阅、查阅与应用；
5. 发动机总成吊装、拆卸、解体、清洗、装配作业；
6. 维修记录单及工作总结的填写与存档</td><td>工作步骤
1. 与前台人员或车间主管就维修工单的内容进行沟通与记录；
2. 制定维修作业计划，确定维修专用工具量具和检修仪器，领取材料及备件；
3. 按计划对待修发动机进行检修，向前台或车间主管反馈必要的维修增项；
4. 确定发动机检修所需材料和配件的型号与数量；
5. 填写维修工单；
6. 自检、互检或由质检员检验发动机维修质量</td><td>工作要求
1. 组内成员之间、员工与完成此项任务涉及的其他部门相关人员之间进行熟练的专业沟通；
2. 从满足客户要求及经济、安全、环保的角度确定维修作业计划；
3. 掌握发动机检查、拆卸、安装、调整、检测和维护等工作标准和规范；
4. 对已完成的工作进行记录、存档、评价与总结；
5. 能安全作业及遵守5S的工作要求</td></tr></table></td></tr>
<tr><td colspan="4">职业能力要求</td></tr>
<tr><td colspan="4">1. 认识汽车维修通用和专用工具，规范使用常用汽修工具；
2. 收集汽车发动机吊卸操作规范相关信息，制定汽车发动机吊卸操作流程；
3. 能根据汽车发动机吊卸作业规范，实施汽车发动机吊卸作业；
4. 能描述汽车发动机的常用名词、分类和编号规则</td></tr>
<tr><td colspan="4">专业技术学习内容</td></tr>
<tr><td colspan="4">1. 通用工具和专用工具认识；
2. 汽车发动机工作原理和安装位置；
3. 汽车发动机分类、编号规则；
4. 发动机的常用术语和技术参数；
5. 发动机附件名称、安装位置及其作用；
6. 发动机吊卸操作；
7. 发动机附件的拆卸</td></tr>
</table>

学习任务一　常用维修工具及火花塞更换

教学活动一　认识常用维修工具

一、通用工具

通用工具包括各类扳手、套筒、螺丝刀、钳子、手锤等，见表1-2。有些螺栓（如汽缸盖螺栓、连杆螺栓等）在拧紧时要求达到一定的紧固力矩，这就需要用到扭矩扳手。

表 1-2　通用工具

名称	图例	说　明
套筒		套筒是拆卸螺栓最方便灵活的工具，使用套筒扳手不易损坏螺母的棱角。套筒呈短管状，一端内部呈六角形或十二角形，用来套住螺栓头，另一端有一个正方形的头孔，该头孔用来与配套手柄的方榫配合
		套筒分为大、中、小三个系列，以配套手柄方榫的宽度来区分。常见的有 6.3mm 系列、10mm 系列和 12.5mm 系列，如使用英寸表示，则对应为 1/4in 系列、3/8in 系列和 1/2in 系列
		六角长套筒：六角长套筒的深度是标准套筒深度的 2～3 倍，是汽车维修工作中最常用的套筒之一
		风动套筒：风动套筒专门配套气动冲击扳手使用，气动冲击扳手在工作时会产生瞬间强力冲击，如使用普通套筒可能会被损坏
		十二角花形套筒：套筒内径形状有六角和十二角（双六角）两种类型。六角花形套筒与螺栓、螺母的表面接触面大，不易损坏螺栓、螺母表面；十二角花形套筒各角之间只间隔 30°，可以很方便地套住螺栓，适合于在狭窄的空间中拆卸螺栓
	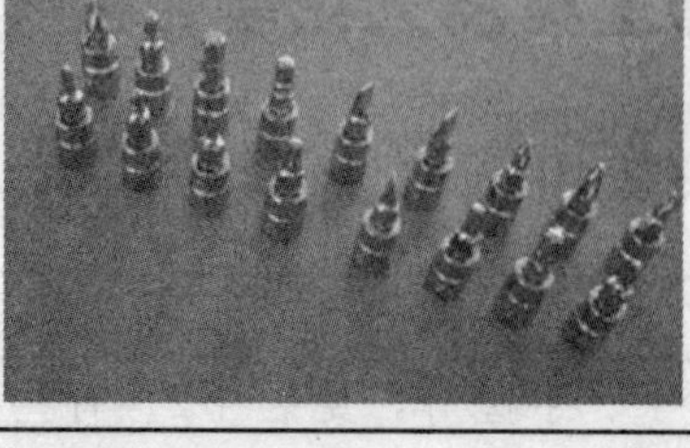	系列旋具套筒：旋具套筒与配套手柄配合，组合成各式各样的螺丝刀或六角扳手，用来拆卸螺栓头为特殊形状的螺栓或扭矩过大的小螺钉

续表

名称	图例	说 明
套筒		使用时，将套筒套在配套手柄的方榫上，再将套筒套住螺栓或螺母，左手握住手柄与套筒连接处，保持套筒与螺栓同轴，右手握住配套手柄加力
		使用中，左手握紧手柄与套筒连接处，切勿摇晃，以免套筒滑出或损坏螺栓螺母的棱角。朝向自己的方向用力，可防止滑脱造成手部受伤
	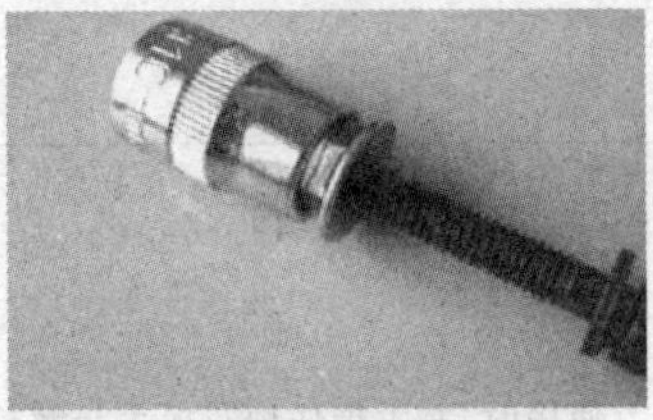	选用套筒时，必须使套筒与螺栓、螺母的形状及尺寸完全适合，否则套筒在使用时极有可能打滑，损坏螺栓、螺母
		不要使用出现裂纹或已损坏了的套筒。这种套筒会引起打滑，从而损坏螺栓、螺母的棱角。禁止用锤子将套筒击入变形的螺栓、螺母六角进行拆装，以免损坏套筒
开口扳手		开口扳手主要用于无法使用套筒扳手和梅花扳手操作的场合。有些螺栓或螺母必须从横侧插入，此时开口扳手可以做到，而梅花扳手则不行
	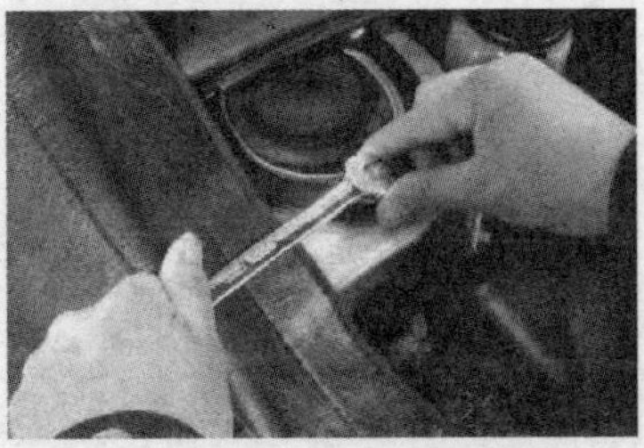	使用时，先将开口扳手套住螺栓或螺母六角的两个对向面，确保扳手与螺栓完全配合后才能施力。施力时，一只手推住开口扳手与螺栓连接处，并确保扳手与螺栓完全配合，另一只手大拇指抵住扳头，另外四指握紧扳手柄部往身边拉。当螺栓、螺母被扳转到极限位置后，将扳手取出并重复前面的过程

续表

名称	图例	说　明
开口扳手		在紧固燃油管、空调管路的调整螺栓时，为防止零件相对转动，需要用两个开口扳手配合，一个扳手固定一端螺栓，另一个扳手调整另一端螺栓
梅花扳手	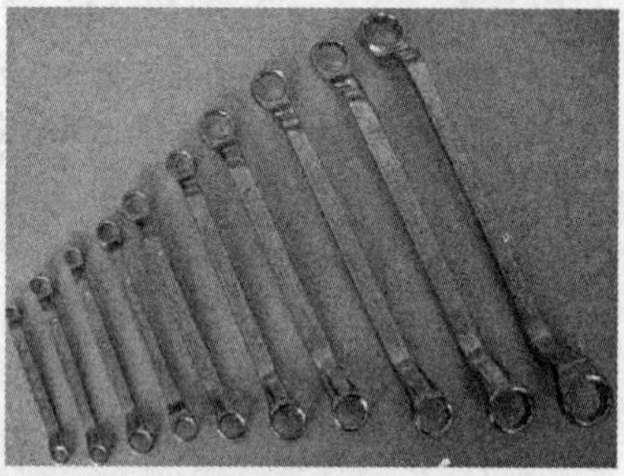	梅花扳手两端呈花环状，其内孔是由 2 个六边形相互同心错开而成
	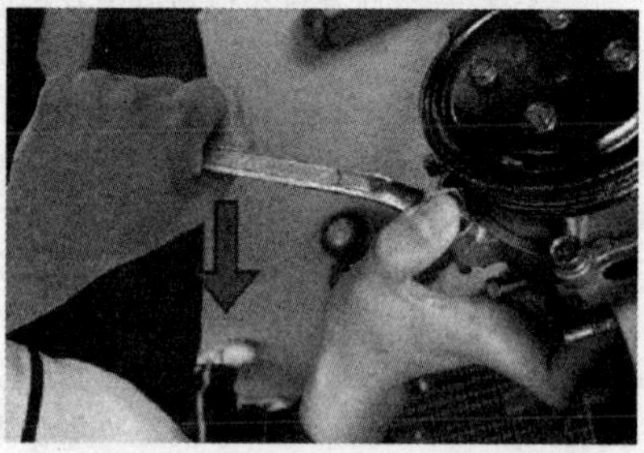	使用时，左手推住梅花扳手与螺栓连接处，保持梅花扳手与螺栓完全配合，防止滑脱，右手握住梅花扳手另一端并加力
		梅花扳手可将螺栓、螺母的头部全部围住，因此不会损坏螺栓角，可以施加大力矩。一定要确保扳手及螺栓尺寸和形状完全配合，否则会因打滑造成螺栓损坏，甚至会造成人身伤害
活动扳手	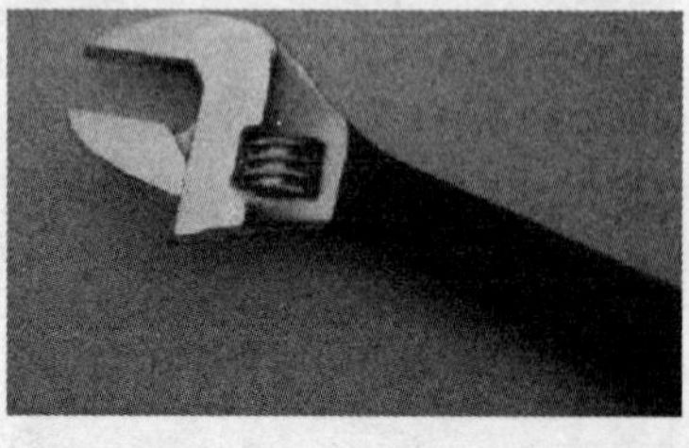	活动扳手也叫可调扳手，适用于尺寸不规则的螺栓、螺母，它能在一定范围内任意调节开口尺寸

名称	图例	说　明
活动扳手	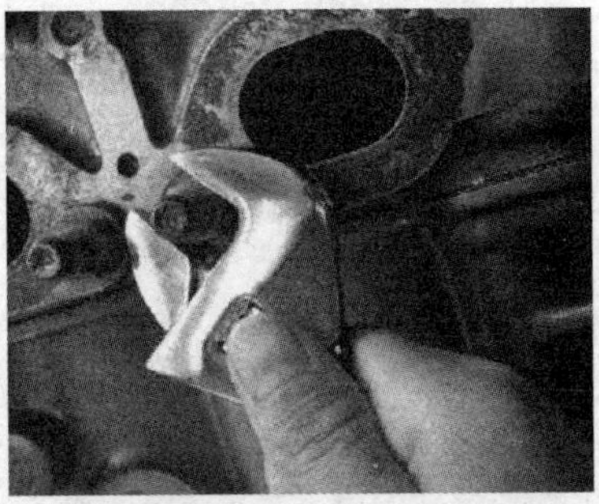	使用活动扳手时应先将活动扳手调整合适,使活动扳手钳口与螺栓、螺母两对边完全贴紧,不应存在间隙
		使用时,要使活动扳手的可调钳口部分受推力,固定钳口受拉力,只有这样施力才能保证螺栓、螺母及扳手本身不被损坏
内六角扳手		拆卸内六角和花形内六角螺栓时,可以使用内六角和花形内六角扳手,此类扳手多为L形
	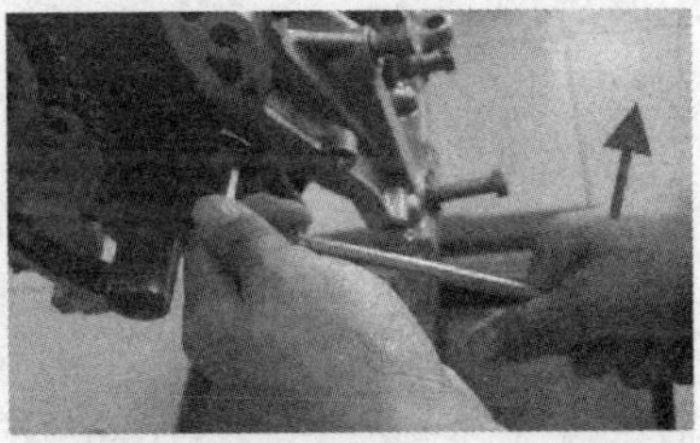	一般是手持L形六角扳手和花形内六角扳手的长端对螺栓进行拧松或紧固
	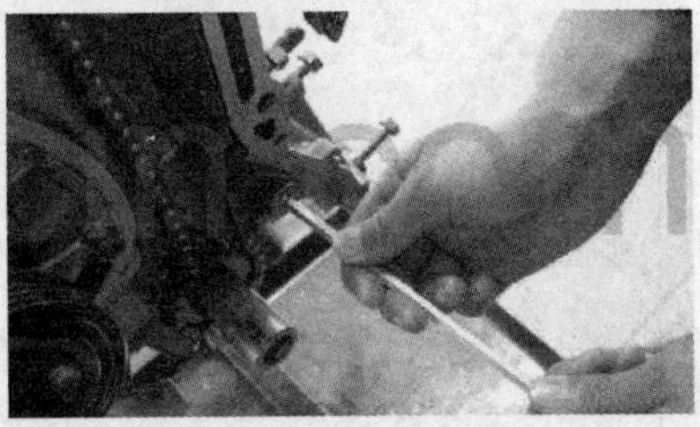	手持六角扳手的短端可用于快速旋拧螺栓

续表

名称	图例	说　明
钢丝钳	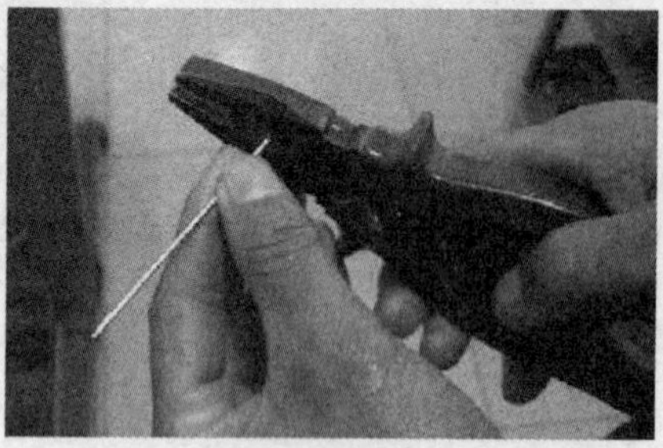	钢丝钳可以用来切断金属丝或夹持零件。钳口前端主要用于夹持各种零件，根部的刃口可用来切割细导线
尖嘴钳		尖嘴钳钳口长而细，特别适合在狭窄空间里使用。使用时注意严禁用钳子代替扳手来使用，也严禁把钳子当做锤子来使用
斜口钳		斜口钳可以剪切细导线，严禁用来剪切硬的或粗的金属丝，这样做会损坏刃口
鲤鱼钳		鲤鱼钳也称鱼嘴钳，主要用于夹持、弯曲和扭转工件。鲤鱼钳的手柄一般较长，可通过改变支点上槽孔的位置来调节钳口张开的程度
		在用钳子夹持零件前，必须用防护布或其他防护罩遮盖易损坏件，防止锯齿状钳口对易损件造成伤害

二、专用工具

有些维修项目必须使用专用工具，表 1-3 列出了部分专用工具。

表 1-3　专用工具

名称	图例	说　明
活塞环装卸钳	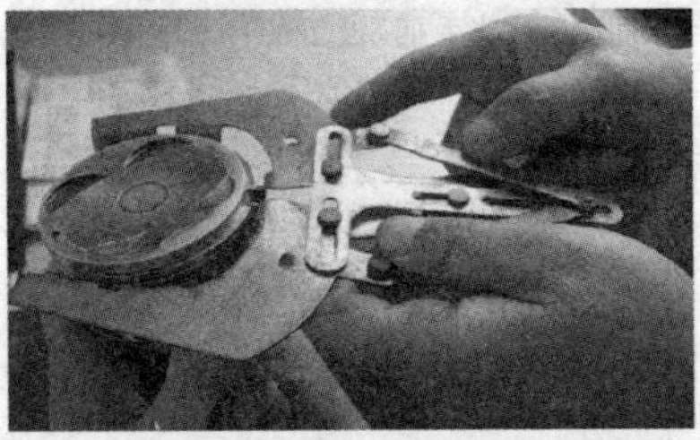	使用活塞环装卸钳时，用环卡卡住活塞环开口间隙，轻握手柄慢慢收缩，在杠杆力的作用下，活塞环会逐渐张开，当其略大于其活塞直径时，便可将活塞环从环槽内装入或取出。使用时，活塞环要与钳面紧贴，手柄要轻握；张开活塞环时，不可用力过猛，以防滑脱；同时，张开开口不宜过大，以防折断
活塞环压缩器		安装活塞环时，应将各环口位置正确地分布后，将活塞环压缩器包裹在活塞的外面，然后使用配套扳手收缩压缩器，将活塞环压入环槽内。将带压缩器的活塞下部放入汽缸内，并要求压缩器的下平面要和汽缸体的上平面结合好。使用木棒等工具锤击活塞顶部，使活塞顺利进入汽缸内
气门铰刀		选择好导杆和铰刀头后进行组装，把导杆的下端置于气门导管内以导向和定位。铰削气门座时，导杆要保持垂直，两手用力要均匀，转动要平稳，将气门工作面的烧蚀、斑点、凹陷等缺陷铰去。铰削时，用 45°或 30°铰刀铰削气门座的工作面，用 75°铰刀铰削 15°上斜面，用 15°铰刀铰削 75°下斜面
气门弹簧钳		使用时用凸台顶住气门头部，压头贴住气门弹簧座，然后下压手柄带动压头和气门弹簧下行，使锁片脱落在压头的凹槽内。使用磁棒取出气门锁片后，解除压头的锁止装置，轻轻回位下压手柄，使气门弹簧压力释放，这样就可以轻松地取下气门弹簧及气门了
杯式机油滤清器扳手		使用时将滤清器扳手套在机油滤清器顶部的多棱面上，使用方法同套筒扳手

续表

名称	图例	说　明
环形机油滤清器扳手		环形滤清器扳手结构为一个可调大小的环形，环形内侧设计为锯齿状。使用时将其套在滤清器顶部的棱面上，扳动手柄，扳手的环形会根据滤清器大小合适地卡在棱面上，顺利地完成拆装工作
火花塞套筒		火花塞套筒专用于火花塞的拆卸及更换，套筒内部装有磁铁或橡胶圈，因为大多数火花塞都是朝下布置的，必须从火花塞孔深处朝上取出，所以采用橡胶圈或磁铁来防止火花塞掉落。现在的车型主要使用16mm类型，旧车型也有采用21mm类型的

有的车型的发动机有其专用的维修工具，见图 1-1。

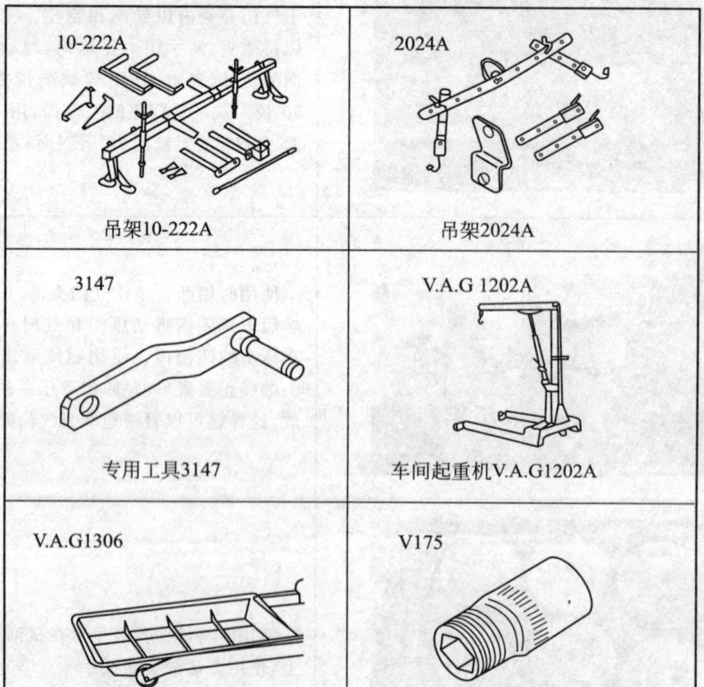

图 1-1　拆装大众轿车发动机的专用工具

三、油液收集和加注设备

1. 废油收集机

废油收集机如图 1-2 所示，它利用顶端的接油盘承接发动机的废油，同时内部设有气动吸油管，能伸到发动机和油底壳内抽取废油。当贮油箱内注满废油时可以通过内藏的气动泵向外排油。

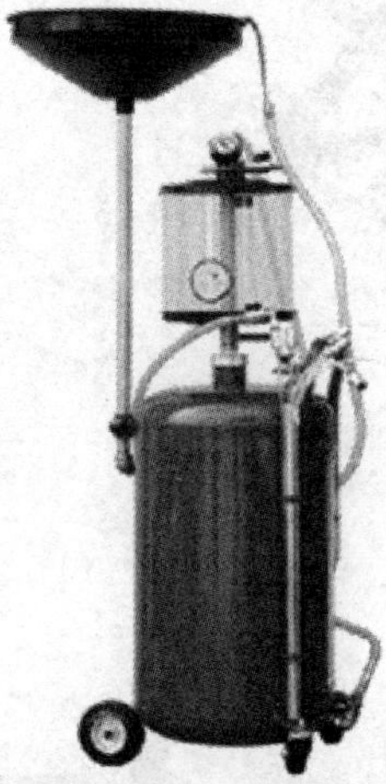

图 1-2 废油收集机

图 1-3 齿轮油加注机

2. 齿轮油加注机

由于齿轮油的黏度很大，用人工加注费工费时，可采用齿轮油加注机，通过手动泵向油箱内施加一定的压力，齿轮油便会注到变速器或驱动桥减速器内，如图 1-3 所示。

3. 润滑脂加注机

润滑脂加注机分手动式和气动式两种，手动式润滑脂加注机利用手动泵向储油箱内的润滑脂加压，方便灵活、价格便宜。气动式润滑脂加注机则需要空气压缩机提供压缩气源，润滑脂的排出压力大，加注质量高。

四、举升工具

在汽车维修时常常要将汽车举升起来，以便人钻到汽车下面作业，通常用千斤顶和举升器。

1. 千斤顶

图 1-4 所示为千斤顶，分为液压式和机械式两类。液压式千斤顶由于顶升质量大，机动灵活，应用广泛，常用的规格有 3t、10t、15t。

机械式千斤顶常用的有立式和剪刀式两种。立式千斤顶采用棘轮提升汽车，由于较为笨重，适合于车间内使用，常用规格为 3t 和 5t。剪刀式千斤顶采用螺杆转动带动杆系的原理来举升车辆，举升质量较小，但轻巧方便，较适合轿车的检修，如图 1-4 所示。

2. 举升器

举升器主要有双柱式、四柱式、龙门式等，设有双保险自锁保护装置，具有升降平稳，安全可靠，使用方便等特点。

双柱式举升器如图 1-5 所示，分为电动液压式和电动链条牵引式，立柱为固定式，适合对 3t 以下的轿车、轻型车维修用。

图 1-4　千斤顶

图 1-5　双柱式举升器

图 1-6　四柱式举升器

四柱式举升器如图 1-6 所示，分为电动液压式和电动链条牵引式，提升质量可达 8t，能满足载货汽车等较大车辆的维护需求，但其占用场地大，适合综合性汽车修理厂的使用。

五、 常用量具

1. 简单量具

表 1-4 列出了部分简单量具。

表 1-4　简单量具

名称	图例	说　明
钢直尺		钢直尺一般用于精度要求不高的测量，可以直接测量出工件的尺寸

续表

名称	图例	说明
钢卷尺		钢卷尺分为自卷式卷尺和制动式卷尺两种。钢卷尺由一条薄的富有弹性的钢带制成，钢带上刻有长度标志
直角尺		直角尺一般用来检查工件的内外角，由一个短边和一个长边构成，左图所示为在平面板上用直角尺进行气门弹簧的倾斜度测试

2. 厚薄规

厚薄规又称为塞尺，由多片不同厚度的标准钢片组成，钢片上标有其厚度值，主要用于测量两个接合面之间的间隙值。使用时可用一片或多片组合进行测量，见表 1-5。

表 1-5　厚薄规及其测量方法

厚薄规	图例	说明
厚薄规		每个钢片上标出了厚度(单位为 mm)，它们可以单独使用，也可以两片或多片组合在一起使用，以便获得所要求的厚度，最薄的一片可达 0.02mm。钢片的长度有 50mm、100mm、200mm 三种
测量汽缸表面平面度		厚薄规与直尺一起使用可检查零件的平直度，如汽缸表面的平面度
测量活塞环开口间隙		厚薄规可用来测量活塞环开口间隙

图 1-7　火花塞间隙规

3. 火花塞间隙规

图 1-7 所示为火花塞间隙规，它与厚薄规的区别在于厚度较大，一般为 0.5～1.05mm，火花塞间隙对发动机的点火性能影响很大，必须用火花塞间隙规进行调整和检查。

4. 游标卡尺

游标卡尺由主尺和游标尺两部分组成。其应用说明见表 1-6。游标卡尺按测量精度可分为 0.10mm、0.20mm、0.05mm、0.02mm 等几种。

表 1-6　游标卡尺及应用说明

名称	图例	说　明
游标卡尺	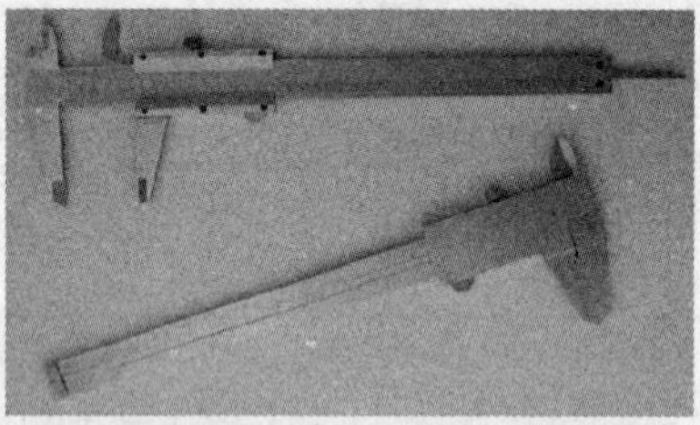	游标卡能够测量工件的长度、外径、内径及深度，在汽车维修工作中，0.02mm 精度的游标卡尺使用最多
游标卡尺的读数	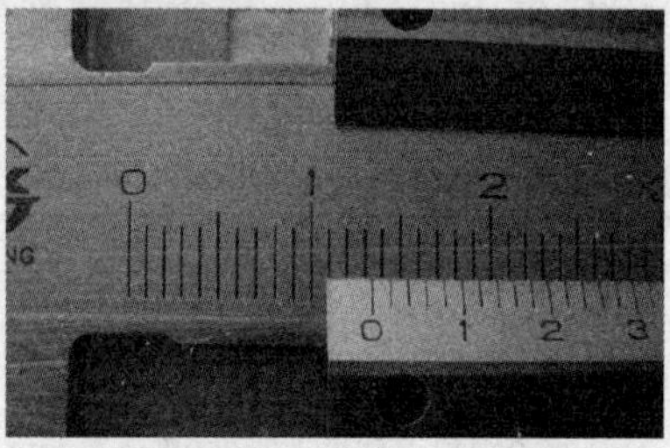	测量读数时，首先读出位于游标尺的零线左边的第一条主刻度尺上的刻度线的值，得到测量值的整数部分，如左图中的读数为 13.00mm
	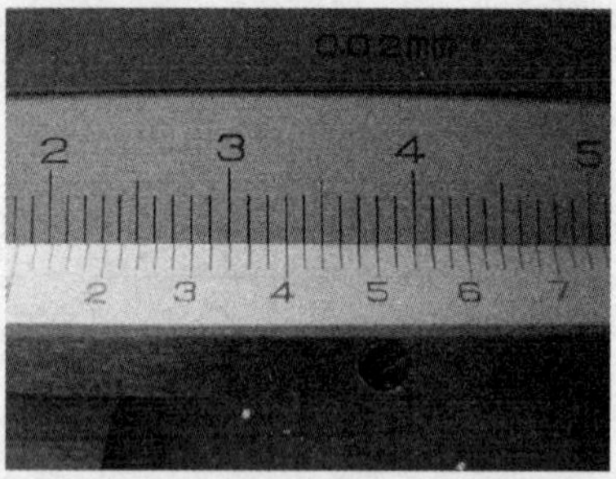	再读出游标尺上与主刻度尺刻度线对齐的那一条刻度线的数值，得到测量值的小数部分，如左图所示为 0.44mm
	最后把从主尺上读得的整数值和从游标尺上读得的小数值加起来，即为测得的实际尺寸值，上图中游标卡尺所测得的实际尺寸为 13mm＋0.44mm＝13.44mm	
游标卡尺的使用规范	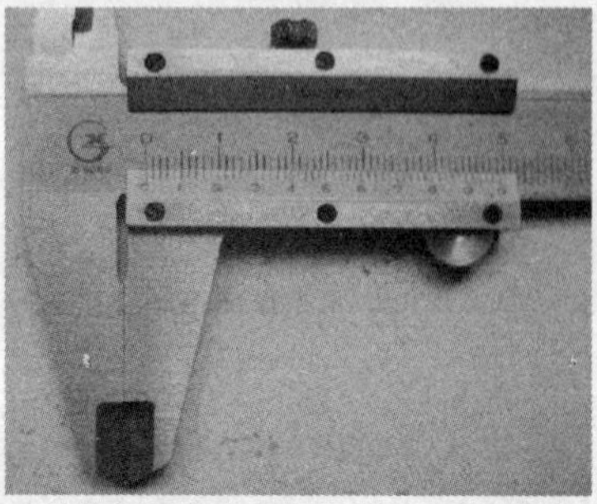	主、副尺的量爪必须能够完全密合。在密合状态下，主副尺零刻度线必须重合一致才是正确的；游标必须能够在主尺上轻轻地移动而不会发出声音才行

名称	图例	说　明
游标卡尺的使用规范	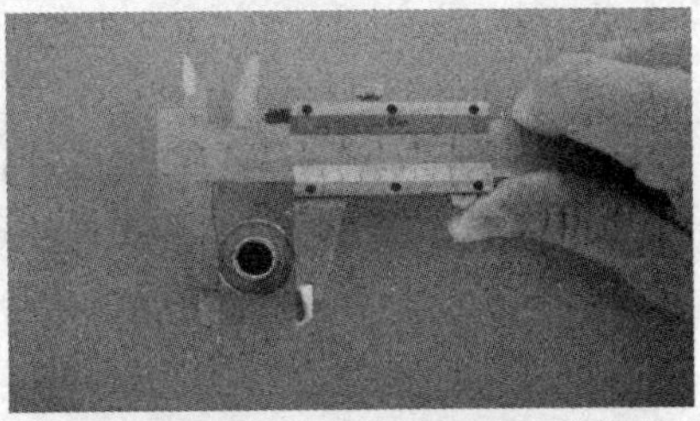	在测量外径时，需要将零件深夹在量爪中，使测定工件和游标卡尺保持垂直状态，然后用右手拇指轻压游标尺
		内径测量时，首先用拇指轻轻拉开副尺，并使主尺量爪与被测定物件保持正确的接触，上下晃动，由指示的最大尺寸读取读数

5. 千分尺

千分尺也称为螺旋测微器，用于测量精度要求较高的零部件，汽车维修工作中一般使用测量精度可达0.01mm的千分尺。千分尺的使用说明见表1-7。

表1-7　千分尺使用说明

名称	图例	说　明
千分尺的规格	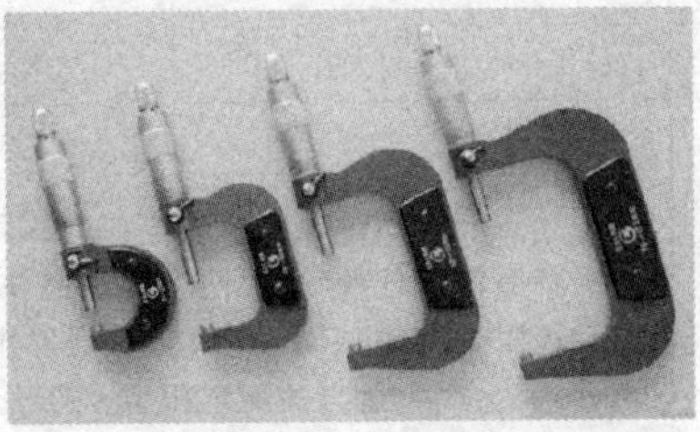	千分尺按测量范围分为0～25mm、25～50mm、50～75mm、75～100mm等多种规格
千分尺的构造	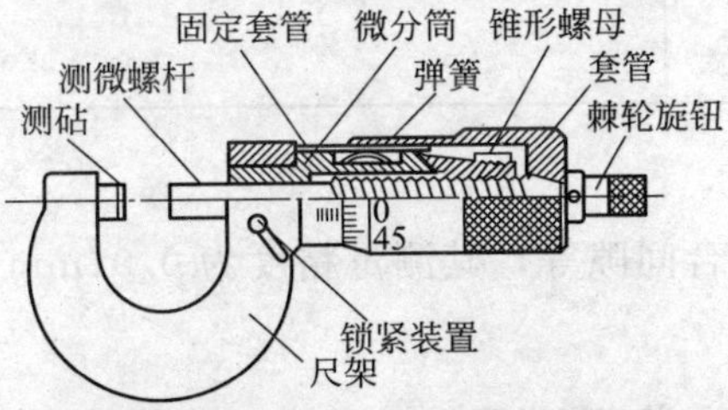	千分尺由测砧、测微螺杆、尺架、固定套筒、套管、棘轮旋钮及锁紧装置等组成
千分尺的读数	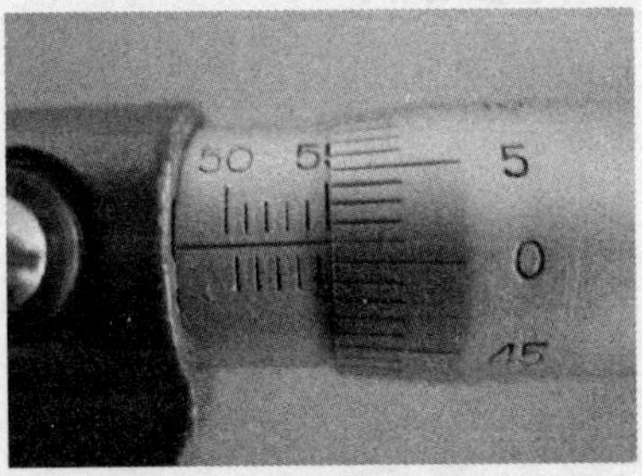	左图套筒上的刻度单位为0.5mm，套筒上的读数为55mm，套管上的刻度单位为0.01mm，套管上的与套筒基准线对齐的那条线刻度是0.01mm，因此图中千分尺读数是55mm+0.01mm=55.01mm

名称	图例	说　明
千分尺的读数	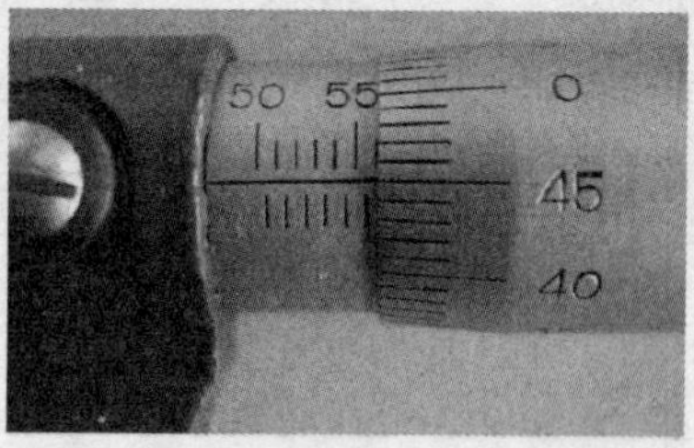	左图套筒上的读数为55.5mm，套管上的0.45mm的刻度线对齐基准线，因此读数是55.5mm＋0.45mm＝55.95mm
		测量时将被测面轻轻顶住砧子，转动限荷棘轮及套筒使测轴前进
千分尺的使用	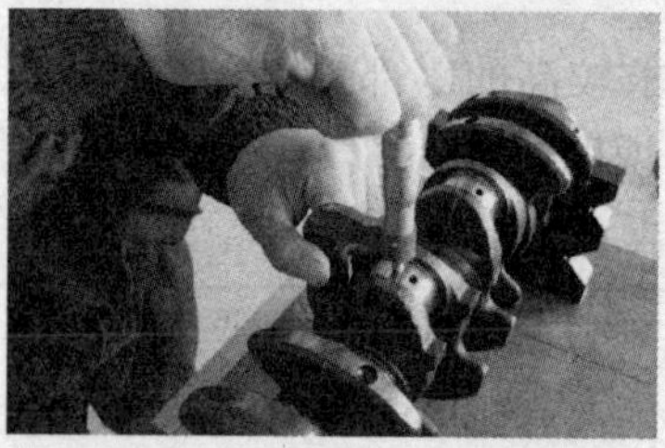	测定时尽可能握住千分尺的弓架部分，同时要注意不可碰及砧子
	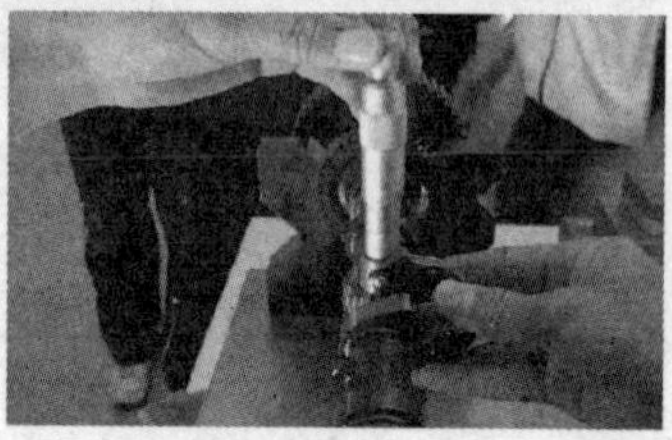	旋转后端限荷棘轮，使两个砧端夹住被测部件，然后再旋转限荷棘轮一圈左右，当听到发出两三响“咔咔”声后，就会产生适当的测定压力

6. 百分表

百分表主要用于测量工件的尺寸误差及配合间隙等，其测量精度为0.01mm，其应用说明见表1-8。

表1-8　百分表及其应用说明

名称	图例	说　明
百分表精度		一般汽车修理厂采用最小刻度为0.01mm百分表的居多，百分表可以和夹具配合使用

续表

名称	图例	说　明
百分表读数		百分表表盘刻度分为100格，当量头每移动0.01mm时，大指针偏转1格；当量头每移动1.0mm时，大指针偏转1周，小指针偏转1格相当于1mm
百分表使用		利用百分表测曲轴弯曲度，先将曲轴的两端支撑在检测平板上的V形槽中，然后将百分表固定在磁性支架上，调整百分表测量头使其顶住中央的轴颈部，接着慢慢地转动曲轴，百分表指针即可指示出弯曲度值
		汽缸盖、制动后挡板的变形可以用直尺来测，但使用百分表能更准确地测得各部位的尺寸差

7. 量缸表

量缸表在汽车维修中主要用于测量发动机汽缸和轴承座孔的磨损情况，测量精度为0.01mm。其应用说明见表1-9。

表1-9　量缸表及其应用说明

名称	图例	说　明
量缸表结构	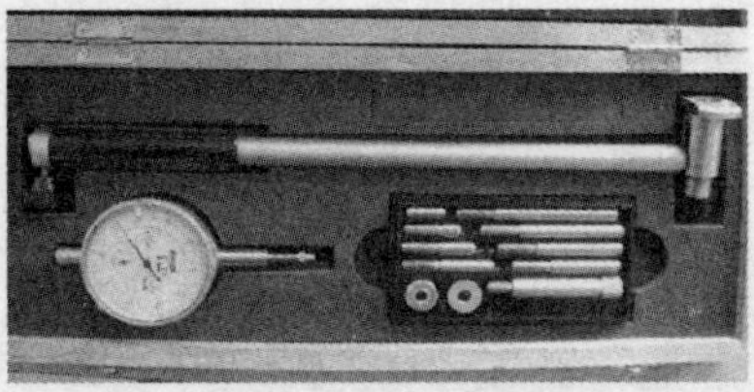	量缸表的结构主要包括表头、表杆、替换杆和替换杆紧固螺钉等

名称	图例	说明
		量缸表在使用前，先使用游标卡尺测量缸径后获得基本尺寸，作为选择合适量杆的参考
	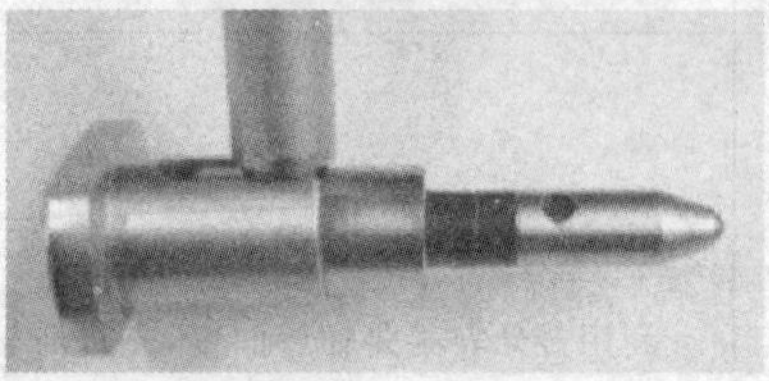	根据所测缸径的基本尺寸选用合适的量杆，使量杆长度比缸径大0.5～1.0mm
	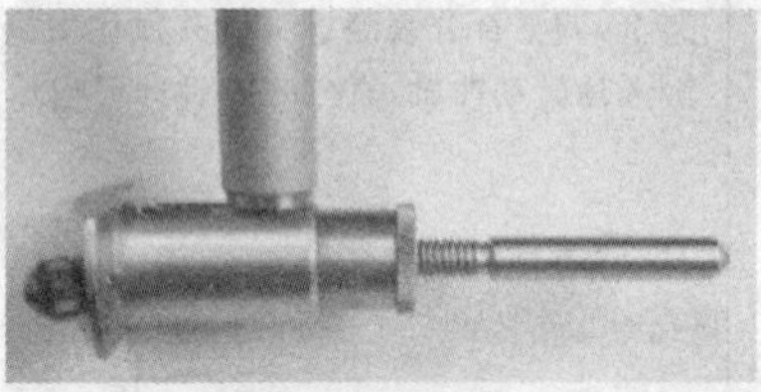	量缸表的量杆分垫片调整式和螺旋杆调整式两种类型
量缸表的使用	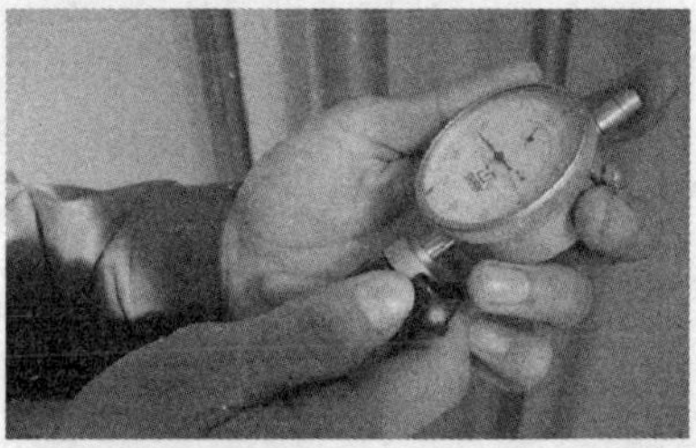	将表头插入表杆上部，预先压紧0.5～1.0mm后固定
		将外径千分尺调至所测缸径尺寸，并固定在专用固定夹上，对量缸表进行校零
		当大表针逆时针转动，使表盘上的零刻度线与其对齐

名称	图例	说明
量缸表的使用		慢慢将导向板端(活动端)倾斜,使其先进入汽缸内,而后再使替换杆件端进入
	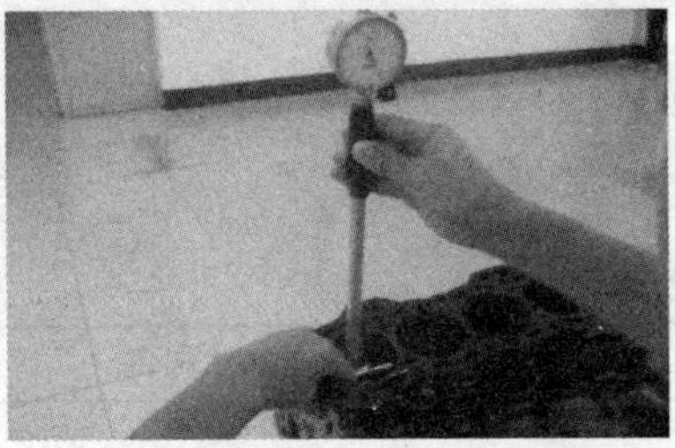	在测定位置维持导向板不动,而使替换杆件的前端做上下移动,观测指针的移动量,当量缸表的读数最小且量缸表和汽缸成直角时,读取数据

8. 轮胎气压表

轮胎气压表用于测量轮胎气压,如图 1-8 所示。

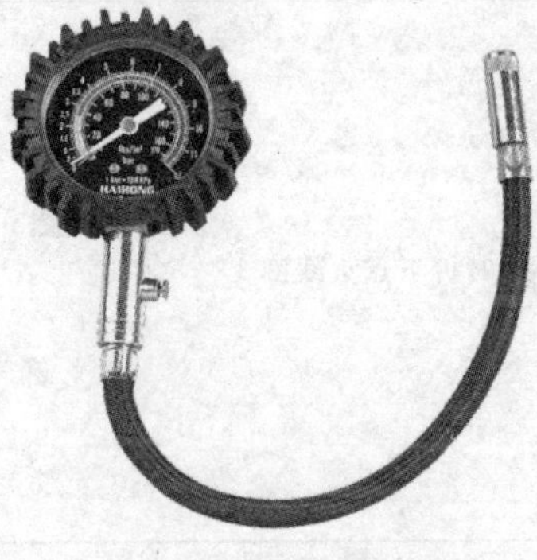

图 1-8　轮胎气压表

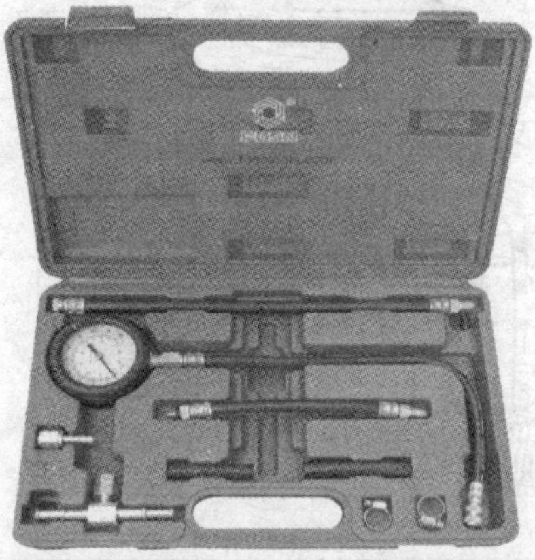

图 1-9　燃油压力表

9. 燃油压力表

燃油压力表如图 1-9 所示,安装于输油泵出油端与输油总管进油端之间,燃油压力表套件备有各种连接头,可以满足各种类型发动机的测量需要。

10. 真空表与真空泵

真空表与真空泵如图 1-10 所示,用于检查某些装置工作时的真空度或密封性。

11. 散热器检测器

散热器检测器如图 1-11 所示,是在手动压力泵的基础上附上一个压力表,端口处可与散热器盖连接,也可装上附件与散热器盖的端口连接,用于向散热器加压,检查散热器的密封性。

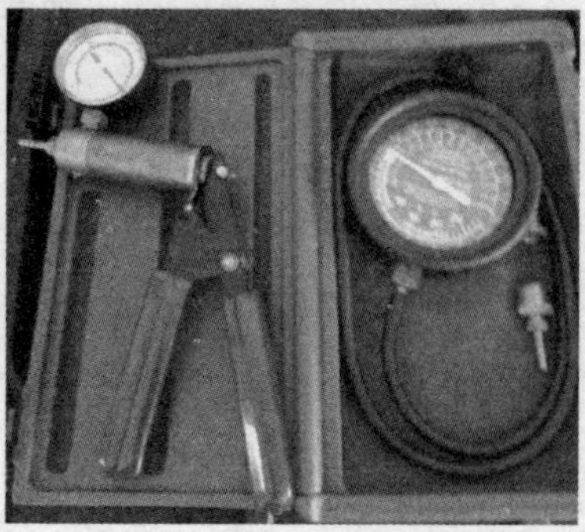

图 1-10　真空表与真空泵

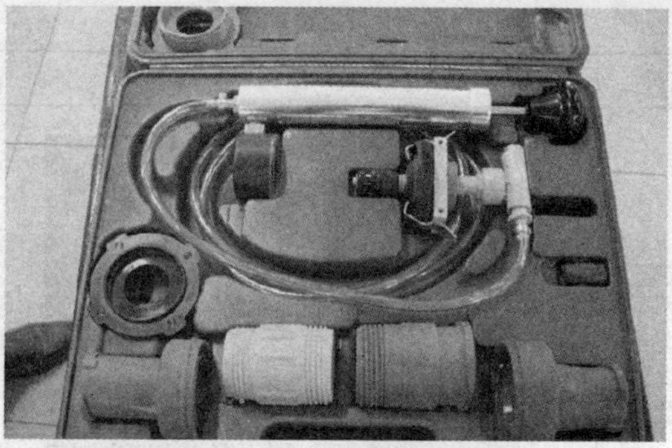

图 1-11　散热器检测器

教学活动二　制定作业方案

参考表 1-10，制定更换火花塞作业方案。

表 1-10　更换火花塞参考手册

图例	操作要领
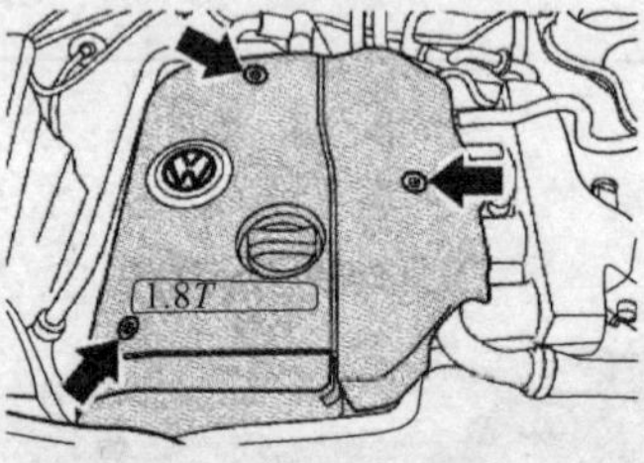	按箭头所示拆下发动机盖罩
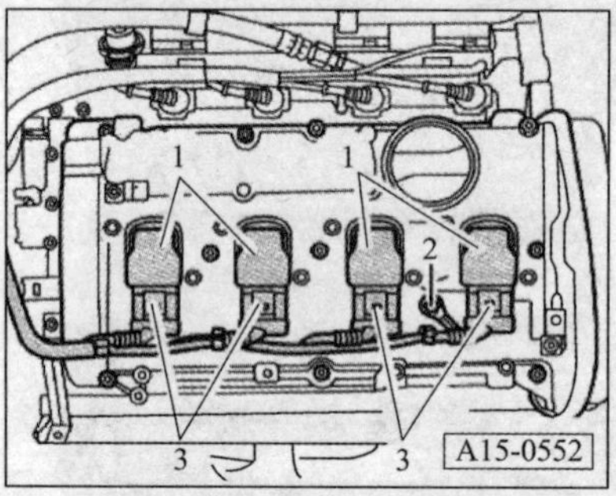	拔下插头 3,拆下点火线圈 1
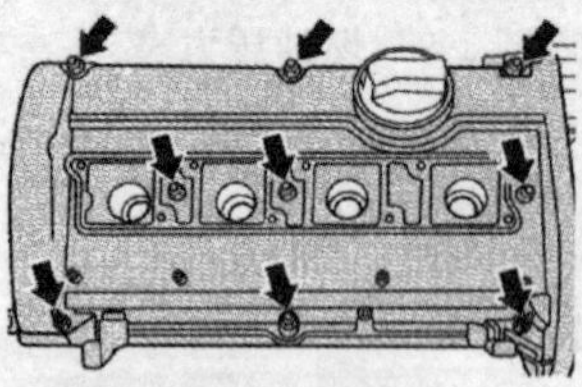	松开箭头所示的汽缸盖罩螺母,取下汽缸盖罩
	用 3122B 工具拧下火花塞

续表

图例	操作要领
	检查火花塞间隙
	安装火花塞
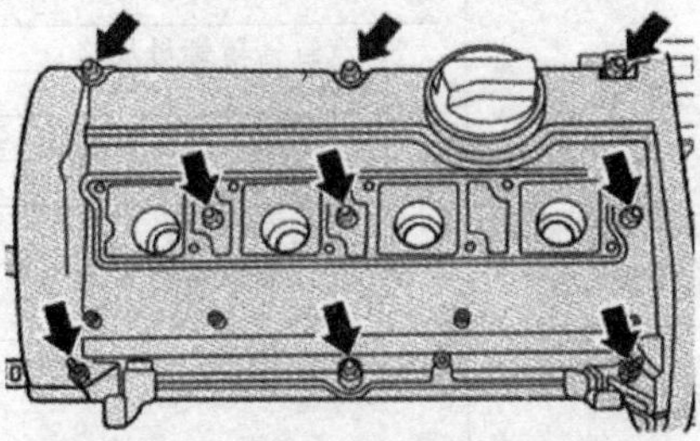	松开箭头所示的汽缸盖罩螺母，取下汽缸盖罩
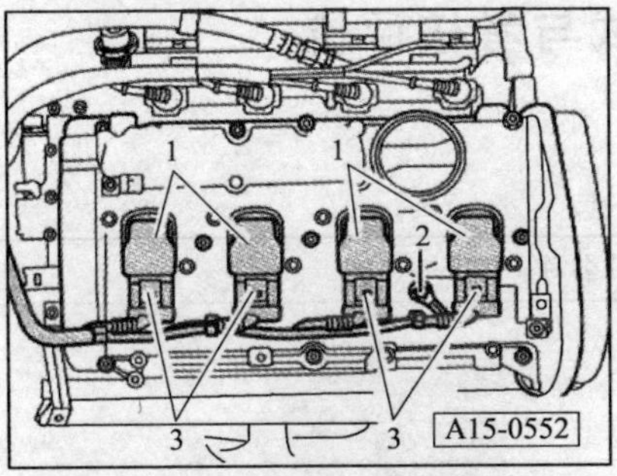	安装点火线圈 1，插上插头 3
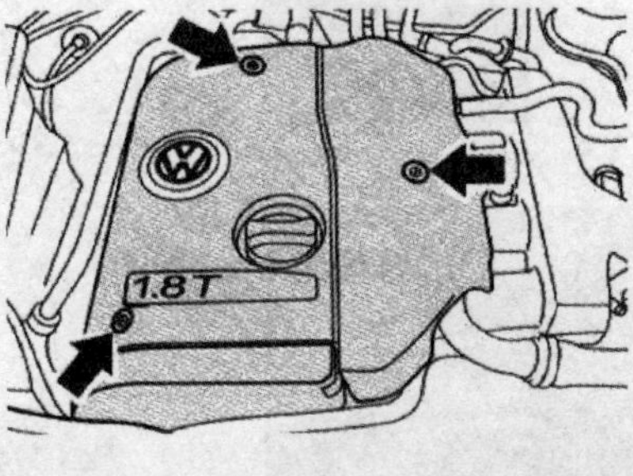	安装发动机盖罩

制定更换火花塞作业方案，如表 1-11 所示。

表 1-11 更换火花塞作业方案

<table>
<tr><td colspan="2" rowspan="2">车辆信息描述</td><td>车辆描述</td><td colspan="2"></td></tr>
<tr><td>车辆发动机描述</td><td colspan="2"></td></tr>
<tr><td colspan="2">注意安全事项</td><td colspan="3">(1)注意人身和机件的安全，不了解情况的，先了解后动手，特别注意在车底下工作时的人身安全；
(2)未经许可，不准扳动机件和乱动电器按钮开关；
(3)注意防火；
(4)认真接受实习前的安全知识教育</td></tr>
<tr><td rowspan="3">总体方案</td><td></td><td>作业要领</td><td>技术标准</td><td>检查记录</td></tr>
<tr><td>工具使用和车辆检查</td><td>1. 熟练使用一般套筒；
2. 熟练使用火花塞专用套筒；
3. 会用火花塞间隙规测量火花塞间隙；
4. 会使用扭矩扳手紧固螺栓；
5. 熟悉该车辆发动机火花塞安装位置；
6. 检查该车的外观情况</td><td>1. 判断火花塞好坏；
2. 车辆外观无划伤和痕迹</td><td>1. 使用套筒规格：________
2. 标准火花塞间隙：________
3. 火花塞拧紧力矩：________
4. 总里程：________
5. 燃油量：________
6. 外观情况：________</td></tr>
<tr><td>更换火花塞步骤</td><td>1. 用套筒扳手拆下发动机盖罩螺栓，拿下发动机盖罩；
2. 拔下点火线圈连接线束；
3. 拔出四个点火线圈，按顺序摆放；
4. 用套筒扳手拆卸汽缸盖罩螺母，取下汽缸盖罩。
①用扭力扳手从外侧到内侧对角线松开螺栓；
②用棘轮扳手卸下螺栓。
5. 用火花塞专用套筒按顺序拆卸火花塞；
6. 按顺序把火花塞摆放整齐；
7. 用火花塞间隙规依次测量火花塞间隙并记录；
8. 取出需要更换的新火花塞；
9. 用火花塞专用套筒按顺序安装火花塞。
10. 安放汽缸盖罩，用棘轮扳手上螺栓，用扭力扳手从内侧到外侧沿对角线拧紧螺栓，使用套筒扳手安装汽缸盖罩螺母；
11. 安装四个点火线圈；
12. 按顺序连接点火线圈连接线束；
13. 安放发动机盖罩，用套筒扳手安装发动机盖罩螺栓</td><td></td><td>1. 发动机盖罩紧固螺栓规格：________
2. 点火线圈连接线规格：________
3. 汽缸盖罩螺母规格：________
4. 使用扭力扳手量程：________
5. 火花塞间隙：________
6. 汽缸盖罩螺栓紧固力矩：________</td></tr>
</table>

教学活动三 自我测试与考核评价

自我测试见表 1-12。

表 1-12 自我测试

<table>
<tr><td>写出下面各图中工具的名称</td></tr>
<tr><td>名称________ 名称________ 名称________
名称________ 名称________</td></tr>
</table>

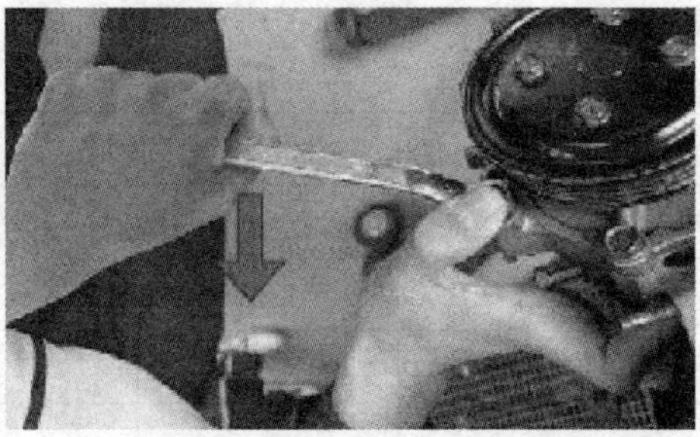

简述图中梅花扳手的使用方法：

图中的工具为________________。简述其作用：

以下哪种工具不可用于机油滤清器的拆卸(　)

(a)

(b)

(c)

- 在使用游标卡尺之前，应采取下列(　)步骤

A. 在滑动部分涂上大量的润滑油

B. 检查钳口的端面是否变形，并对看得见的变形之处进行调整

C. 当钳口紧贴在一起时，检查零刻度是否对准

D. 检查游标是否松开，并通过拧紧止动螺钉进行必要的调整

- 百分表长指针表示的长度单位是(　)

A. 1mm　　B. 0.1mm　　C. 0.01mm　　D. 0.001mm

- 读下图所示外径千分尺和游标卡尺的测量值

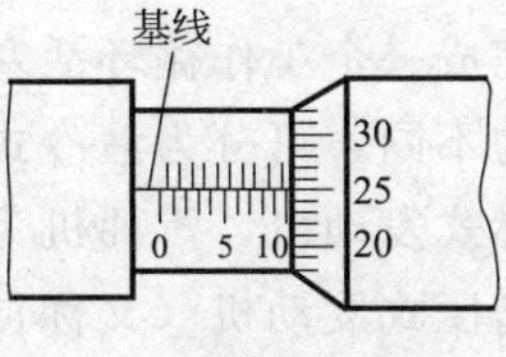

(a) 测量1

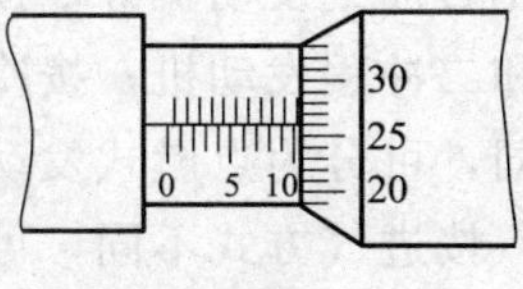

(b) 测量2

- 下图中游标卡尺读数为________________

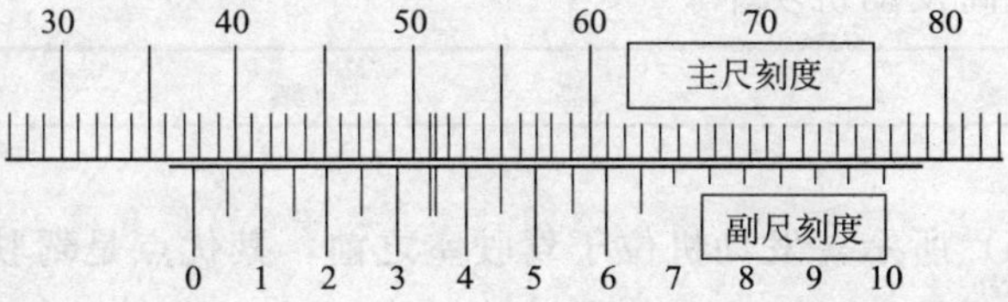

考核评价见表 1-13。

表 1-13 考核评价表

班级：__________ 姓名：__________ 学号：__________

项目	自我评价			小组评价			教师评价		
	10-9	8-6	5-1	10-9	8-6	5-1	10-9	8-6	5-1
	占总评 10%			占总评 30%			占总评 60%		
学习活动 1									
学习活动 2									
协作精神									
纪律观念									
表达能力									
工作态度									
安全意识									
任务总体表现									
小计									
总评及教师评语									

任课教师：__________ 年 月 日

学习任务二 汽车发动机吊卸

教学活动一 认识汽车发动机

一、汽车发动机分类

发动机是汽车的动力源，又称内燃机，它将汽油等燃料燃烧产生的热能转变成机械能。按发动机活塞运动方式的不同，可分为往复直线运动活塞式发动机和转子式发动机；按所用燃料不同，可分为汽油机、柴油机、液化石油气发动机等；按发动机完成一个工作循环活塞运动的行程数不同，分为四冲程发动机和二冲程发动机；按冷却方式的不同，可分为液冷式发动机和风冷式发动机；按点火方式不同，可分为点燃式发动机和压燃式发动机，汽油机为点燃式发动机，柴油机为压燃式发动机；按进气方式不同，可分为非增压式发动机（又称自然吸气式发动机）和增压式发动机，前者进气是靠活塞的抽吸作用而进行的，后者利用增压器将进气压力增高压入发动机，因而可以提高发动机功率。

二、汽车发动机布置形式

1. 货车发动机

货车发动机第 1 种布置形式如图 1-12(a) 所示，发动机位于驾驶室之前，其优点是驾驶员工作条件较好，发动机维修方便。缺点是货箱尺寸较小，不能充分发挥汽车的运输能力，视野较差。第 2 种布置形式如图 1-12(b) 所示，驾驶室部分在发动机之上，其优点是增大了货箱尺寸，缺点是驾驶员工作条件较差，发动机维修不方便。第 3 种布置形式如图 1-12(c) 所示，整个驾驶室在发动机之上。其优点是轴距和总长较短，汽车较轻，缺点是驾驶室内较热，发动机维修不方便，汽车总高度较大。

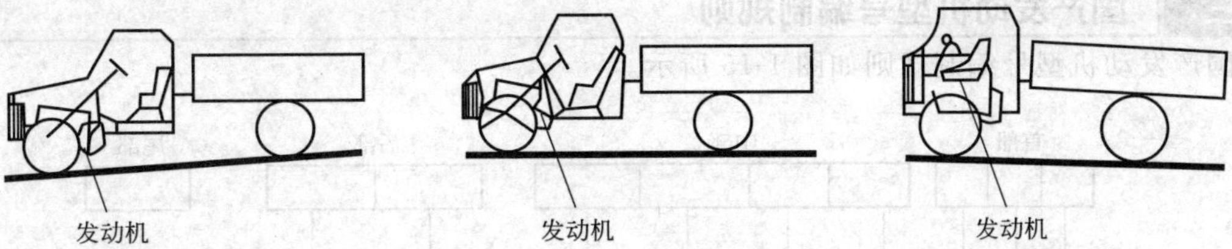

(a) 第1种布置形式　(b) 第2种布置形式　(c) 第3种布置形式

图 1-12　货车发动机布置形式

2. 客车发动机

客车发动机第 1 种布置形式如图 1-13(a) 所示，发动机置于车身内部前方，其优点是面积利用率高，缺点是发动机前置使前轮胎过载，驾驶员工作条件差。第 2 种布置形式如图1-13(b) 所示，发动机置于车身内部的后方，其优点是轴负荷分配合理，车身较低，缺点是发动机的冷却条件差，发动机和传动系的操作机构复杂。第 3 种布置形式如图 1-13(c) 所示，发动机布置于车身中部底板下面。其优点是面积利用率高，轴负荷分配合理，缺点是发动机维修困难，冷却条件差，车身底板高，发动机噪声、热量能进入车厢，目前较少采用。

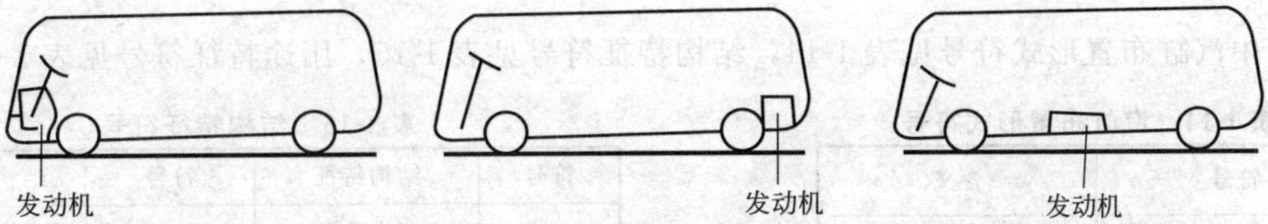

(a) 第1种布置形式　(b) 第2种布置形式　(c) 第3种布置形式

图 1-13　客车发动机布置形式

3. 轿车发动机

轿车发动机第 1 种布置形式如图 1-14(a) 所示，发动机前置，后轮驱动。其优点是增加了车身的有效载客面积，前后轴的分配合理，舒适性较高，缺点是传动轴较长，空间布置复杂。第 2 种布置形式如图 1-14(b) 所示，发动机前置，前轮驱动。其优点是传动系统布置紧凑，车身下面没有万向传动装置，汽车重心下降，稳定性提高，侧滑可能性小，缺点是汽

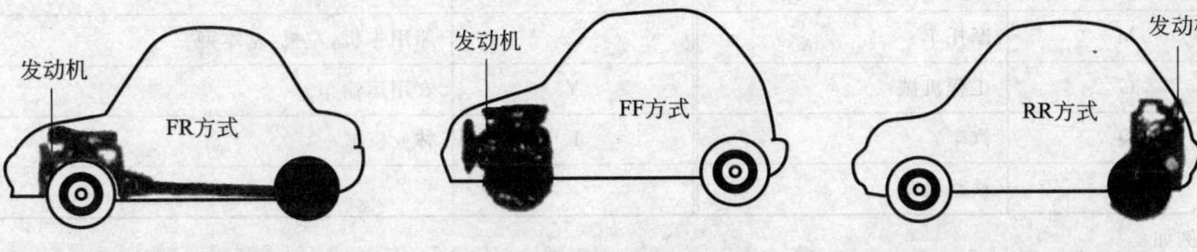

(a) 第1种布置形式　(b) 第2种布置形式　(c) 第3种布置形式

图 1-14　轿车发动机布置形式

车上坡时前桥负荷减小，打滑可能性增加，下坡时前桥负荷加大，稳定性下降，前桥结构较复杂。第 3 种布置形式如图 1-14(c) 所示，发动机后置，后轮驱动。其优点是传动系统布置紧凑，汽车重心较低，能较好地隔绝发动机噪声，缺点是发动机冷却效果降低，还需要一套远距离操纵机构，前后桥负荷分配较难平衡。

三、国产发动机型号编制规则

国产发动机型号编制规则如图 1-15 所示。

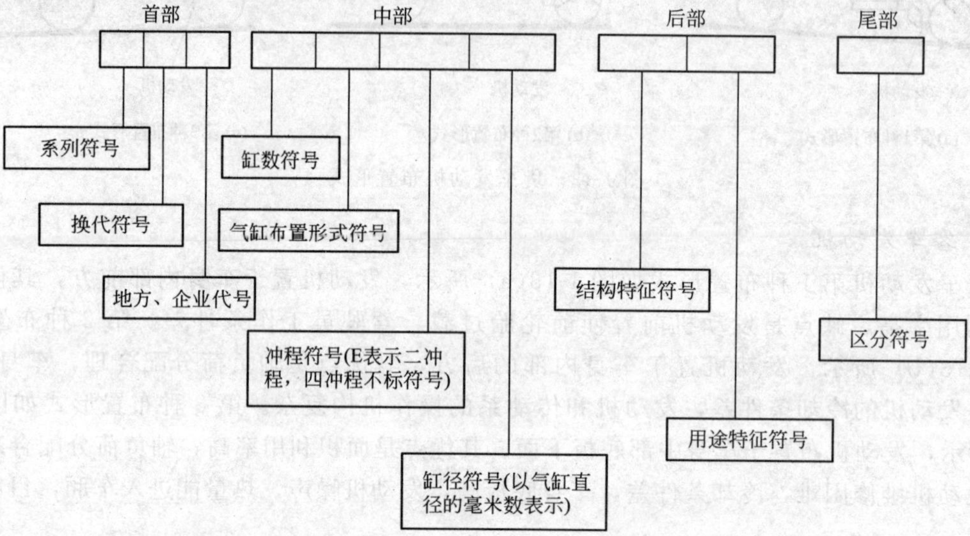

图 1-15　国产发动机型号编制规则

其中汽缸布置形式符号见表 1-14，结构特征符号见表 1-15，用途特征符号见表 1-16。

表 1-14　汽缸布置形式符号

符号	含义
空	多缸直列及单缸
V	V 形
P	平卧形

表 1-15　结构特征符号

符号	结构特征	符号	结构特征
空	水冷	z	增压
F	风冷	ZL	增压中冷
N	凝汽冷却		
S	十字头式		

表 1-16　用途特征符号

符号	用途	符号	用途
空	通用型及固定动力	D	发电机组
T	拖拉机	C	船用主机，右机，基本型
M	摩托车	Cz	船用主机，左机，基本型
G	工程机械	Y	农用运输车
Q	汽车	L	林业机械
J	铁路机车		

例如：

EQ6100Q1：第二汽车制造厂生产，6 缸直列，四冲程，缸径 100mm，水冷，车用，第 1 次改型；CA488-3：第一汽车制造厂生产，4 缸直列，四冲程，缸径 88mm，水冷，第 3 次改型。

四、发动机的一般构造

一般汽车使用的发动机是往复活塞式内燃机，其基本结构如图 1-16 所示。其中应用最广泛的是传统汽油机（见图 1-17）和柴油机（见图 1-18）。其活塞装在圆筒状的汽缸内，可沿汽缸中心线作往复直线运动，活塞通过活塞销与连杆的小端连接，连杆大端套装在曲轴的连杆轴颈上，曲轴的两端支撑在曲轴箱的轴承上。因此，活塞作往复直线运动时就可带动曲轴作旋转运动。汽缸上部装有汽缸盖，使活塞顶部与汽缸之间构成密闭的燃烧室。汽缸盖上装有进气门和排气门，通过进、排气门的开闭实现向汽缸内充气和向汽缸外排气。进排气门根据发动机工作要求相应开启和关闭。其开闭时间受凸轮轴控制，凸轮轴由曲轴驱动。

图 1-16　往复活塞式内燃机

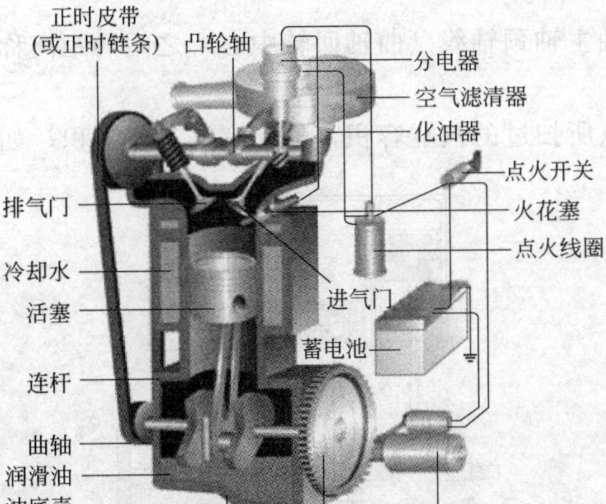

图 1-17　传统汽油机

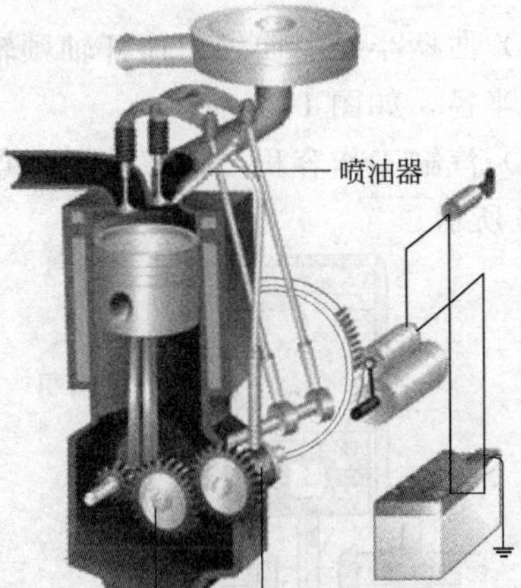

图 1-18　柴油机

下面介绍常用的一些发动机技术术语。

(1) 上止点　活塞上行到达最高点处的位置称为活塞上止点。此时活塞顶部距离曲轴回转中心最远，如图 1-19 所示。

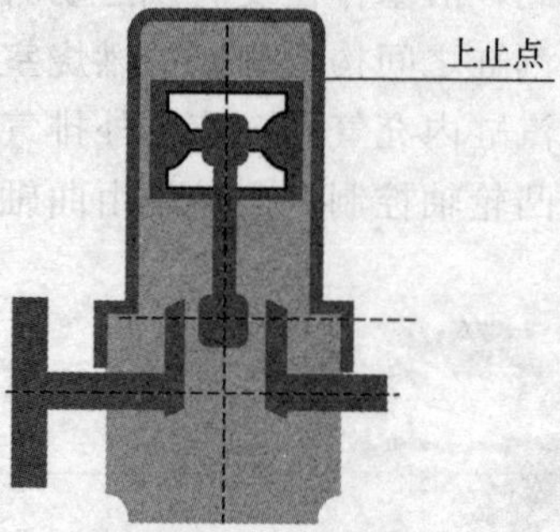

图 1-19　上止点

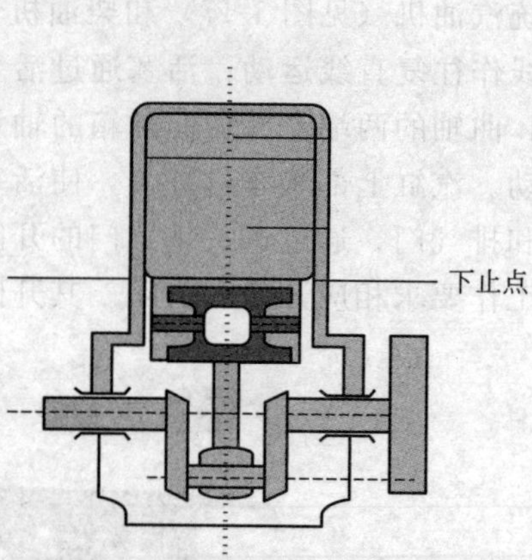

图 1-20　下止点

(2) 下止点　活塞下行到达最低点处的位置称为活塞下止点。此时活塞顶部距离曲轴回转中心最近，如图 1-20 所示。

(3) 活塞行程　活塞在上下止点间的运行距离称为活塞行程，如图 1-21 所示。

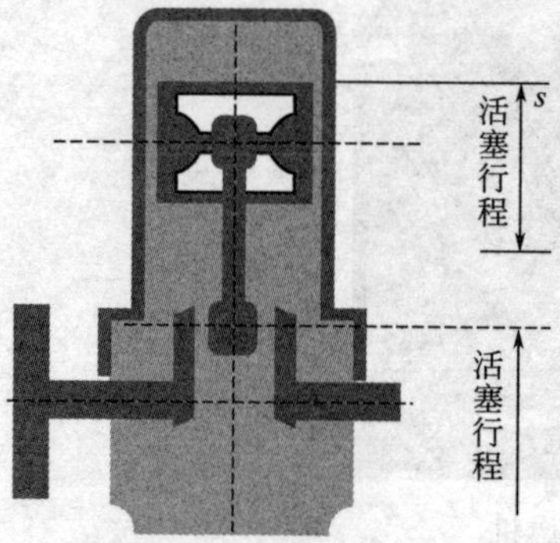

图 1-21　活塞行程

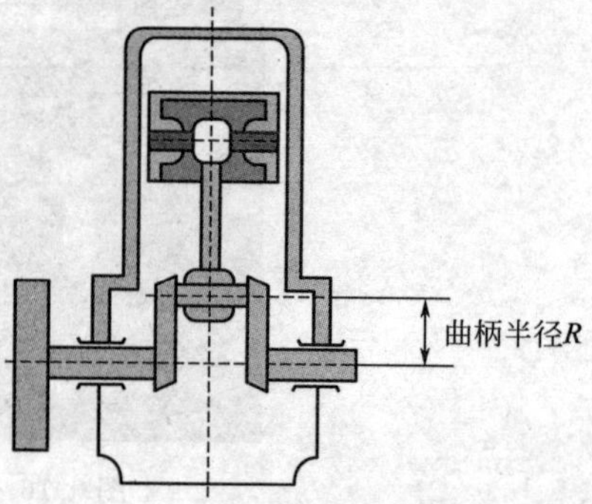

图 1-22　曲柄半径

(4) 曲柄半径　曲轴上连杆轴颈轴线与曲轴主轴颈轴线（曲轴回转中心）之间的距离称为曲柄半径，如图 1-22 所示。

(5) 汽缸工作容积　活塞从上止点到下止点所扫过的汽缸容积，称为汽缸工作容积，如图 1-23 所示。

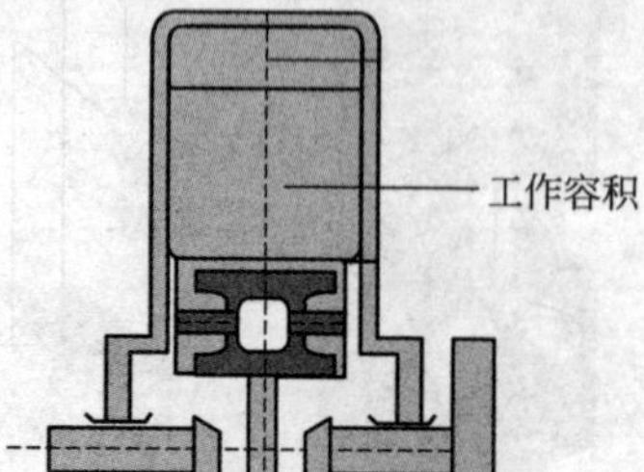

图 1-23　汽缸工作容积

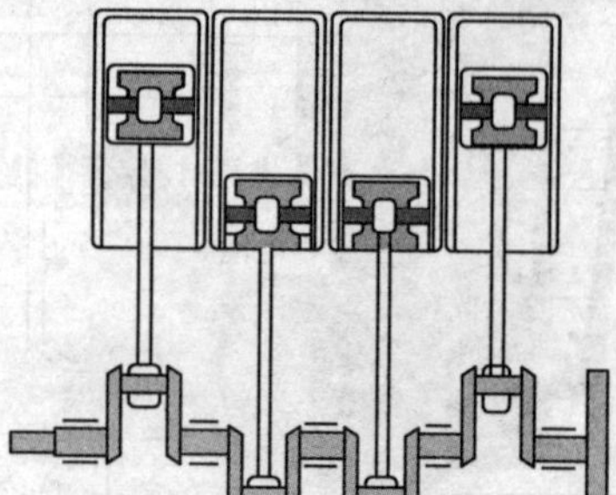

图 1-24　发动机排量

（6）发动机排量　发动机所有汽缸工作容积之和，如图 1-24 所示。

（7）燃烧室容积　活塞在上止点时，活塞顶部与汽缸盖之间的容积，如图 1-25 所示。

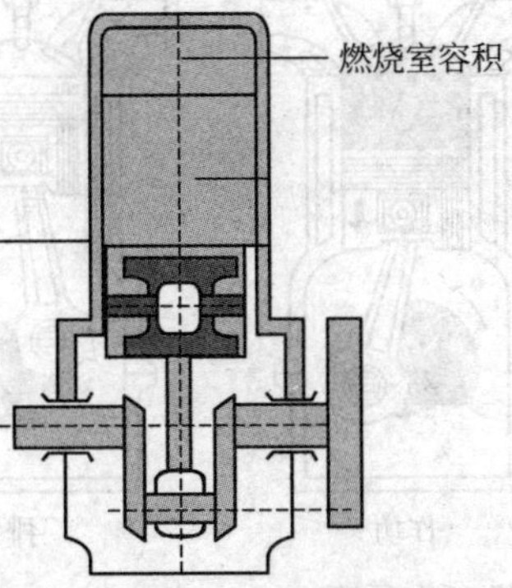

图 1-25　燃烧室容积

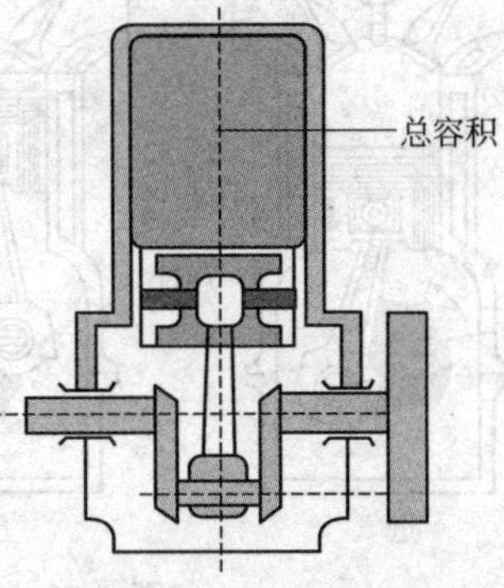

图 1-26　汽缸总容积

（8）汽缸总容积　活塞在下止点时，活塞顶上方整个空间的容积，如图 1-26 所示。

（9）压缩比　汽缸总容积与燃烧室容积之比称为压缩比，表示活塞由下止点运行到上止点时汽缸内气体被压缩的程度。压缩比越大，压缩终了时汽缸内的气体压力和温度就越高。一般汽油机压缩比为 6～10，柴油机压缩比为 15～22。如图 1-27所示。

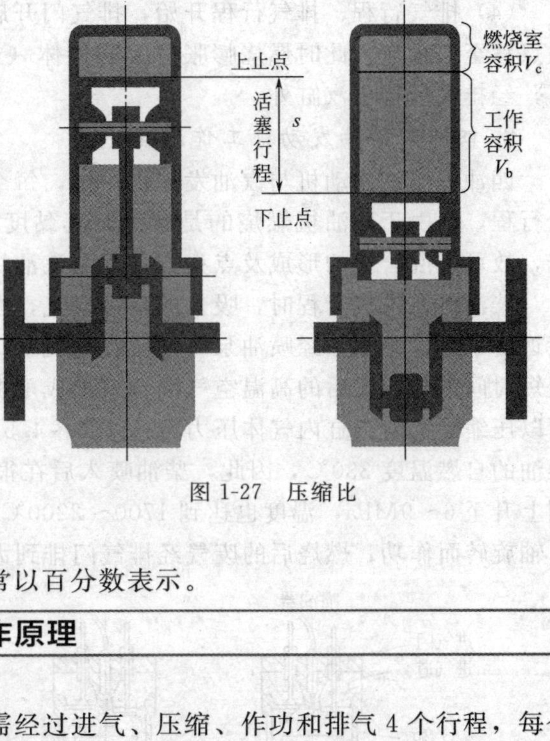

图 1-27　压缩比

（10）工作循环　在汽缸中进行的每一次将燃料燃烧产生的热能转化为机械能的过程，称为发动机的一个工作循环。

（11）工况　发动机在某一时刻的运行状况称工况。

（12）负荷　发动机在某一转速下发出的有效功率与相同转速下所发出的最大有效功率的比值称为负荷率，简称负荷，通常以百分数表示。

五、四冲程往复活塞式发动机工作原理

1. 四冲程汽油发动机工作原理

四冲程汽油发动机完成一个工作循环，需经过进气、压缩、作功和排气 4 个行程，每个行程曲轴均转过半圈（180°），如图 1-28 所示。

（1）进气行程　活塞在曲轴的带动下由上止点移至下止点。此时进气门开启，排气门关闭。在活塞移动过程中，活塞上方汽缸容积逐渐增大，汽缸内形成一定的真空度，空气和汽油的混合物通过进气门被吸入汽缸，并在汽缸内进一步混合形成可燃混合气。由于进气系统有阻力，进气终了时汽缸内气体压力低于大气压力。

（2）压缩行程　曲轴继续带动活塞由下止点向上止点移动。此时进排气门均关闭。随着活塞上方汽缸的容积不断减小，混合气受到压缩，其压力和温度不断升高。

（3）作功行程　在这个行程中，进、排气门仍旧关闭，当活塞接近压缩行程上止点时，

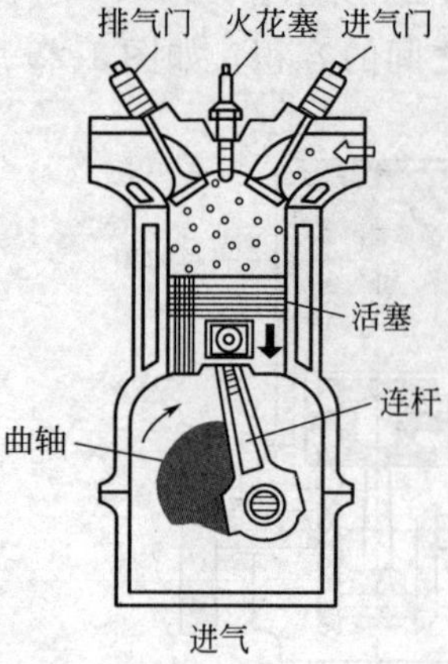

图 1-28　四冲程汽油发动机工作原理

装在汽缸盖上的火花塞即发出电火花，点燃缸内可燃混合气，汽缸内的温度和压力急剧上升。在气体压力的作用下，活塞由上止点移至下止点，并通过连杆推动曲轴旋转作功。

(4) 排气行程　排气行程开始，排气门开启，进气门仍然关闭，活塞在曲轴带动下由下止点移至上止点。此时燃烧膨胀过后的气体（或称废气）在其自身剩余压力和活塞的推动下，经排气门排出汽缸外。

2. 四冲程柴油发动机工作原理

四冲程柴油发动机与汽油发动机一样，每个工作循环也经历进气、压缩、作功、排气 4 个行程，但由于柴油机燃烧的是柴油，其黏度比汽油大，不易蒸发，而自燃温度却较汽油低，故可燃混合气的形成及点火方式都与汽油机不同。

柴油机在进气行程时，吸入的是纯空气，在压缩行程中压缩的也是纯空气，当压缩行程接近终了时，柴油才经喷油泵将油压提高到 10MPa 以上，通过喷油器呈雾状喷入汽缸，在很短时间内与压缩后的高温空气混合，形成可燃混合气，由于柴油机的压缩比高（16～22），所以压缩终了时汽缸内气体压力可达 3.5～4.5MPa，同时温度高达 480～730℃，大大超过柴油的自燃温度 330℃，因此，柴油喷入后在很短时间内便与空气混合燃烧。汽缸内气压急剧上升至 6～9MPa，温度也达到 1700～2200℃，在高压气体推动下，活塞向下运动并带动曲轴旋转而作功，燃烧后的废气经排气门排到大气中。如图 1-29 所示。

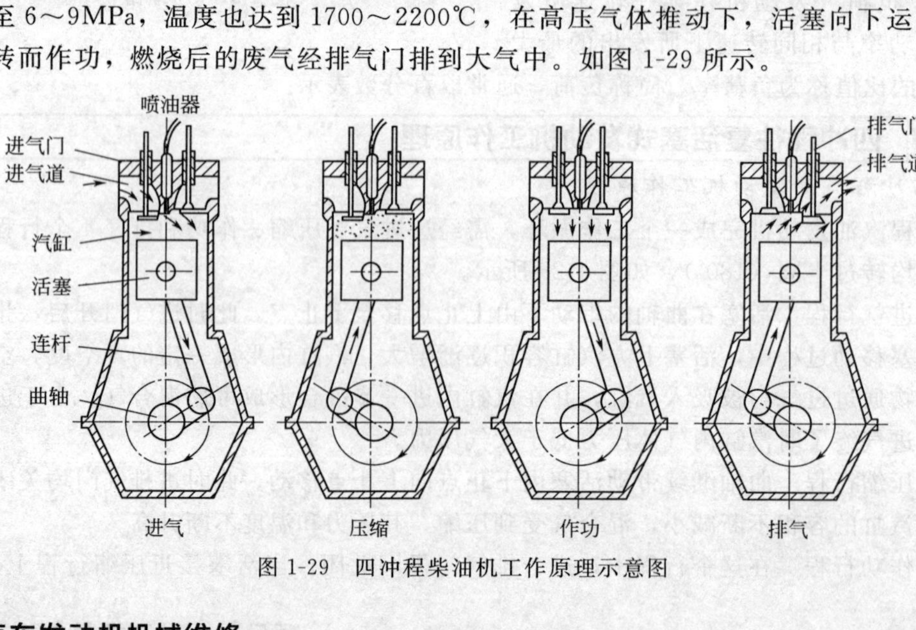

图 1-29　四冲程柴油机工作原理示意图

教学活动二　制定作业方案

参考表 1-17 所示发动机维修参考手册，制定发动机总成吊装作业方案。

表 1-17　发动机维修参考手册

图例	操作说明
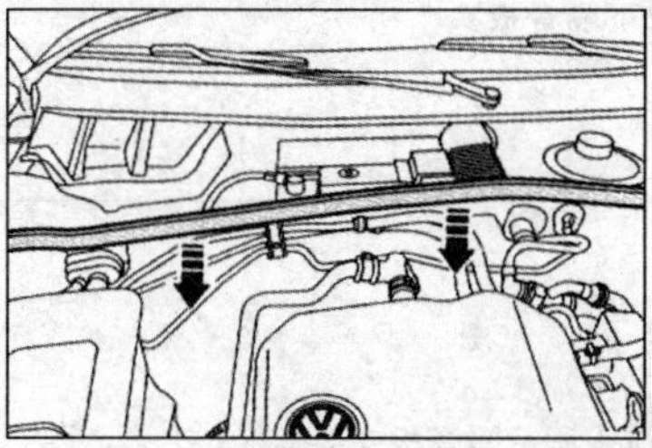	1. 对于带有收音机编码的车，查取编码 2. 按箭头方向拉下压力舱盖密封条 3. 向前取下压力舱盖
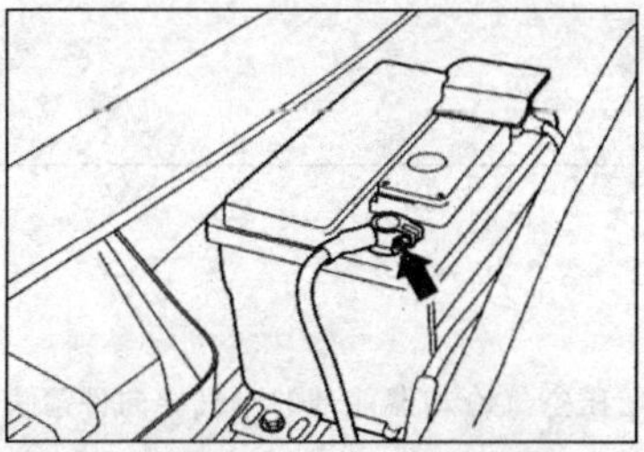	1. 关闭点火开关，拆下箭头说示的蓄电池地线 2. 打开冷却液膨胀罐盖。注意：打开膨胀罐时会喷出热蒸汽，因此须用一抹布盖住罐盖，然后小心打开
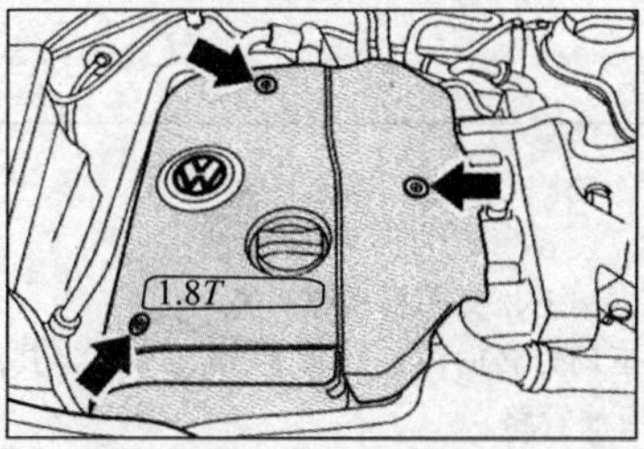	拆下发动机盖罩
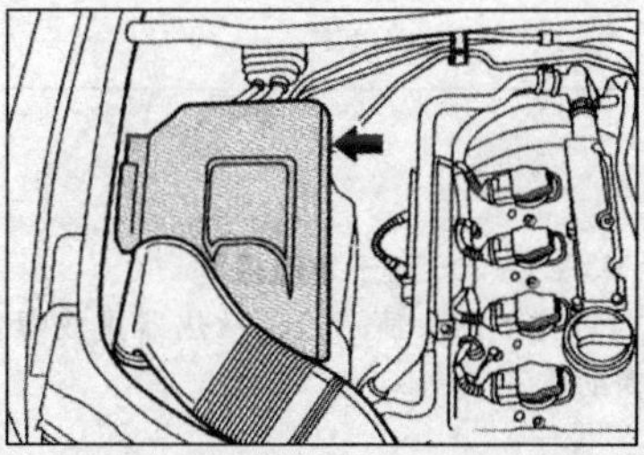	取下箭头所示的空气滤清器盖
	1. 拆下箭头所示螺栓 2. 拆下空气导管 1 和 2

续表

图例	操作说明
	拆下前保险杠 (1)松开快速接头及箭头所示螺栓 (2)取下隔音板
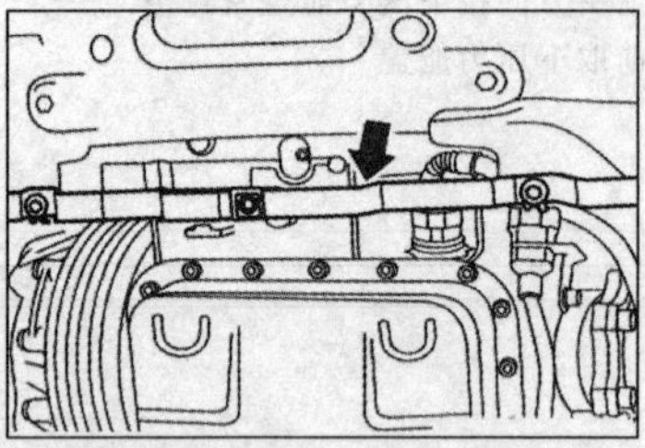	拧下箭头所示隔音板支架螺栓
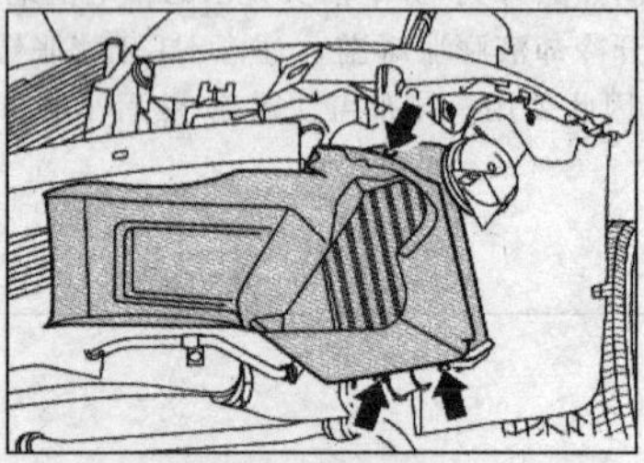	拆下增压空气冷却器前部的空气导向件箭头所示
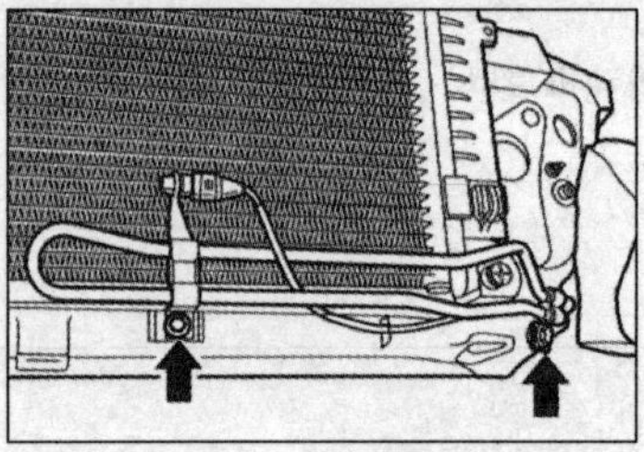	1. 从支架上松开车外温度传感器 2. 拧下助力转向液油冷却管-箭头-,并将其放在一旁;不打开液油管路
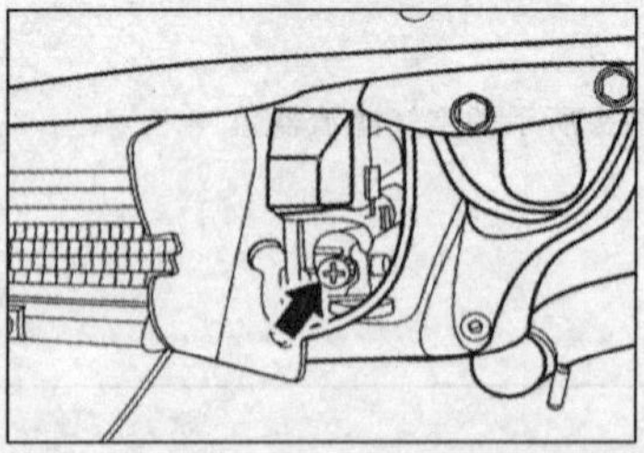	1. 将 V. A. G1306 至于发动机下 2. 逆时针拧下箭头所示处的散热器排放螺塞,如需要可接上辅助软管
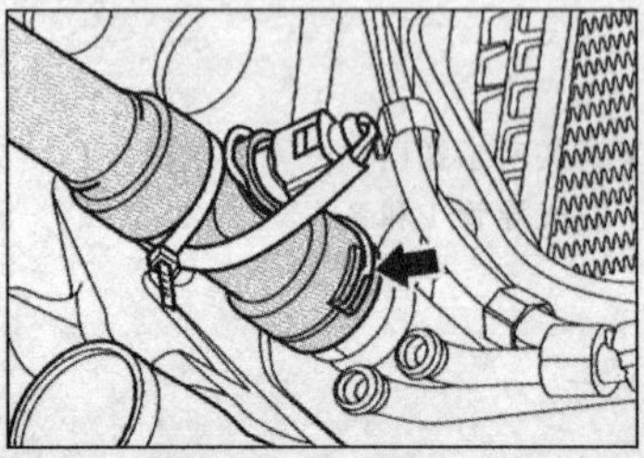	拉下冷却液软管夹箍,见箭头所示处,从散热器上拆下冷却液软管

续表

图例	操作说明
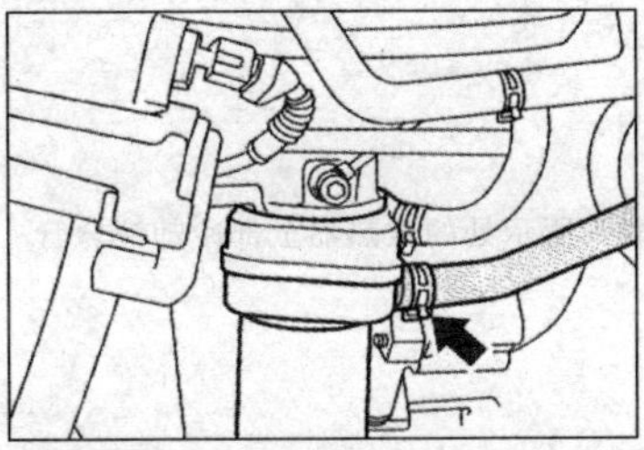	拆下箭头所示处的机油冷却器冷却液软管，排出剩余冷却液
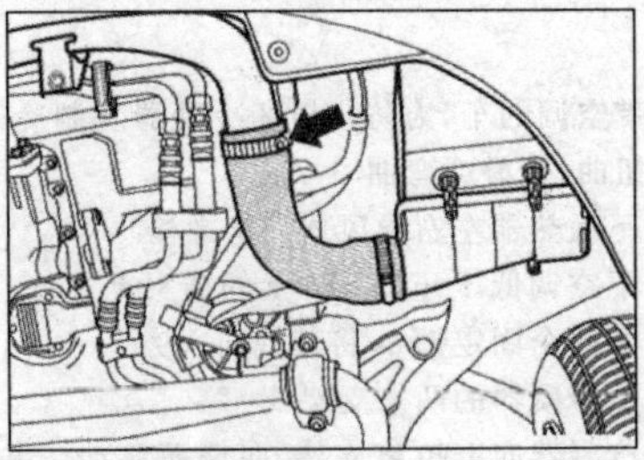	1. 拆下通往锁支架左下部增压空气冷却器的空气软管，见图中箭头所示处 2. 拆下通往锁支架右下部废气涡轮增压器的空气软管
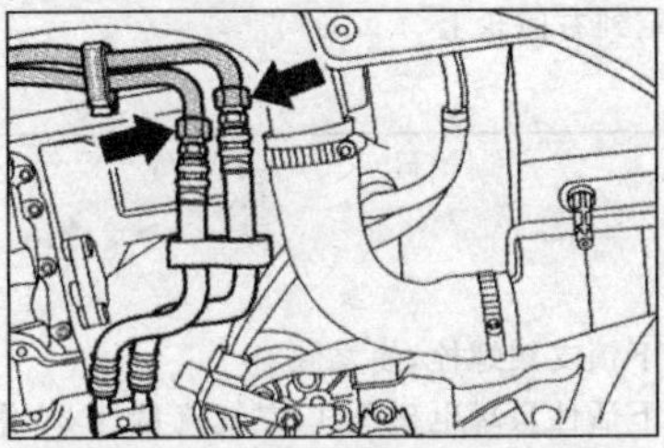	对于带自动变速器的车： 1. 将集油盘放到下面； 2. 打开箭头所示处自动变速器机油管； 3. 拧下油底壳左侧的自动变速器机油管支架螺栓
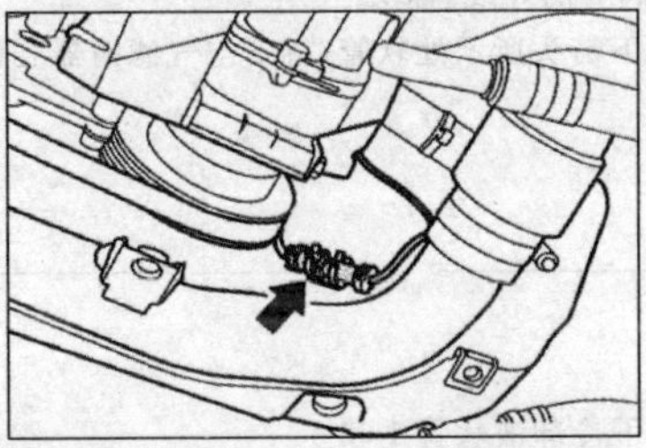	对带空调的车，松开并拔下锁支架右下方的空调压缩机电磁离合器的绿色供电插头
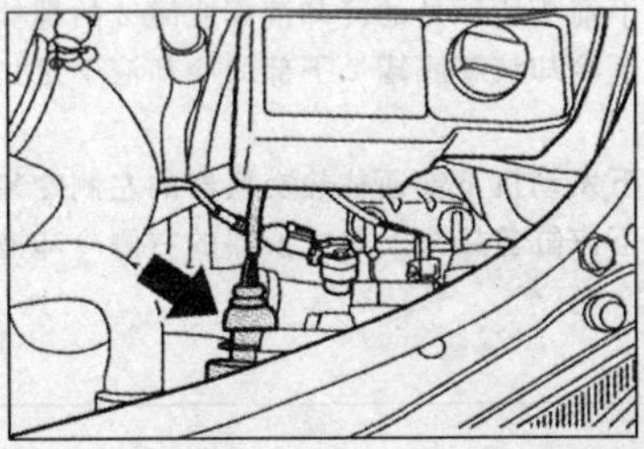	拔下车两侧的大灯供电插头
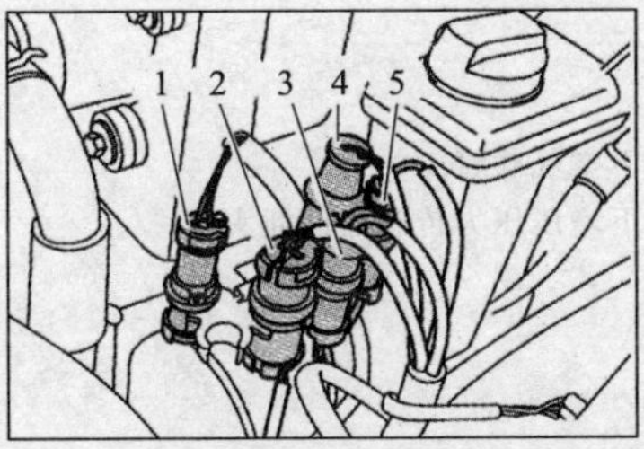	1. 拆下锁支架上的发动机舱盖拉锁 2. 拆下助力转向液压油罐上的护板 3. 拔下 ABS 单元前部的插头 1～5，将供电导线放在一旁

续表

图例	操作说明
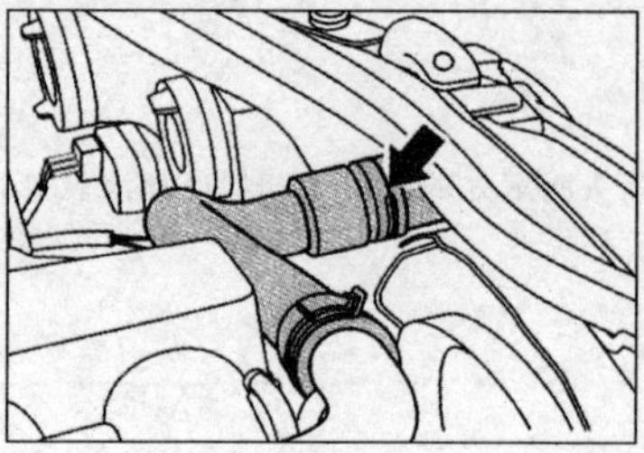	拆下箭头所示处的散热器上部冷却液软管
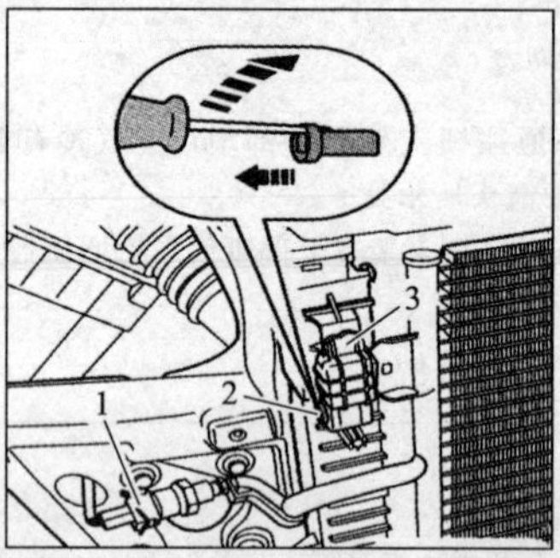	对于带空调的车，为防止损坏冷凝器及制冷剂管路，不可对其扭曲，折叠或弯曲 1. 拧下散热器左右导风罩固定螺栓 2. 拔下空调低压开关 F73 上的插头 1 3. 松开两个固定销 2，将其拽向一旁 4. 取下冷凝器的两个支架 3 5. 将冷凝器向上拉离支架，向侧面移动．并用金属丝将其固定到右前轮上
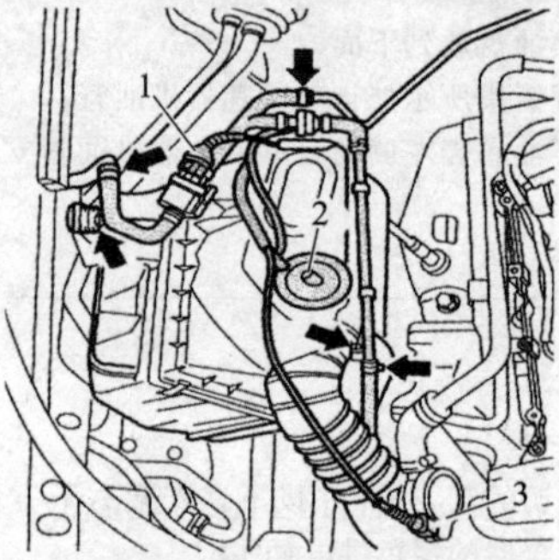	1. 拧下锁支架螺栓，使之倾斜 2. 拔下活性炭罐电磁阀 1、空气流量计 2、增压压力限制电磁阀 3 的导线/插头 3. 拔下箭头所示处软管，拆下空气滤清器壳体
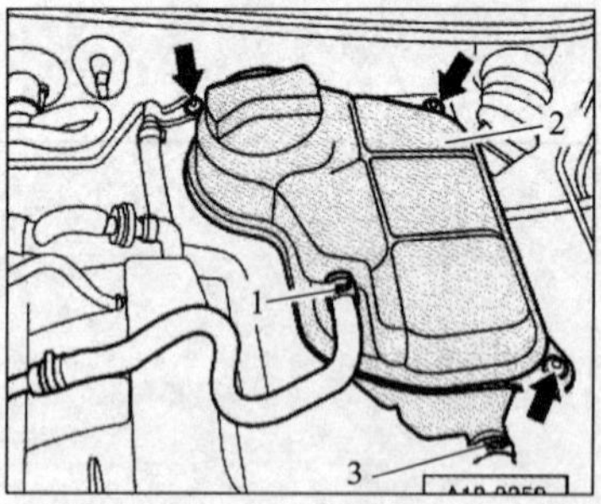	1. 拆下冷却液软管 1 和 3 2. 拔下箭头所示处的冷却液膨胀罐 2 的螺栓 3. 拔下冷却液膨胀罐 2 下部的冷却液不足指示器的供电线 4. 拔下发动机下部通往热交换器的左侧冷却液软管 5. 拔下汽缸盖接头上热交换器的右侧冷却液软管
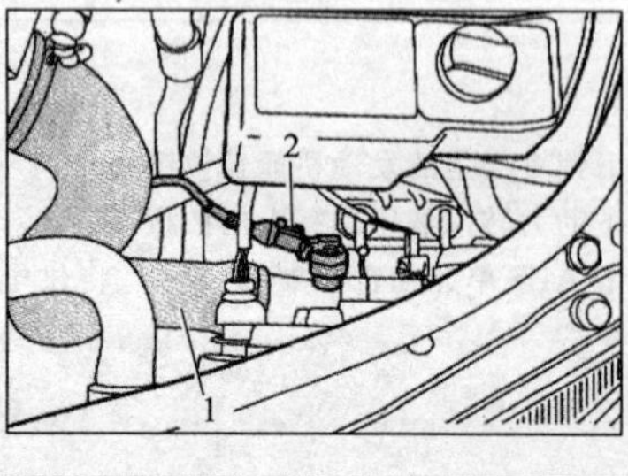	1. 拆下空气软管 1 2. 拔下增压压力传感器的插头 2

续表

图例	操作说明
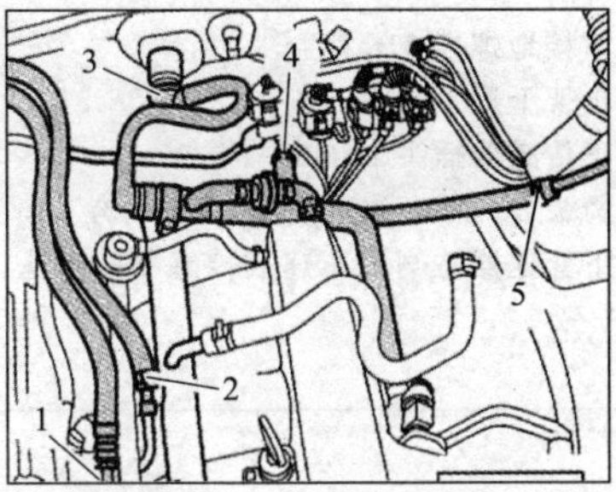	注意，由于燃油系统一般处于压力状态，所以打开系统前，接头处应接上抹布，然后慢慢松开接头以卸压 1. 拔下燃油供油管 1 回油管 2，将其放置一旁 2. 拔下接制动阻力器的真空管 3 3. 拔下接活性炭罐电磁阀的真空软管 4 4. 拔下接真空罐的真空软管 5
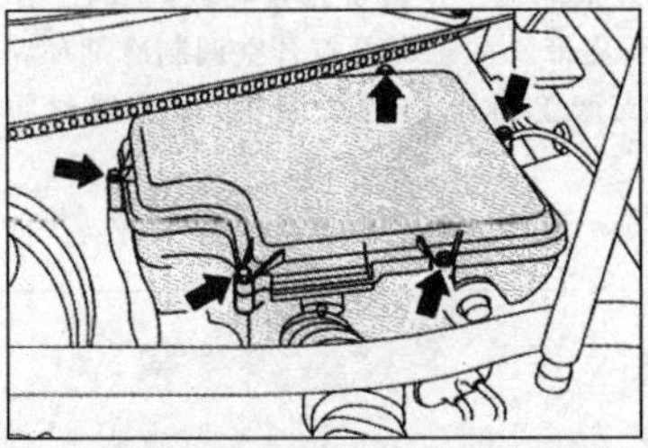	拆下压力舱内电器盒盖
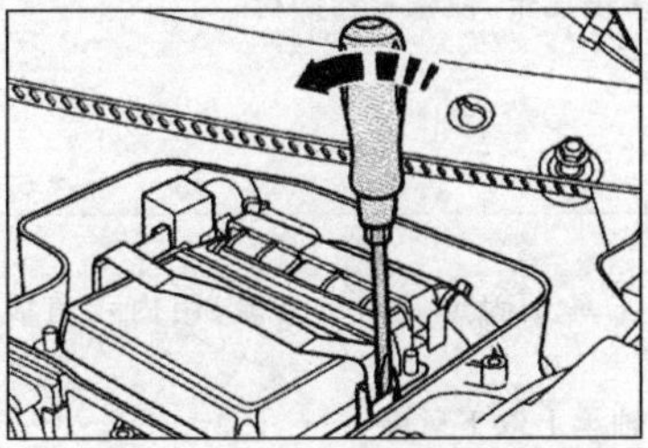	用一字螺丝刀小心松开固定卡扣
	松开箭头所示处的插头定位机构，拔下控制单元的插头 1 和 2
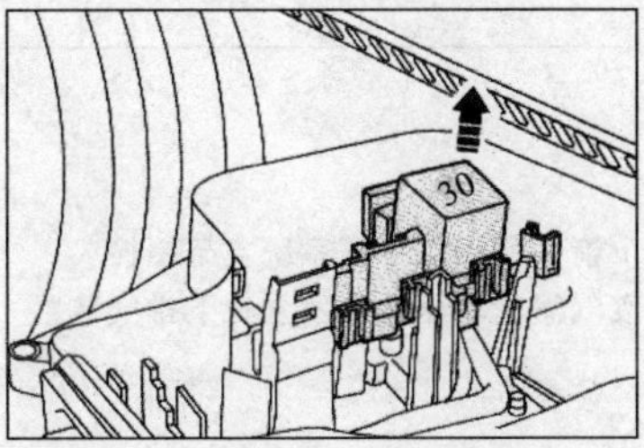	向上拉出电器盒内的附加继电器。拔下插座后部的插头

续表

图例	操作说明
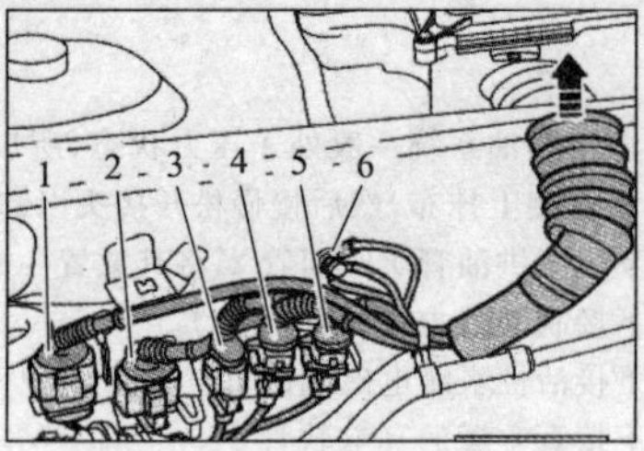	1. 拧下接地螺栓 6 2. 从支架上拆下插头 3. 拔下传感器插头 1 和 2 4. 按箭头方向松开线束，将其放置一旁 5. 拔下变速器左侧的车速表传感器的插头，将供电导线放在一旁
	带空调的车： 1. 松开报缩机多楔皮带张紧轮紧固螺栓-箭头所示，松开并取下皮带。注意不可打开空调制冷剂环路 2. 从支架上拆下空调压缩机，用金属丝将其挂到车身上
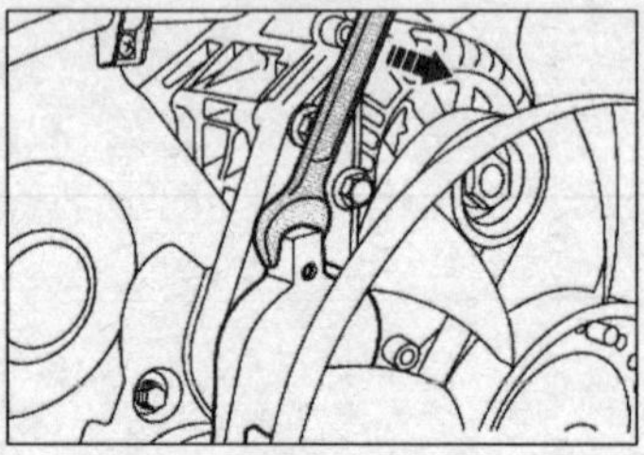	按箭头方向转动多楔皮带张紧器，松开皮带 取下多楔皮带，使张紧器卸荷
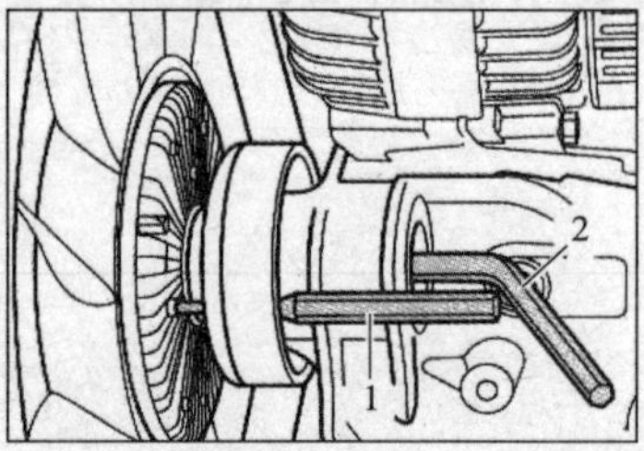	1. 用工具 1 固定风扇皮带轮，用内六角扳手 2 拆下螺栓 2. 从轴承上取下风扇 3. 拧下助力转向叶片泵的皮带轮螺栓 4. 拧下助力转向叶片泵螺栓，将其向上捆扎好。管路不拆
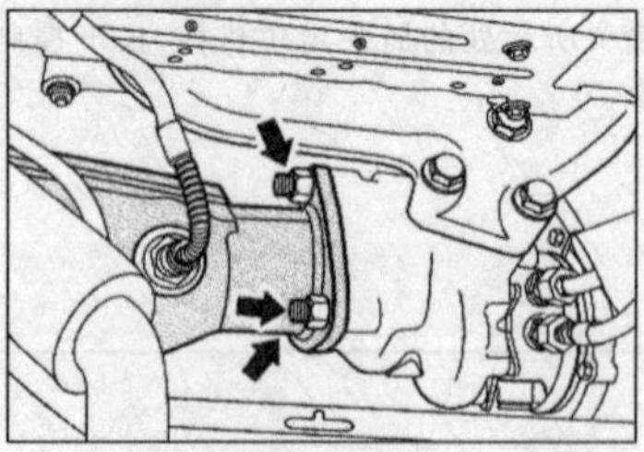	拧下箭头所示的废气涡轮增压器/催化净化器紧固螺母
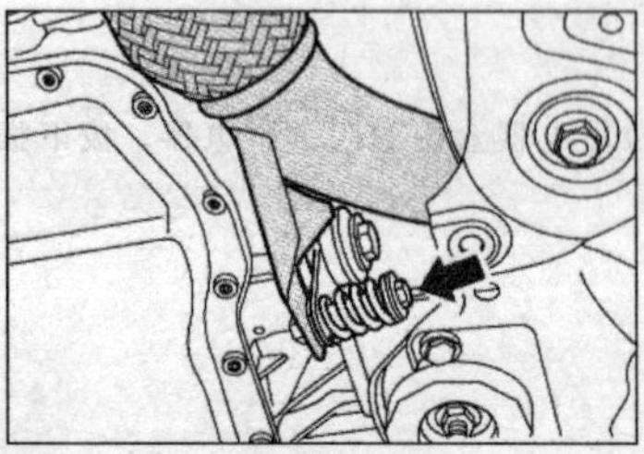	1. 拧下箭头所示的排气系统支架螺栓 2. 从废气涡轮增压器支座上拉下排气装置

图例	操作说明
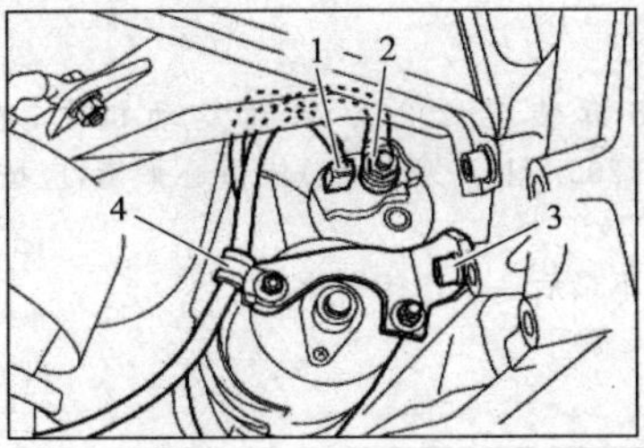	1. 拆下启动机上导线 1 和 2,从启动机正极接头上取下绝缘件 2. 拧下线夹 4 的螺母 3. 拧下缸体上支架螺栓 3 4. 从变速器上拧下启动机螺栓并取下 5. 从发动机右支架上拧下地线螺栓
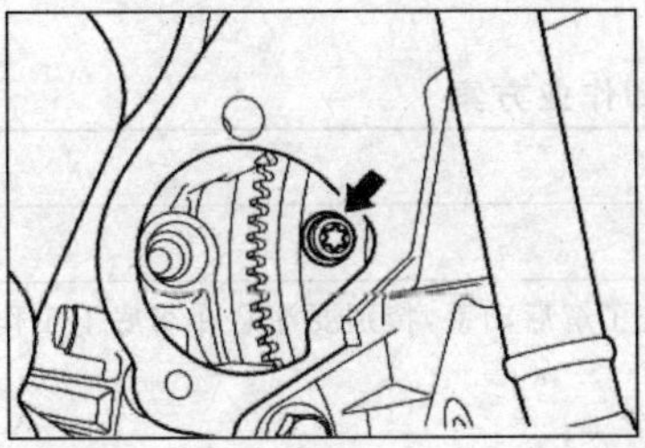	带自动变速器的车,用 SW15 MatraV175 拧下箭头所示的变扭器 3 个螺栓(在拆下启动机后留下的空间)
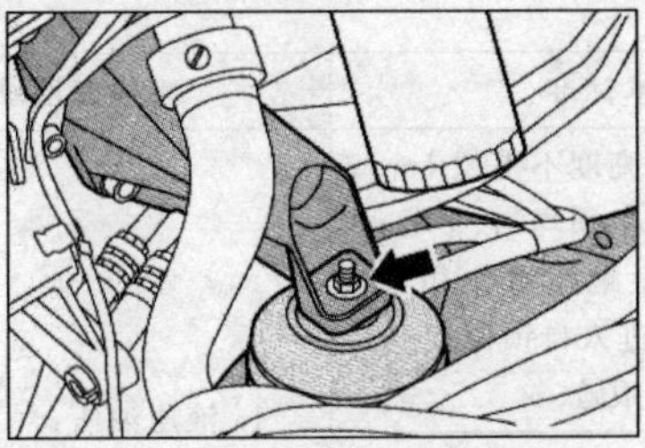	将发动机左右悬置螺母松开几圈
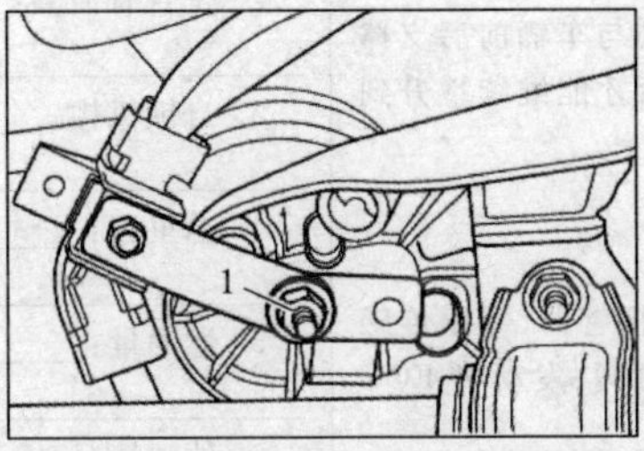	拧下发动机左右悬置下部螺母
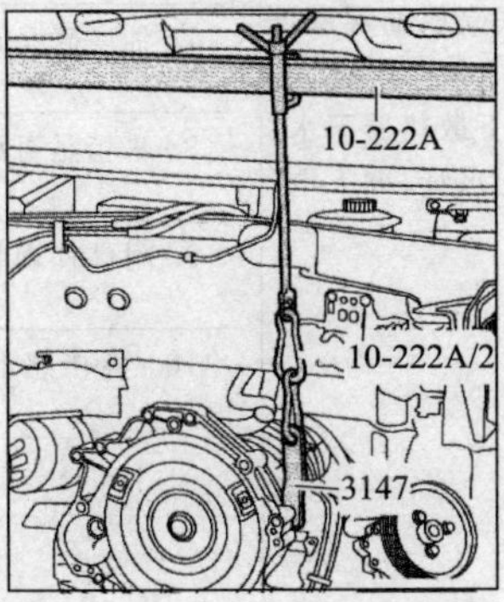	1. 拧下能够着的发动机/变速器连接螺栓 2. 拉下减震器支座附近的发动机舱盖密封件,将 10-222A 放到气撑杆后面的减震器支座上,心轴朝前 3. 将 3147 穿入变速器壳体的螺纹孔内 4. 用工具 10-222A/2 将工具 3147 与 HK222A 连到一起。图中表示的是发动机已拆下的状态 5. 拧下发动机变速器上部的连接螺栓,留下一个螺栓,用手拧紧

续表

图例	操作说明
	1. 将拆装工 2024A 装到发动机上，然后挂到 V. A. G1202A 上。为确保总成重心平衡，应按图示挂好起吊件 2. 拧下最后一个连接螺栓

汽车发动机总成吊卸作业方案见表 1-18。

表 1-18　汽车发动机总成吊卸作业方案

<table>
<tr><td rowspan="2" colspan="2">车辆信息描述</td><td>车辆描述</td><td colspan="2"></td></tr>
<tr><td>车辆发动机描述</td><td colspan="2"></td></tr>
<tr><td colspan="2">注意安全事项</td><td colspan="3">(1)注意人身和机件的安全，不了解情况的，先了解后动手，特别要注意在车底下工作时的人身安全；
(2)未经许可，不准扳动机件和乱动电器按钮开关；
(3)注意防火；
(4)认真接受实习前的安全知识教育</td></tr>
<tr><td rowspan="3">发动机总成吊卸作业方案</td><td rowspan="2">作业要领和技术标准</td><td>作业要领</td><td>技术标准</td><td>检查记录</td></tr>
<tr><td>1. 熟练地使用液压吊机
2. 会操作液压千斤顶；
3. 会对举升机操作；
4. 检查车辆的外观，确认发动机总成安装位置</td><td>1. 吊卸重物高度不得超 1m；
2. 顶升操作必须均匀、平稳；
3. 四只托盘距托承位相等，确认锁止机构进入自锁位；
4. 无划伤和痕迹</td><td rowspan="2">1. 液压油压：________
2. 是否有泄漏：________
3. 自锁机构：________
4. 总里程：________
5. 燃油量：________
6. 外观情况：________
7. 油底壳是否漏洞：________
8. 水箱是否漏水：________
9. 附件外观状况：________
10. 各传感器插接器是否损坏：________</td></tr>
<tr><td>吊卸作业步骤</td><td colspan="2">1. 举升车辆
将车辆停放在举升机上，将举升机的四个举升臂分别与车辆前后支撑点相接触，举升车辆刚离开地面时，检查支撑点牢固后才能继续举升到所需高度
2. 拆下电器附件及导线播接器
①关闭点火开关，拆下蓄电池的负极线
②分别拆下发动机、启动机、水温传感器、机油压力报警器、爆振传感器、氧传感器、转速传感器、霍尔传感器、活性炭罐电磁阀、发动机 ECU 变速器上的车速传感器和倒车灯开关导线的插接器
3. 放干净发动机冷却液和润滑油
①拆下油底壳下的导流板．放置好盛油容器，拆下油底壳放油螺塞，放干净油底壳中的润滑油，然后装回放油螺塞
②在散热器下放置一容器，松开散热器下水管抱箍，拆下散热器下水管，放干净水后，松开散热器上水管抱箍，拆下散热器的上水管，拆下电动散热风扇的固定螺栓，拆下风扇和散热器
4. 拆下发动机周围的连接装置
①拔下炭罐电磁阀的真空管、空气流量计插接器
②拆下空气滤清器到节气门体之间的进气软管
③拆下空气滤清器盖，取出空气滤清器滤芯
④下进气歧管罩固定螺栓，取下进气歧管罩
⑤拆下曲轴箱强制通风软管</td></tr>
</table>

续表

发动机总成吊卸作业方案	吊卸作业步骤	⑥拆下节气门拉索上的片簧插片，从节气门控制臂上拆下节气门操纵拉索 ⑦拆下空调加热器的暖水管 ⑧分油管上拆下进油管和回油管，用毛巾堵住管道接口，防止燃油喷出 5. 吊出发动机 ①松开空调压缩机与支架的连接螺栓，取下传动带和压缩机 ②用扳手逆时针方向扳动张紧轮，使传动带松开，并用销钉固定张紧轮 ③发电机上取下传动带和从张紧轮上取下销钉 ④开动力转向助力泵带轮的螺栓，取下传动带，再从支架上拆下动力转向助力泵 ⑤松开车身上的搭铁线 ⑥拆下排气歧管和排气管的连接螺栓，拆下发动机左右两侧的发动机与车身的固定螺栓 ⑦从变速器壳体上拆下启动机 ⑧变速器托架托住变速器底部，拆下发动机与变速器的连接螺栓，留一只螺栓固定 ⑨用小吊车和发动机吊机吊住发动机的吊耳（吊钩的位置应能保证发动机重心平衡） ⑩松开变速器上的最后一只螺栓，小心地吊出发动机	

教学活动三　自我测试与考核评价

自我测试见表 1-19。

表 1-19　自我测试

发动机安装在汽车的什么位置？（提示：根据不同车型回答）
发动机的分类： (1)按照所使用燃料的不同分为________和________ (2)按照完成一个工作循环所需的行程数分为________和________ (3)按照冷却方式不同分为________和________ (4)按照汽缸数目不同分为________和________ (5)按照汽缸排列方式不同分为________和________ (6)按照进气系统是否采用增压方式分为________和________
发动机的参数： (1)上止点：活塞在汽缸里作往复直线运动，________距离曲轴旋转中心最________的极限位置 (2)活塞行程：活塞从一个________到另一个________移动的距离即上、下止点之间的距离，一般用________表示。对应一个活塞行程，曲轴旋转________ (3)曲柄半径：曲轴旋转中心到曲柄销中心之间的距离称为曲柄半径，一般用________表示。通常活塞行程为曲柄半径的________，即 $S=$________R (4)了解汽缸工作容积、燃烧室容积、汽缸总容积的含义和符号，它们之间的关系是：________＝________＋________ (5)发动机排量：多缸发动机________工作容积的总和，称为发动机排量，一般用________表示 (6)工作循环：完成________、________、________和________四个行程称为一个工作循环

续表

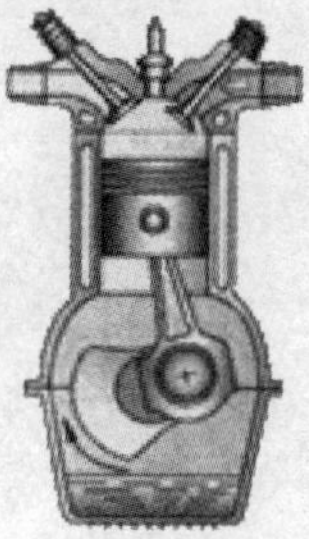	左图所示为____________行程 简述工作过程：____
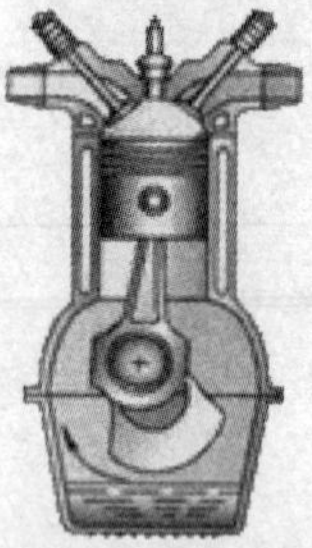	左图所示为____________行程 简述工作过程：____
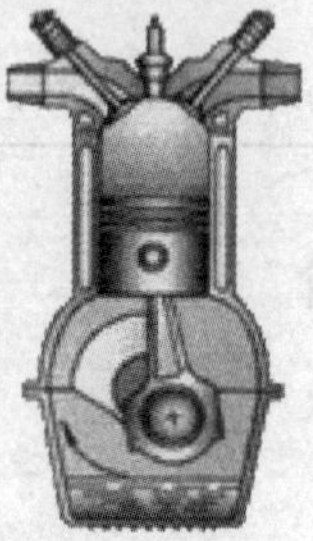	左图所示为____________行程 简述工作过程：____
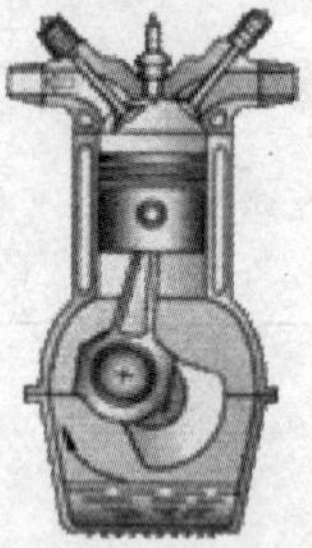	____________行程 简述工作过程：____

考核评价见表1-20。

表1-20　考核评价表

班级：__________　　姓名：__________　　学号：__________

项目	自我评价			小组评价			教师评价		
	10-9	8-6	5-1	10-9	8-6	5-1	10-9	8-6	5-1
	占总评10％			占总评30％			占总评60％		
学习活动1									
学习活动2									
协作精神									

续表

项目	自我评价			小组评价			教师评价		
	10-9	8-6	5-1	10-9	8-6	5-1	10-9	8-6	5-1
	占总评 10%			占总评 30%			占总评 60%		
纪律观念									
表达能力									
工作态度									
安全意识									
任务总体表现									
小计									
总评及教师评语									

任课教师：________ 年 月 日

学习任务三 发动机附件的拆卸与检查

教学活动一 认识发动机附件

一、发动机的组成

现代汽车发动机的结构形式很多，但就总体构造而言，都由曲柄连杆机构、配气机构、燃油供给系、点火系（柴油机没有）、润滑系、冷却系和启动系组成，如图 1-30 所示。

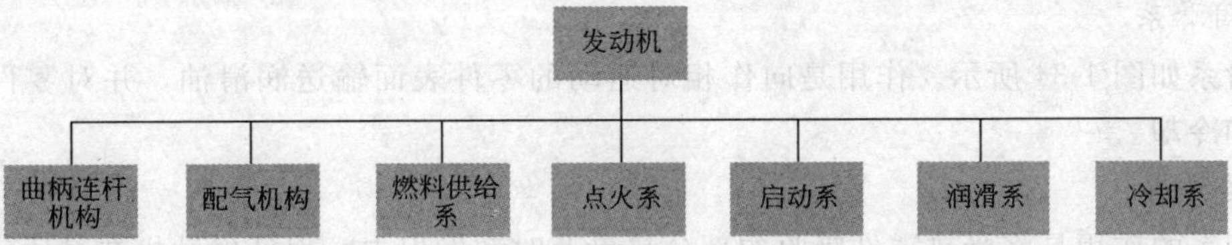

图 1-30 发动机的组成

1. 曲柄连杆机构

曲柄连杆机构将高温燃气作用在活塞顶部的力转变成曲轴的转矩，输出机械能，如图 1-31 所示。

2. 配气机构

配气机构定时开启和关闭进气门和排气门，使可燃混合气进入汽缸，使废气从汽缸内排出，如图 1-32 所示。

3. 燃油供给系

燃油供给系如图 1-33 所示。汽油机燃料供给系的作用是根据要求把一定数量和浓度的混合气供入汽缸，最后将燃烧后的废气排出，柴油机燃料供给系的作用是把柴油和空气分别供入汽缸，在燃烧室内形成混合气并燃烧，最后将废气排除。

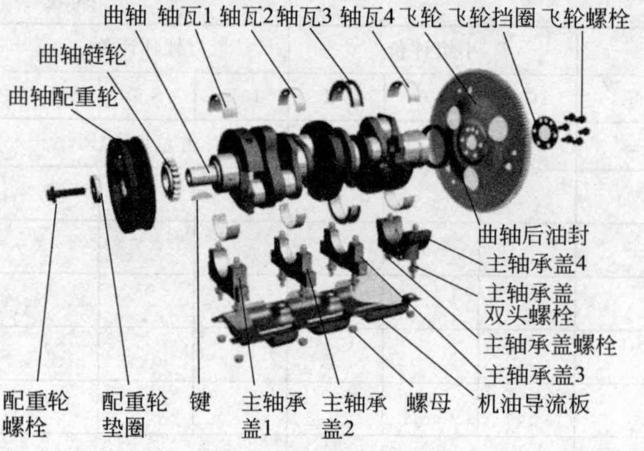

图 1-31　曲柄连杆机构

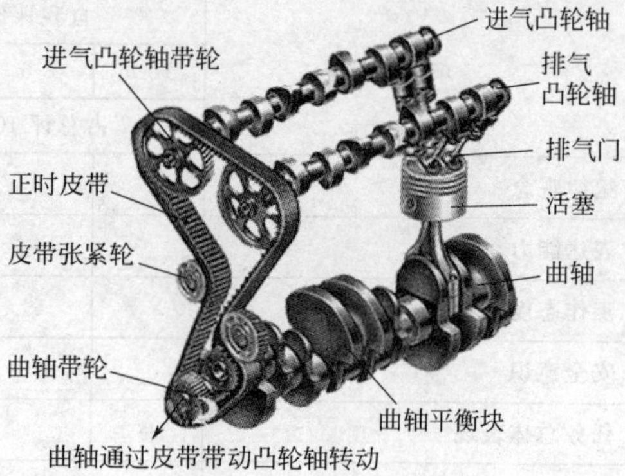

图 1-32　配气机构

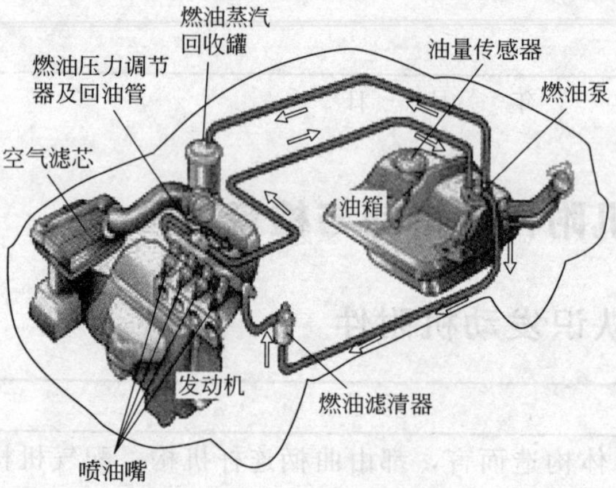

图 1-33　燃油供给系

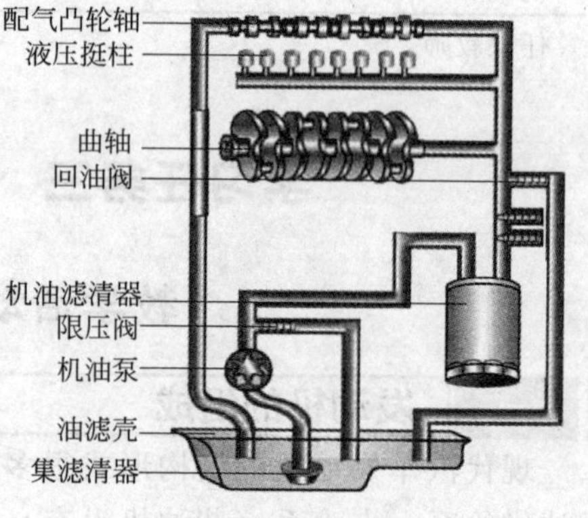

图 1-34　润滑系

4．润滑系

润滑系如图 1-34 所示。作用是向作相对运动的零件表面输送润滑油，并对零件表面进行清洗和冷却。

5．冷却系

冷却系的作用是将受热零件吸收的部分热量及时散发出去，保证发动机在最适宜的温度状态下工作，如图 1-35 所示。

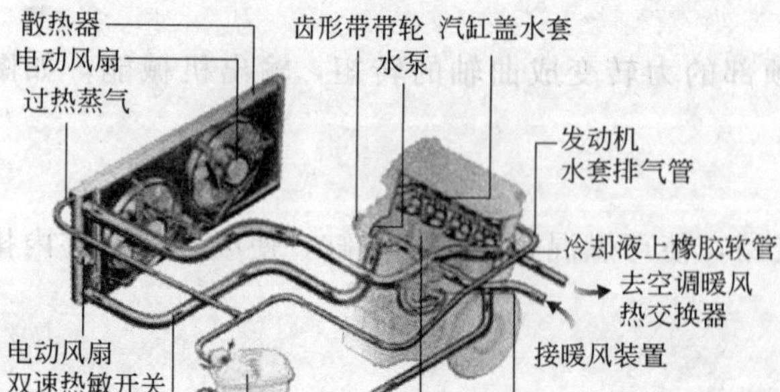

图 1-35　冷却系

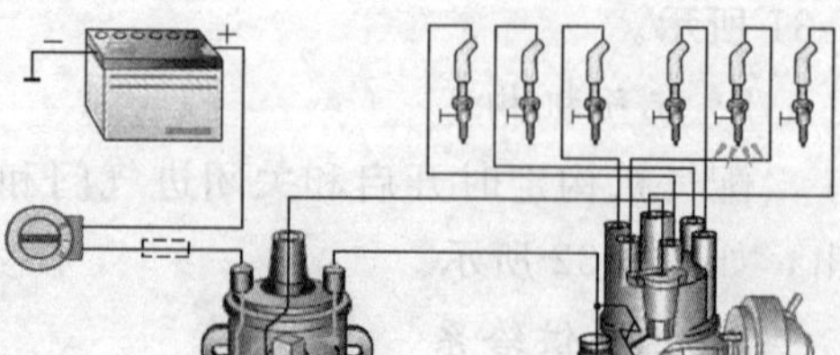

图 1-36　点火系

6. 点火系

点火系通常由蓄电池、发电机、分电器、点火线圈和火花塞等组成，如图 1-36 所示。

7. 启动系

汽缸内的可燃混合气燃烧膨胀作功，推动活塞向下运动，使曲轴旋转，发动机工作循环才能自动进行。曲轴在外力作用下开始转动到发动机开始自动地怠速运转的全过程，称为发动机的启动。完成启动过程所需的装置称为发动机的启动系。

二、发动机附件及其作用

1. 发动机附件的组成

维持发动机运转所需的一些辅助机件，称为发动机附件，不同厂家的定义有所差异。发动机附件通常有压缩机、发电机、启动机、转向助力泵、张紧轮、惰轮、皮带等。

2. 发动机附件安装的位置及其作用

发动机附件安装的位置及其作用如表 1-21 所示。

表 1-21　发动机附件安装的位置及其作用

序号	图例	名称	作用	安装位置
1		发电机	发电机向除启动机以外的所有用电设备供电，还向蓄电池充电以，将发动机的部分机械能变成电能	安装在发动机前端
2	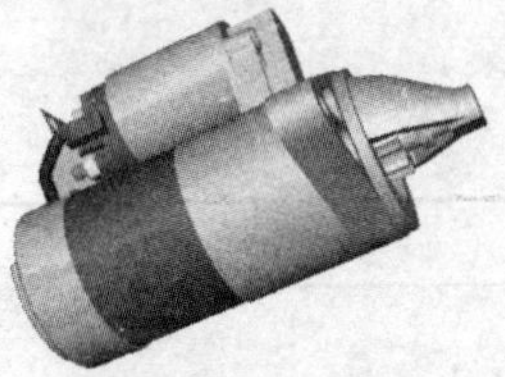	启动机	启动机上的齿轮和与发动机曲轴相连的飞轮啮合，驱动飞轮，带动发动机	安装在曲轴输出端与离合器的中间位置
3		压缩机	压缩机由发动机通过皮带和电磁离合器驱动，对制冷剂进行加压，使其循环，达到制冷的目的	安装在发动机前端，与皮带轮平行
4		动力转向泵	为转向系统提供动力源	安装在发动机前端

续表

序号	图例	名称	作用	安装位置
5		张紧轮	调整皮带的松紧度	安装在发动机前端，与皮带轮平行
6		惰轮	辅助连接作用	安装在发动机前端，与皮带轮平行
7		皮带	将各个附件连接一起，传动动力	安装位置在发动机前端

教学活动二　制定作业方案

参考表 1-22 启动机维修手册，制定发动机更换附件作业方案。

表 1-22　参考用维修手册

汽车启动机更换	
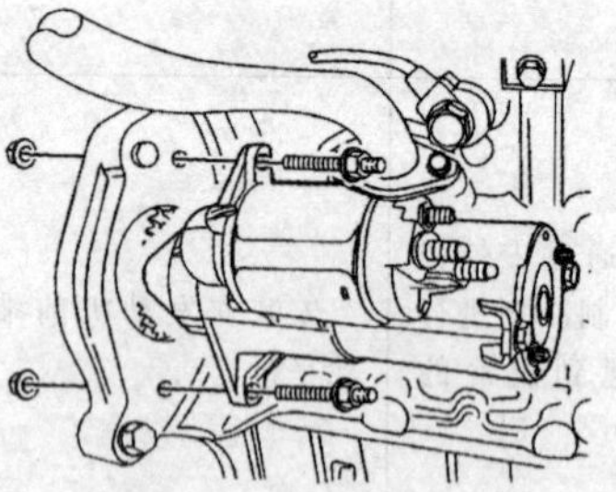	1. 拆卸启动机搭铁线与下双头螺栓之间的固定螺母，然后拆卸搭铁线 2. 拆卸启动机下双头螺栓/焊接螺母总成
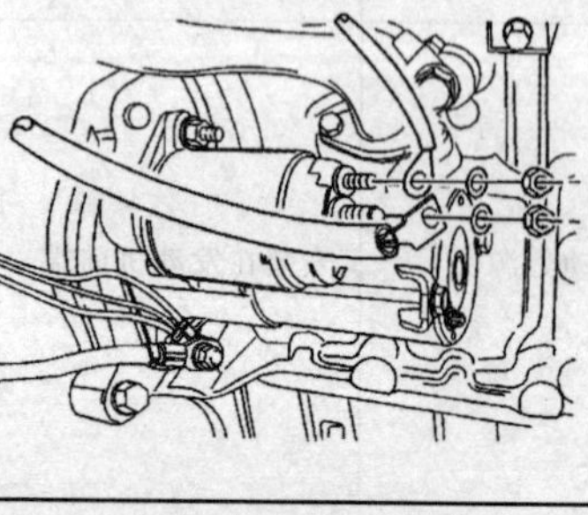	1. 拆卸启动机电磁线圈螺母，断开电缆 2. 拆卸启动机

汽车启动机更换	
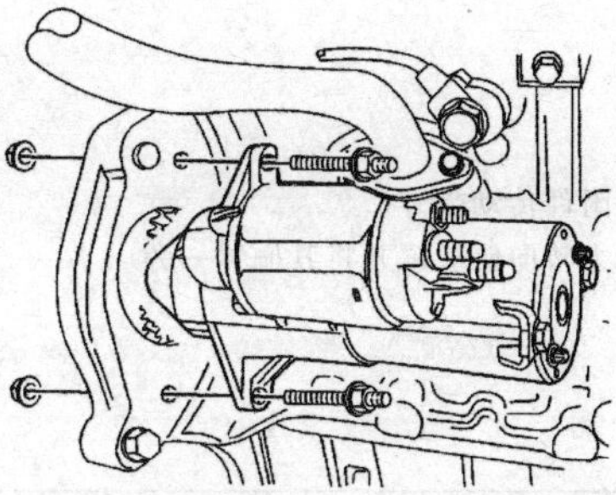	1. 让助手帮助，将焊接螺母拧入上双头螺栓，将启动机总成放置就位 2. 安装启动机上、下安装螺栓
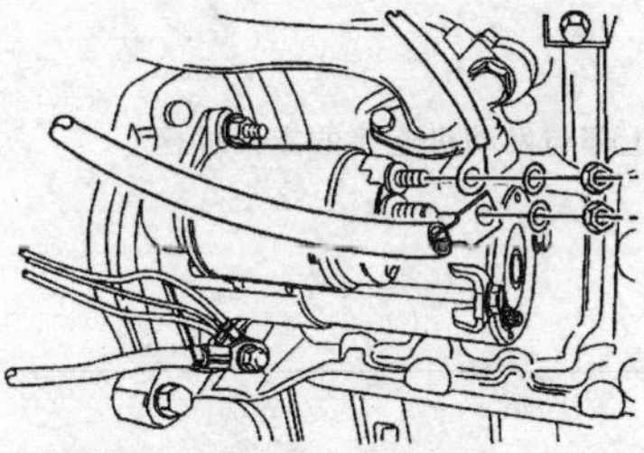	将启动机导线放在电磁线圈端子上，将搭铁线放在下双头螺栓上，安装启动机电磁线圈螺母和搭铁线螺母 1. 紧固启动机电磁线圈端子至蓄电池电缆端子螺母至 12N·m 2. 紧固启动机电磁线圈端于至点火电磁线圈端子螺母全 6N·m 3. 紧固启动机下安装双头螺栓搭铁线螺母至 12N·m
汽车发电机更换	
	1. 断开蓄电池负极电缆 2. 从进气管上断开进气温度(IAT)传感器电气连接器 3. 从空气滤清器出口软管上拆卸所有卡箍，将管放到一旁
	1. 从发电机背部断开线束连接器和发电机至蓄电池的引线 2. 拆卸空气滤清器壳体总成螺栓和进气管 3. 从车上拆卸空气滤清器壳体总成
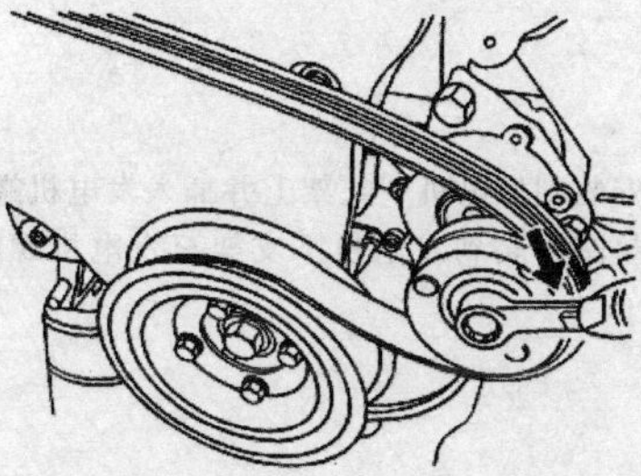	用扳手顺时针转动张紧器螺栓并压住张紧器，以释放蛇形附件传动带上的张紧力

续表

汽车发电机更换	
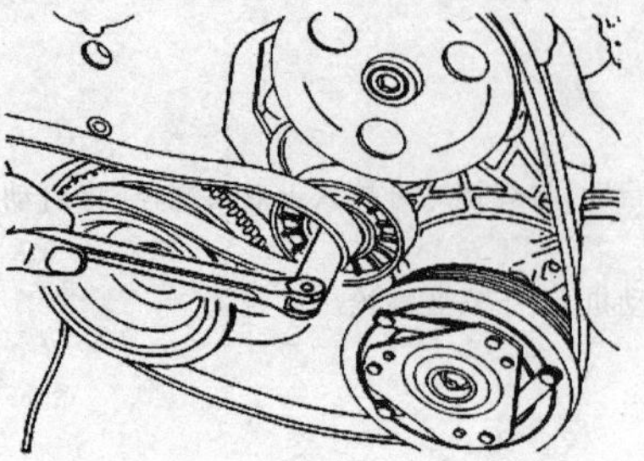	1. 拆卸蛇形附件传动带 2. 向上推动力转向储液罐并将其搁置一旁
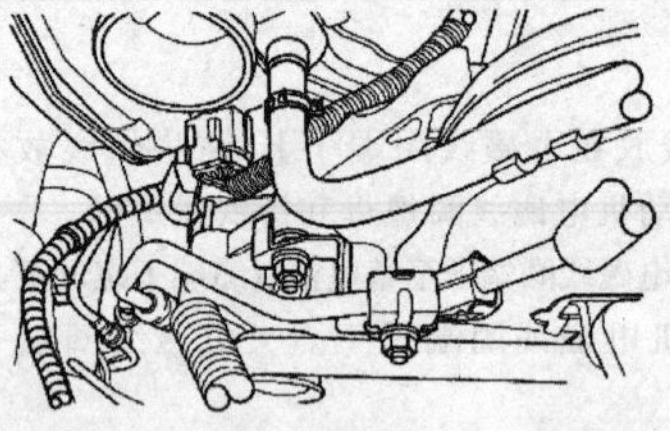	拆卸发电机上部与发动机连接的支架螺栓
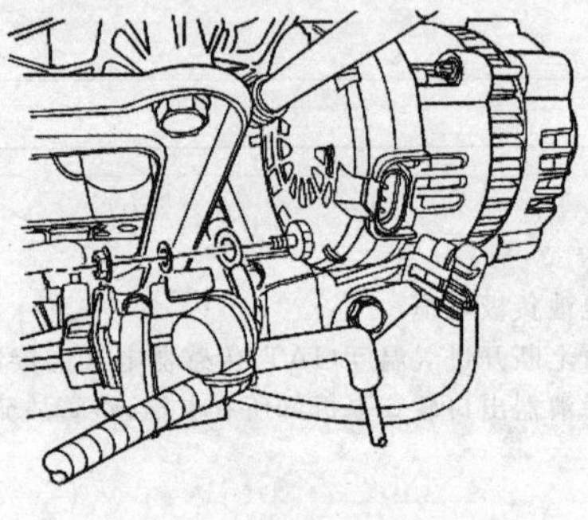	举升并妥善支撑车辆，拆卸支承发电机下托架至发电机螺栓的螺母和垫圈。松开螺栓并拆卸发电机
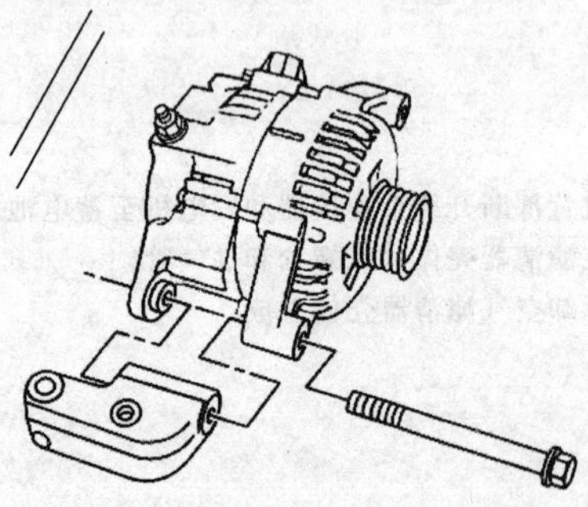	拆卸发电机下支架螺母、螺栓和垫圈
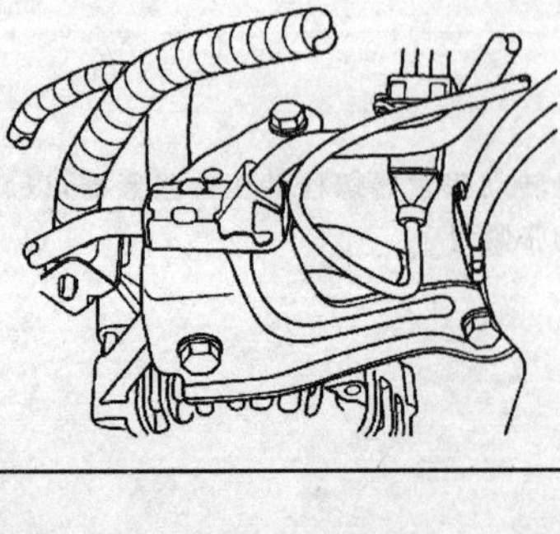	1. 将发电机安装到发电机下支架上并插入发电机螺栓 2. 将螺母和垫圈安装到发电机下支架至发电机螺栓上，紧固螺母至 2N·m

续表

汽车发电机更换	
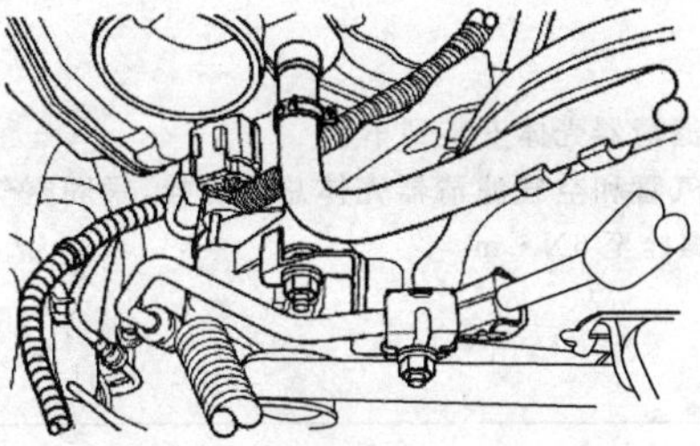	1. 安装发电机上支架螺栓和垫圈。紧固发电机上支架螺栓至 22N·m 2. 将线束连接器连接到发电机背部,将发电机引线连接到蓄电池
	1. 用扳手顺时针转动张紧器螺栓并压住张紧器 2. 将扳手放在张紧器螺栓上合适的位置,将蛇形附件传动带松弛地套在皮带轮上
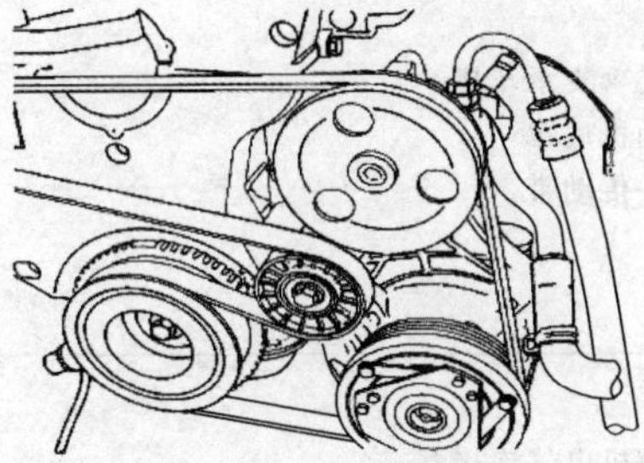	将皮带套在张紧器上
	1. 从张紧器螺栓上取下扳手,皮带将自动张紧 2. 安装动力转向储液罐
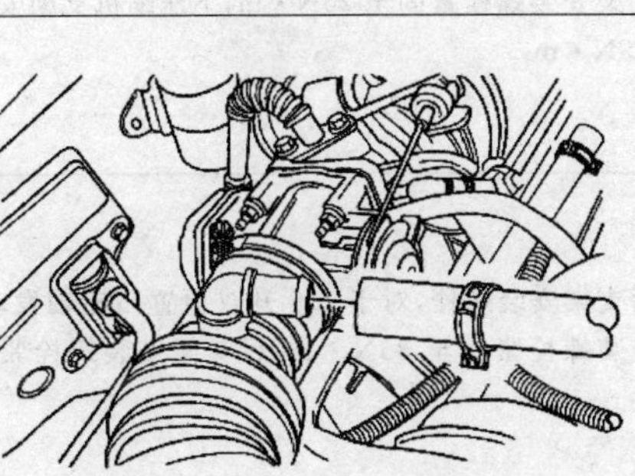	1. 安装空气滤清器出口软管,连接进气温度传感器电气连接器 2. 连接蓄电池负极电缆

汽车发电机更换	
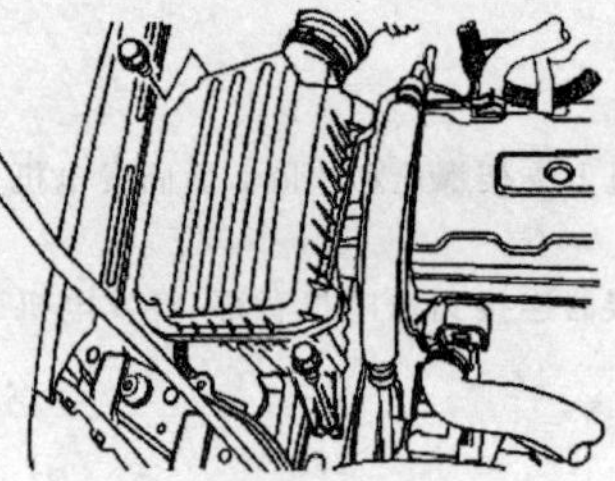	1. 将空气滤清器壳体安装到车上 2. 安装进气管和空气滤清器壳体总成螺栓，紧固空气滤清器壳体总成螺栓至 6N·m
汽车空调压缩机更换	
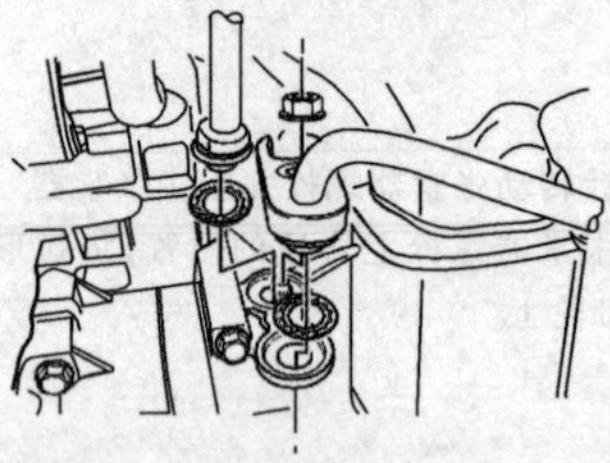	1. 断开蓄电池负极电缆 2. 排放并回收制冷剂 3. 拆卸排放软管安装螺母 4. 从压缩机上提起排放软管安装管板和吸入软管
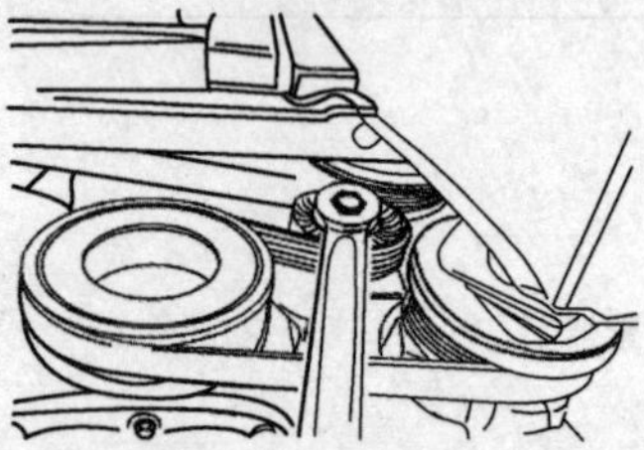	1. 举升并妥善支承车辆 2. 拆卸发动机底罩 3. 拆卸附件传动带
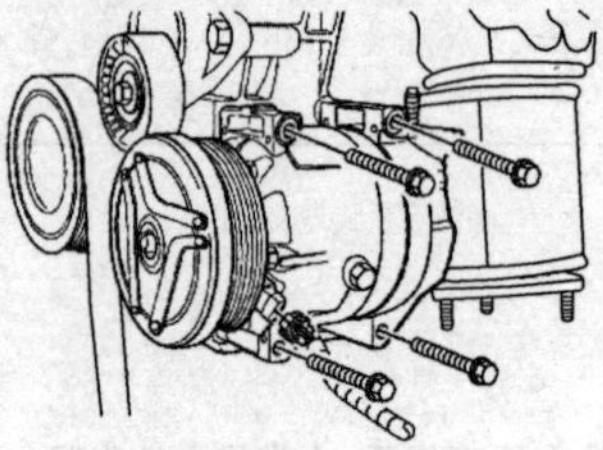	1. 断开压缩机电气连接器 2. 拆卸压缩机至支架螺栓 3. 拆卸压缩机 4. 将压缩机中的机油排入容器。测量排出的机油量，然后报废旧机油
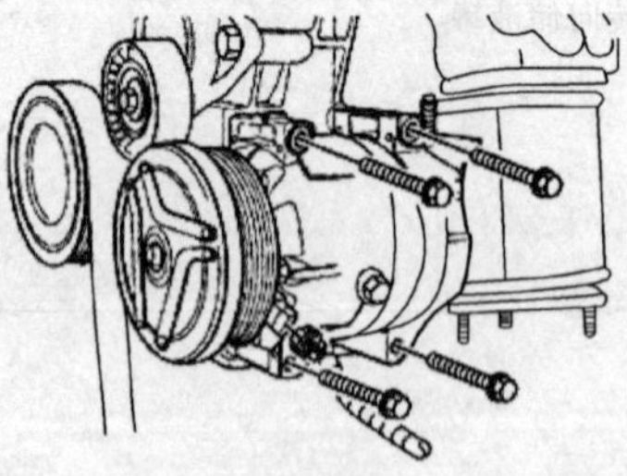	1. 将机油添加到新压缩机中，加注量必须与从原压缩机中放出的机油量完全相同 2. 安装压缩机至支架，对于 1.6 升双顶置凸轮轴发动机，将上压缩机支架安装螺栓紧固至 25N·m，下压缩机支架安装螺栓紧固至 45N·m
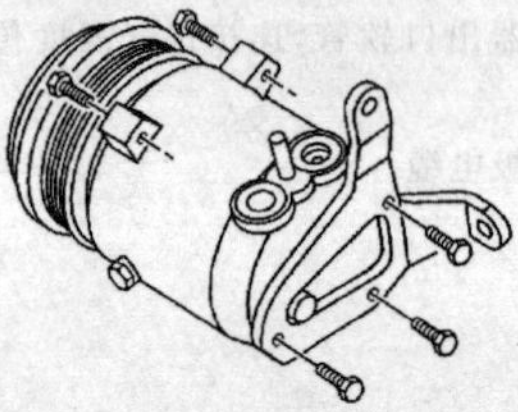	安装前后支架安装螺栓，对于 1.8 升双顶置凸轮轴发动机，将前支架安装螺栓紧固至 35N·m，后支架安装螺栓紧固至 20N·m

续表

<table>
<tr><th colspan="2">汽车空调压缩机更换</th></tr>
<tr><td></td><td>1. 将新密封圈安装到吸入软管和排放软管座上
2. 连接压缩机电气连接器
3. 安装附件传动带
4. 安装发动机底罩
5. 降下车辆</td></tr>
<tr><td>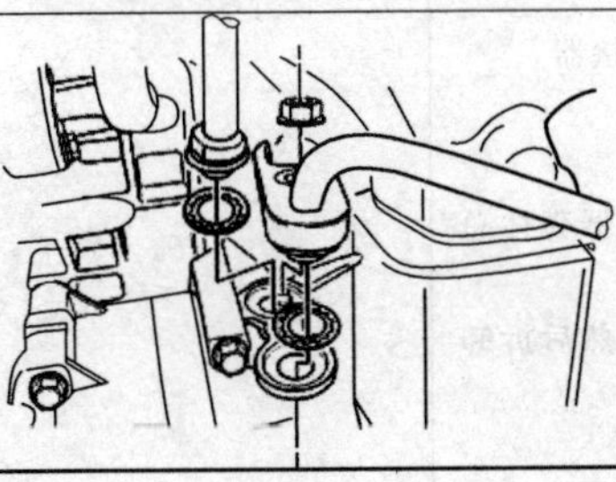</td><td>1. 将吸入软管放入压缩机槽并安装排放软管管板，将其夹紧到位。在紧固固定螺母时，要保持所有这些零件的位置。将制冷剂排放软管管板至压缩机固定螺母紧固至 33N・m
2. 连接蓄电池负极电缆
3. 排空并重新加注空调系统</td></tr>
</table>

汽车发动机更换附件作业方案如表 1-23 所示。

表 1-23　汽车发动机更换附件作业方案

<table>
<tr><td colspan="2" rowspan="2">车辆信息描述</td><td>车辆描述</td><td colspan="2"></td></tr>
<tr><td>车辆发动机描述</td><td colspan="2"></td></tr>
<tr><td colspan="2">注意安全事项</td><td colspan="3">(1)注意人身和机件的安全，不了解情况的。先了解后动手，特别是注意在车底下工作时的人身安全；
(2)未经许可，不准扳动机件和乱动电器按钮开关；
(3)注意防火；
(4)认真接受实习前的安全知识教育</td></tr>
<tr><td rowspan="2">车辆的检查</td><td colspan="2">作业要领</td><td>技术标准</td><td>检查记录</td></tr>
<tr><td colspan="2">1. 熟悉发动机总成安装位置；
2. 检查该车的外观情况</td><td>1. 前置前驱；
2. 无划伤和痕迹</td><td>1. 总里程：______
2. 燃油量：______
3. 外观情况：______</td></tr>
<tr><td>发动机更换附件作业步骤</td><td colspan="3">1. 断开蓄电池负极电缆
2. 从进气管上断开进气温度(IAT)传感器电气连接器
3. 从空气滤清器出口软管上拆卸所有卡箍，将管放到一旁
4. 从发电机背部断开线束连接器和发电机至蓄电池的引线
5. 拆卸空气滤清器壳体总成螺栓和进气管
6. 从车上拆卸空气滤清器壳体总成
7. 用扳手顺时针转动张紧器螺栓并压住张紧器，以释放蛇形附件传动带上的张紧力
8. 拆卸蛇形附件传动带
9. 向上推动力转向储液罐并将其搁置一旁
10. 拆卸发电机上部与发动机连接的支架螺栓
11. 举升并妥善支撑车辆，拆卸支承发电机下托架至发电机螺栓的螺母和垫圈。松开螺栓并拆卸发电机拆卸发电机下支架螺母、螺栓和垫圈
12. 将发电机安装到发电机下支架上并插入发电机螺栓
13. 将螺母和垫圈安装到发电机下支架至发电机螺栓上。紧固力矩：紧固发电机下支架至发电机螺母至 2N・m</td><td></td></tr>
</table>

发动机更换附件作业步骤	14. 安装发电机上支架螺栓和垫圈 紧固力矩：紧固发电机上支架螺栓至 22N·m 15. 将线束连接器连接到发电机背部，将发电机引线连接到蓄电池 16. 用扳手顺时针转动张紧器螺栓并压住张紧器 17. 将扳手放在张紧器螺栓上合适的位置，将蛇形附件传动带松弛地套在皮带轮上 18. 将皮带套在张紧器上 19. 从张紧器螺栓上取下扳手，皮带将自动张紧 20. 安装动力转向储液罐 21. 安装空气滤清器出口软管，连接进气温度传感器电气连接器 22. 连接蓄电池负极电缆 23. 将空气滤清器壳体安装到车上 24. 安装进气管和空气滤清器壳体总成螺栓，紧固空气滤清器壳体总成螺栓至 6N·m 25. 拆卸启动机搭铁线与下安装双头螺栓之间的固定螺母，然后拆卸搭铁线，拆卸启动机下双头螺栓/焊接螺母总成 26. 拆卸启动机电磁线圈螺母，断开电缆 27. 让助手支承启动机，帮助用焊接螺母拧入上双头螺栓，从而将启动机总成放置就位 28. 安装启动机上、下安装螺栓，紧固启动机安装双头螺栓至 23N·m 29. 将启动机导线放在电磁线圈端子上，将搭铁线放在下双头螺栓上 30. 安装启动机电磁线圈螺母和搭铁线螺母，紧固启动机电磁线圈端子至蓄电池电缆端子螺母至 12N·m；紧固启动机电磁线圈端子至点火电磁线圈端子螺母至 6N·m；紧固启动机下安装双头螺栓搭铁线螺母至 12N·m 31. 更换空调压缩机 (1)断开蓄电池负极电缆 (2)排放并回收制冷剂 (3)拆卸排放软管安装螺母 (4)从压缩机上提起排放软管安装管板和吸入软管 (5)拆卸附件传动带 (6)断开压缩机电气连接器 (7)拆卸压缩机至支架螺栓 (8)拆卸压缩机 (9)将压缩机中的机油排入容器。测量排出的机油量，然后报废旧机油 (10)将机油添加到新压缩机中。加注量必须与从原压缩机中放出的机油量完全相同 (11)安装压缩机至支架安装螺栓，上压缩机至支架安装螺栓(M8)紧固至 25N·m，下压缩机至支架安装螺栓(M10)紧固至 45N·m (12)安装前后压缩机至支架安装螺栓， 前压缩机至支架安装螺栓紧固至 35N·m，后压缩机至支架安装螺栓紧固至 20N·m (13)将新密封圈安装到吸入软管和排放软管座上 (14)连接压缩机电气连接器 (15)安装附件传动带 (16)将吸入软管放入压缩机槽，安装管板并将其夹紧到位。在紧固固定螺母时，要保持所有零件的位置。紧固制冷剂排放软管管板安装螺母至 33N·m (17)连接蓄电池负极电缆 (18)排空并重新加注空调系统	

教学活动三　自我测试与考核评价

自我测试见表1-24。

表1-24　自我测试

写出下面各图中零部件的名称和作用		
图例	名称	作用

简述汽车发动机的组成。		

考核评价见表1-25。

表 1-25 考核评价表

班级：__________ 姓名：__________ 学号：__________

项目	自我评价			小组评价			教师评价		
	10-9	8-6	5-1	10-9	8-6	5-1	10-9	8-6	5-1
	占总评 10%			占总评 30%			占总评 60%		
学习活动 1									
学习活动 2									
协作精神									
纪律观念									
表达能力									
工作态度									
安全意识									
任务总体表现									
小计									
总评及教师评语									

任课教师：__________ 年 月 日

项目二　曲柄连杆机构的检修

本项目的总体描述见表 2-1。

表 2-1　项目总体描述

<table>
<tr><td>项目名称</td><td colspan="3">曲柄连杆机构的检修</td></tr>
<tr><td>教学安排</td><td>第二学期</td><td>基准学时</td><td>学时 34</td></tr>
<tr><td colspan="4">案例</td></tr>
<tr><td colspan="4">一辆帕萨特 1.8 行驶 180000km，出现动力不足，加速无力现象，需要对发动机进行拆解和检测</td></tr>
<tr><td colspan="4">工作分析</td></tr>
<tr><td colspan="4"><table><tr><td>工作对象
1. 维修合同或维修工单的识读；
2. 与维修接待员、车间主管和质检员的沟通；
3. 专用工具、设备、维修材料及配件的领用；
4. 维修资料的借阅、查阅与应用；
5. 发动机总成吊装、拆卸、解体、清洗、装配作业；
6. 维修记录单及工作总结的填写与存档</td><td>工具、材料、设备与资料
1. 量具：塞尺、内经自分表、钢直尺、游标卡尺等；
2. 专用工具：定扭扳手、活塞环拆装钳、气门拆装钳、活塞环卡箍、连杆检测仪等；
3. 设备：举升机、单臂吊等；
4. 材料：机油、润滑脂、清洗液、发动机修理包等；
5. 资料：维修手册（发动机部分）、维修工单、检验标准等</td><td>工作要求
1. 组内成员之间、员工与完成此项任务涉及的其他部门相关人员之间进行熟练的专业沟通；
2. 从满足客户要求及经济、安全、环保的角度确定维修作业计划；
3. 发动机检查、拆卸、安装、调整、检测和维护等工作标准和规范；
4. 对已完成的工作进行记录与存档，评价与总结；
5. 能安全作业及遵守 5S 的工作要求</td></tr></table></td></tr>
<tr><td colspan="4">职业能力要求</td></tr>
<tr><td colspan="4">1. 认识汽车维修通用和专用工具，规范使用常用汽修工具；
2. 收集汽车发动机曲柄连杆机构拆装规范相关信息，制订汽车发动机拆装检测流程；
3. 能根据汽车发动机曲柄连杆机构拆装和检测规范，实施汽车发动机拆装和检测作业；
4. 能掌握曲柄连杆机构构造和组成</td></tr>
<tr><td colspan="4">专业技术学习内容</td></tr>
<tr><td colspan="4">1. 曲柄连杆机构的构造、工作原理；
2. 曲柄连杆机构的作用、工作环境及受力分析；
3. 汽缸圆度、圆柱度和最大磨损量；
4. 连杆检测仪的使用方法；
5. 活塞的圆度、圆柱度和最大磨损量测量；
6. 曲轴轴承间隙、轴向间隙的检测和调整方法</td></tr>
</table>

学习任务一　发动机的工作过程

教学活动一　认识发动机工作原理

一、曲柄连杆机构

曲柄连杆机构的作用是把燃料燃烧后产生的高压气体作用在活塞顶上的膨胀压力转变为

使曲轴旋转的转矩，持续对外输出动力。曲柄连杆机构由机体组、活塞连杆组、曲轴飞轮组三部分组成，见图 2-1。

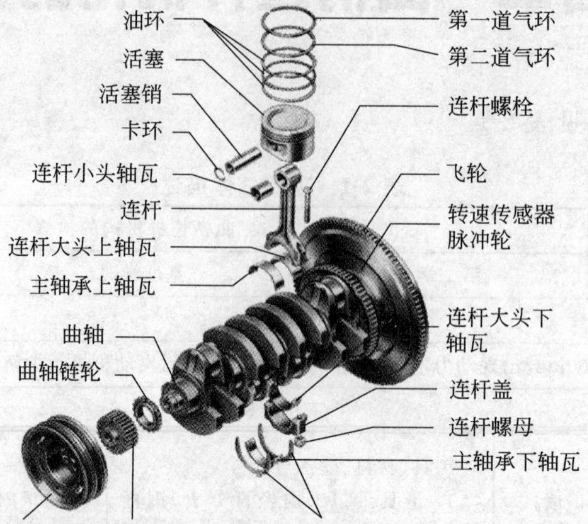

图 2-1　曲柄连杆机构组成

其中机体组包括汽缸体、汽缸盖、汽缸垫、曲轴箱、汽缸套及油底壳等；活塞连杆组包括活塞、活塞环（气环、油环）、活塞销、活塞销衬套、连杆和连接定位装置等；曲轴飞轮组包括曲轴、飞轮、轴瓦、扭转减振器等。

二、曲柄连杆机构工作环境及受力分析

曲柄连杆机构处于高温、高压、高频振动和腐蚀环境中。曲柄每转两周（四冲程内燃机）或者一周（二冲程内燃机）为一个变化周期，作用在曲柄连杆机构上的力是随着工况的不断变化而变化的。内燃机的工况一般由转速、功率、扭矩来衡量。

曲柄连杆机构受的力主要有气体压力、往复惯性力、旋转离心力和摩擦力。如图 2-2 所

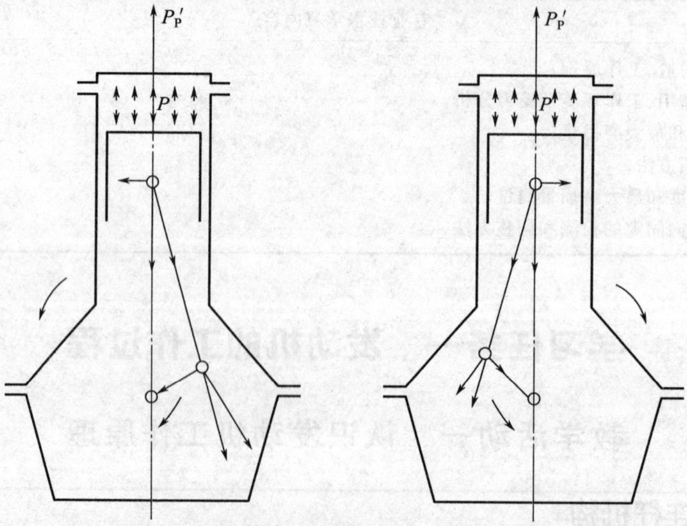

图 2-2　气体压力作用图

示，气体压力 P 通过曲柄销和连杆产生对汽缸壁的横向压力和沿着连杆方向的对曲轴的压力，对连杆的压力通过主轴承产生对曲轴的压力和对曲轴的旋转力。

如图 2-3 所示，活塞在上半行程时，惯性力向上，下半行程时，惯性力向下。在上下止点活塞运动方向改变，速度为零，加速度最大，惯性力也最大；在行程中部附近，活塞运动速度最大，加速度为零，惯性力也等于零。

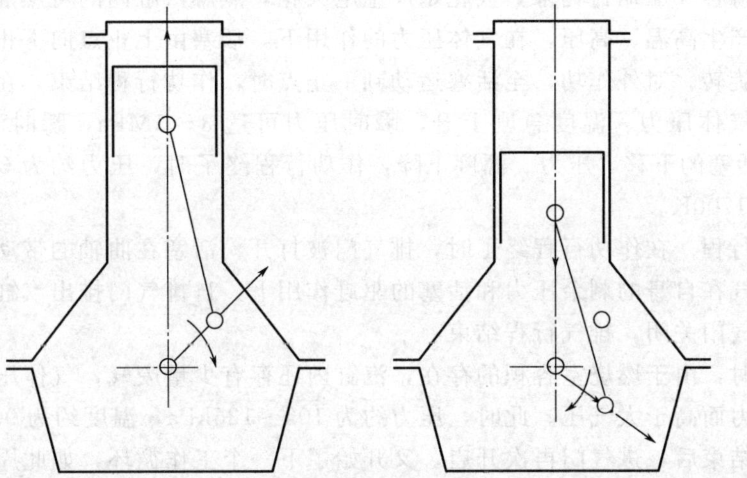

图 2-3　往复惯性力简图

旋转机件的圆周运动会产生离心惯性力，方向背离曲轴中心向外，离心力加速轴承与轴颈的磨损，同时引起发动机振动。

三、四冲程汽油机的工作原理

四冲程汽油机是由进气、压缩、作功和排气完成一个工作循环的，图 2-4 所示为单缸四冲程汽油机工作原理示意图。

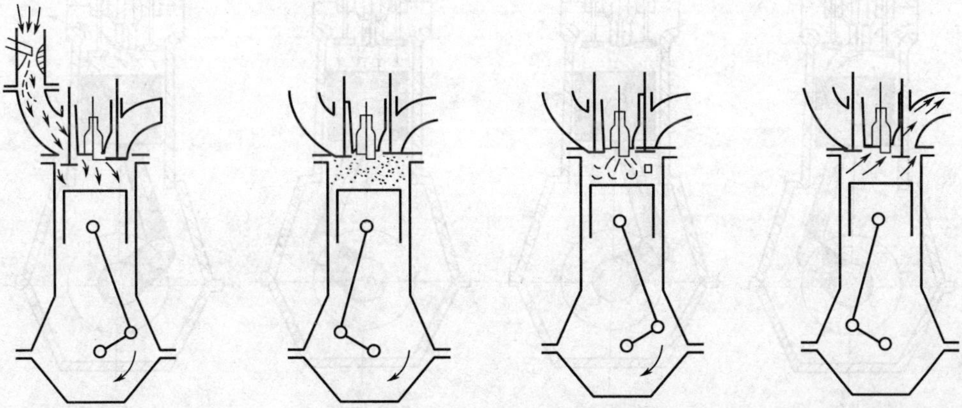

图 2-4　单缸四冲程汽油机工作原理示意图

（1）进气行程　活塞由曲轴带动从上止点向下止点运动，进气门开启，排气门关闭，由于活塞下移，活塞上腔容积增大，形成一定真空度，在真空吸力的作用下，空气与汽油形成的混合气经进气门被吸入汽缸，至活塞运动到下止点时，进气门关闭，停止进气，进气行程结束。

（2）压缩行程　活塞在曲轴的带动下，从下止点向上止点运动，进、排气门均关闭，随着活塞上移、活塞上腔容积不断减小，混合气被压缩，至活塞到达上止点时，压缩行程结束。在压缩过程中，气体压力和温度同时升高。压缩终了时，汽缸内的压力约为600～1500kPa，温度约为600～800K，远高于汽油的点燃温度（约263K）。

（3）作功行程　压缩行程末，火花塞产生电火花，点燃汽缸内的可燃混合气，并迅速着火燃烧，气体产生高温、高压，在气体压力的作用下，活塞由上止点向下止点运动，再通过连杆驱动曲轴旋转，对外作功，至活塞运动到下止点时，作功行程结束，在作功过程中，开始阶段汽缸内气体压力、温度急剧上升，瞬时压力可达3～5MPa，瞬时温度可达2200～2800K。随着活塞的下移，压力、温度下降，作功行程终了时，压力约为300～500kPa，温度约为1500～1700K。

（4）排气行程　在作功行程终了时，排气门被打开，活塞在曲轴的带动下由下止点向上止点运动。废气在自身的剩余压力和活塞的驱赶作用下，自排气门排出汽缸，至活塞运动到上止点时，排气门关闭，排气行程结束。

排气终了时，由于燃烧室容积的存在，汽缸内还存有少量废气，气体压力也因排气门和排气道等有阻力而高于大气压。此时，压力约为105～125kPa，温度约为900～1200K。

排气行程结束后，进气门再次开启，又开始了下一个工作循环，如此周而复始，发动机就自行运转。

四、四冲程柴油机的工作原理

如图2-5所示，四冲程柴油机和四冲程汽油机工作原理一样，每个工作循环也是由进气、压缩、作功和排气四个行程所组成。但柴油和汽油性质不同，柴油机在可燃混合气的形成、着火方式等方面与汽油机有较大区别，下面主要介绍与汽油机工作原理上的不同之处。

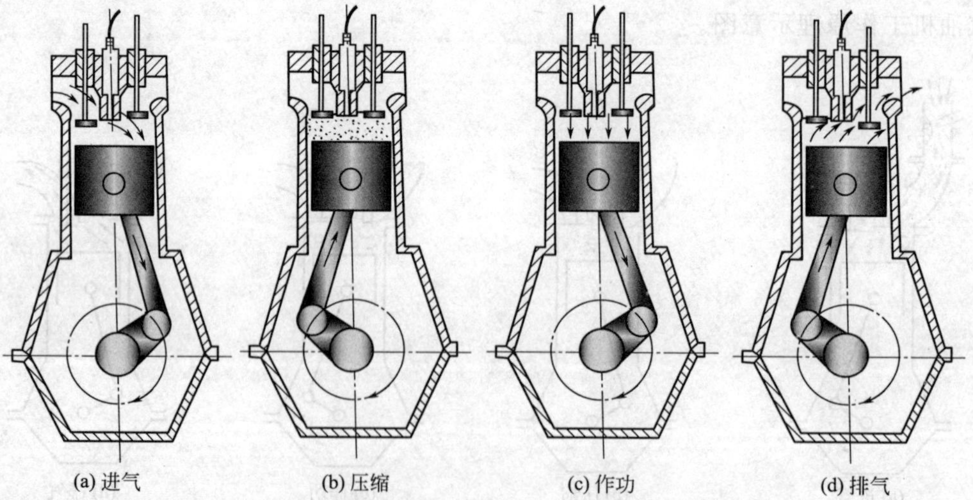

图2-5　四冲程柴油机工作原理示意图

（1）进气行程　柴油机的进气行程不同于汽油机的是进入汽缸的不是混合气，而是纯空气。

（2）压缩行程　压缩行程压缩的是纯空气。由于柴油机压缩比大，压缩终了的温度和压力都比汽油机高，压力可达3～5MPa，温度可达800～1000K。点燃温度是指燃料在空气中移近火焰时，其表面上的燃料蒸汽能够被点着的最低环境温度，汽油的点燃温度很低，约为263K，柴油的点燃温度高，约为313～359K。自燃温度是指燃料不与火焰接近，能够自行燃烧的最低环境温度；柴油的自燃温度低，约为473～573K，汽油的自燃温度高，约为653K。

(3) 作功行程　压缩行程末，喷油泵将高压柴油经喷油器呈雾状喷入汽缸内的高温空气中，迅速汽化并与空气形成可燃混合气。因为此时汽缸内的温度远高于柴油的自燃温度（约500K左右），柴油自行着火燃烧，且以后的一段时间内边喷边燃烧，汽缸内的温度、压力急剧升高，推动活塞下行作功。作功行程中，瞬时压力可达5～10MPa，瞬时温度可达1800～2200K；作功终了，压力约为200～400kPa，温度约为1200～1500K。

(4) 排气行程　排气行程与汽油机排气行程基本相同。

由上述四冲程汽油机和柴油机的工作原理可知，两种发动机工作循环相似，共同点是：每个工作循环曲轴转两转（720°），每一行程曲轴转半转（180°），进气行程是进气门开启，排气行程是排气门开启，其余两个行程进、排气门均关闭；四个行程中，只有作功行程产生动力，其他三个行程是为作功行程做准备工作的辅助行程，虽然作功行程是主要行程，但其他三个行程也不可缺少；发动机运转的第一个循环，必须有外力使曲轴旋转完成进气、压缩行程，着火后，完成作功行程，依靠曲轴和飞轮贮存的能量便可自行完成以后的行程，以后的工作循环发动机无需外力就可自行完成。

两种发动机工作循环的主要不同之处是：汽油机的汽油和空气在汽缸外混合，进气行程进入汽缸的是可燃混合气，而柴油机进气行程进入汽缸的是纯空气，柴油是在作功行程开始阶段喷入汽缸，在汽缸内与空气混合，即混合形成方式不同；汽油机用电火花点燃混合气，而柴油机是用高压将柴油喷入汽缸内，靠高温气体加热自行着火燃烧，即着火方式不同。所以汽油机有点火系，而柴油机则无点火系。

五、多缸发动机

上述讲述的是单缸发动机工作原理，只有作功行程产生动力，其他三个行程都要消耗动力。为了维持运动，单缸发动机必须有一个贮备能量较大的飞轮。即使如此，发动机运转仍然是不平稳的，作功行程快，其他行程慢，因此汽车上实际应用的是多缸发动机，它是由若干个相同的单缸排列在一个机体上，共用一根曲轴输出动力，用得较多的是四缸、六缸、八缸发动机。多缸发动机是在曲轴转角720°内（四冲程发动机）或曲轴转角360°内（二冲程发动机），各缸都要像单缸发动机一样完成一个工作循环。为了使发动机运转平稳，各缸作功间隔角大都均等。如四冲程六缸发动机各缸作功间隔角为720°/6=120°，即曲轴每转120°就有一个缸作功，各缸作功行程略有搭接，这样发动机运转较单缸发动机平稳得多。另外，由于各缸的作功行程为其他缸的准备行程提供动力，所以贮存能量的飞轮也较单缸发动机小得多。四缸发动机从理论上讲作功冲程就已连续，而六缸、八缸发动机都有作功重叠，且缸数越多，重叠得就越大，发动机运转得就越平稳。

教学活动二　制定作业方案

参考表2-2，制定更换活塞环作业方案。

表 2-2　参考维修手册

图　例	说　明
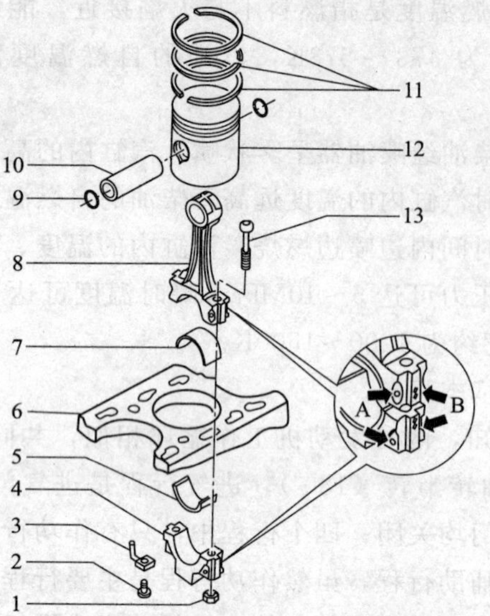	1—连杆螺栓；2—减压阀；3—冷却活塞喷油嘴；4—连杆大头盖；5—连杆轴瓦；6—汽缸体；7—连杆轴瓦；8—连杆；9—活塞销卡簧；10—活塞销；11—活塞环；12—活塞；13—连杆螺栓 活塞环拆装注意事项： (1)相邻两活塞环的开口必须错位 120°； (2)用活塞环钳拆装活塞环； (3)活塞环上“TOP”(向上)标记必须朝向活塞顶部
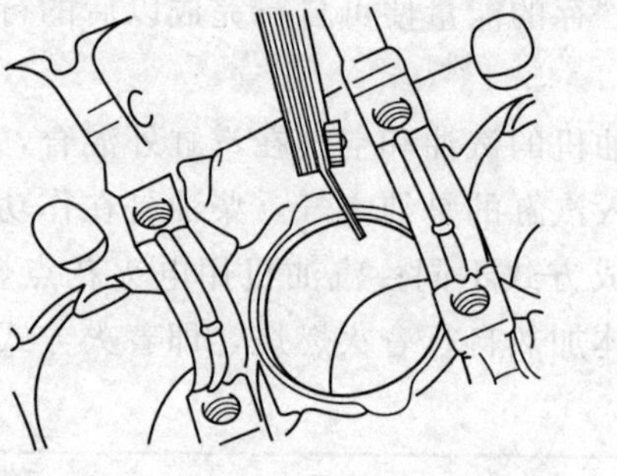	检测活塞环开口间隙时，将活塞环垂直向下推至汽缸内距边缘 15mm 处。插入时可使用不带活塞环的活塞
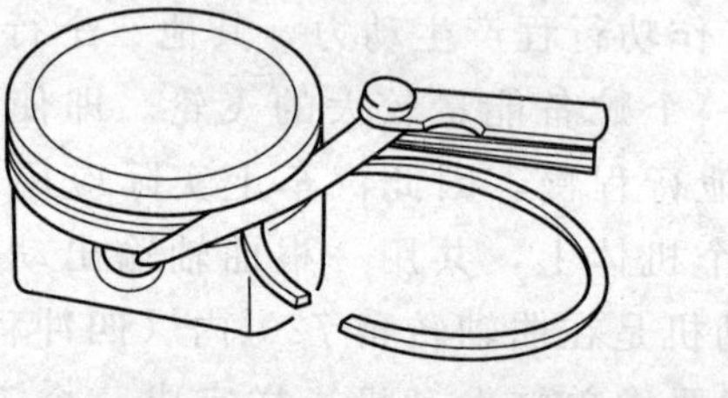	检查前须要清洁活塞环

汽车发动机更换活塞环作业方案见表 2-3。

表 2-3　汽车发动机更换活塞环作业方案

车辆信息描述	车辆描述	
	车辆发动机描述	
注意安全事项	(1)注意人身和机件的安全，不了解情况的，先了解后动手，特别是注意在车底下工作时的人身安全； (2)未经许可，不准扳动机件和乱动电器按钮开关； (3)注意防火； (4)认真接受实习前的安全知识教育	

续表

<table>
<tr><td></td><td>作业要领</td><td>技术标准</td><td>检查记录</td></tr>
<tr><td rowspan="2">作业方案</td><td>1. 熟练地使用套筒工具；
2. 熟练使用活塞环卡钳；
3. 会测量活塞环间隙；
4. 会使用定扭扳手紧固螺栓；
5. 掌握曲柄连杆机构的连接情况；
6. 不能损伤零部件</td><td>1. 规范使用套筒工具拆装螺栓；
2. 更换活塞环时注意顺序、方向和开口方向；
3. 活塞环间隙值合格；
4. 各螺栓的扭矩值</td><td rowspan="2">1. 开口方向：
2. 活塞的朝向：
3. 活塞环端隙：
4. 活塞环侧隙：</td></tr>
<tr><td colspan="2">作业步骤：
1. 用活塞环钳拆活塞环；
2. 活塞环上“TOP”(向上)标记朝向活塞顶部，检测活塞环开口间隙，将活塞环垂直向下推至汽缸内距边缘 15mm 处；
3. 安装活塞环，相邻两活塞环的开口必须错位 120°</td></tr>
</table>

教学活动三　自我测试与考核评价

自我测试见表 2-4。

表 2-4　自我测试

<table>
<tr><td>曲柄连杆机构的作用是提供发动机燃料的__________，把燃料燃烧后产生的高压气体作用在__________上的膨胀压力转变为曲轴旋转的转矩，持续对外输出__________</td></tr>
<tr><td>指出下图指引线引出处的零部件名称</td></tr>
<tr><td>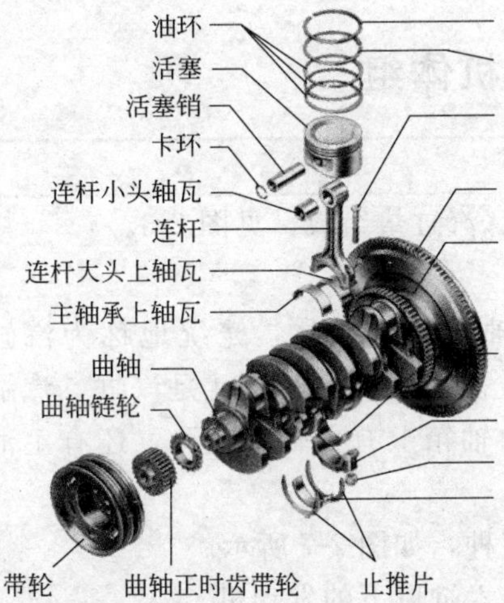
</td></tr>
<tr><td>简述曲柄连杆机构工作环境及受力情况

</td></tr>
<tr><td>简述曲柄连杆机构的构造、工作原理

</td></tr>
</table>

考核评价见表 2-5。

表 2-5　考核评价表

班级：＿＿＿＿＿＿　姓名：＿＿＿＿＿＿　学号：＿＿＿＿＿＿

项目	自我评价			小组评价			教师评价		
	10-9	8-6	5-1	10-9	8-6	5-1	10-9	8-6	5-1
	占总评 10%			占总评 30%			占总评 60%		
学习活动 1									
学习活动 2									
协作精神									
纪律观念									
表达能力									
工作态度									
安全意识									
任务总体表现									
小计									
总评及教师评语									

任课教师：＿＿＿＿＿＿　　年　　月　　日

学习任务二　机体组的拆装与测量

教学活动一　认识发动机机体组

一、机体组的组成

机体组由汽缸体、曲轴箱、油底壳、汽缸套、汽缸盖、汽缸垫组成，见图 2-6。

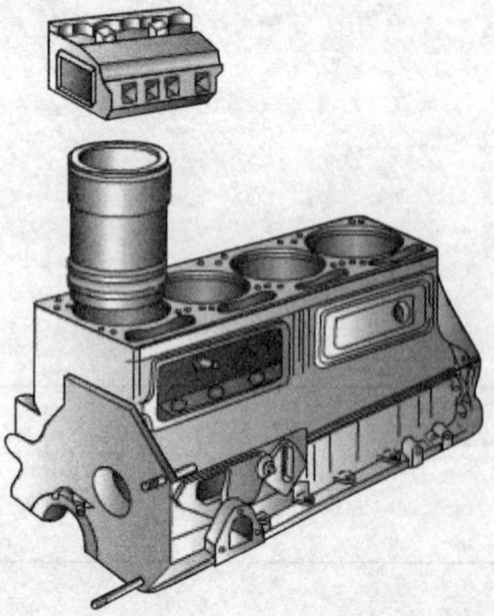

图 2-6　机体组的组成

1. 汽缸体与曲轴箱

通常将汽缸体与曲轴箱铸为一体，笼统地称为汽缸体。汽缸体内引导活塞做往复运动的圆筒就是汽缸，汽缸外面制有水套以散热。曲轴箱上有主轴承座孔，还有主油道和分油道。

汽缸的排列形式有 3 种，如图 2-7 所示。

(1) 直列式，多用于六缸以下的发动机。

(2) V 形排列缩短了发动机的长度和高度，多用于八缸以上的发动机。

(3) 对置式，它是 V 形排列的特殊形式。

曲轴箱的形式主要有 3 种，如图 2-8 所示。

(1) 平分式，主轴承座孔中心线位于曲轴箱分开面上。特点：刚度小，前后端呈半圆形，与油底壳接合面的密封较困难。主要应用于中小型发动机。

(2) 龙门式，主轴承座孔中心线高于曲轴箱分开面。特点：刚度较大，油底壳前后端为

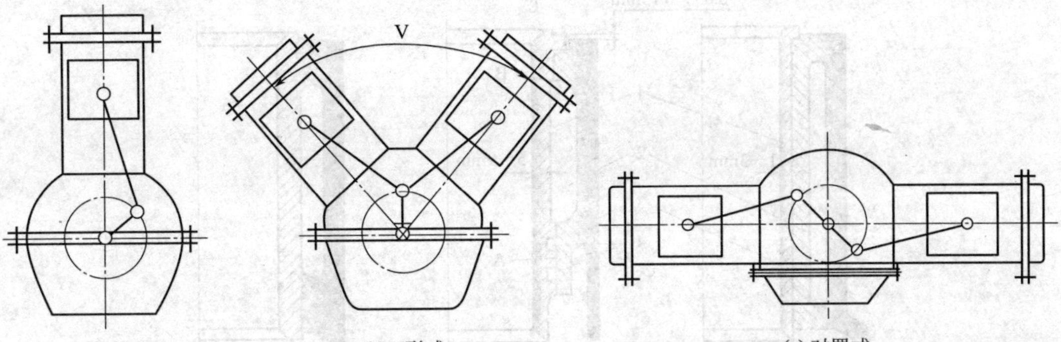

(a) 直列式　(b) V形式　(c) 对置式

图 2-7　汽缸的排列形式

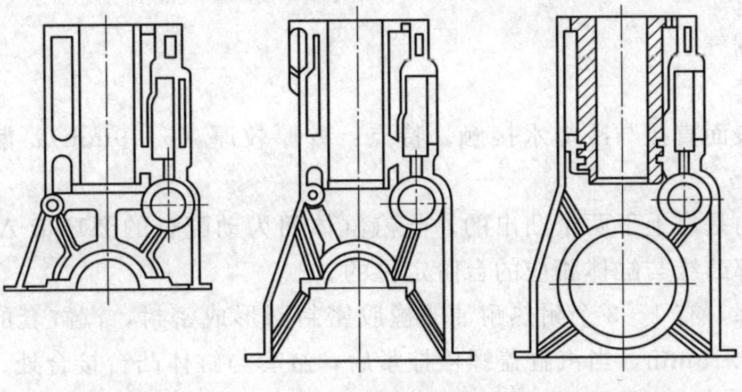

(a) 平分式　(b) 龙门式　(c) 隧道式

图 2-8　曲轴箱的形式

一平面，密封简单可靠。主要应用于大中型发动机。

（3）隧道式，主轴承座孔不分开。特点：刚度最大，主轴承同轴度易保证，主轴承用滚动轴承。主要应用于负荷较大的柴油机。

2. 油底壳

油底壳用来贮存和冷却机油并封闭曲轴箱，如图 2-9 所示。其特点：

（1）用薄钢板冲压而成；

（2）内部设有稳油挡板，以防止汽车振动时油底壳油面产生较大的波动；

（3）最低处有放油塞；

（4）曲轴箱与油底壳之间有密封衬垫。

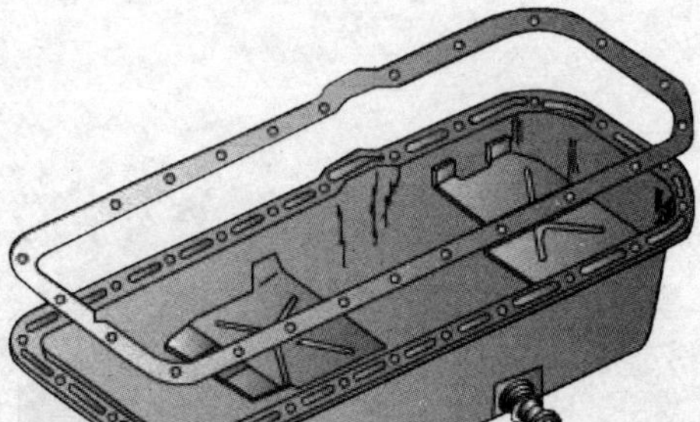

图 2-9　油底壳

3. 汽缸套

汽缸体内镶有高级铸铁材料制成的汽缸套，而缸体则可用普通铸铁或铝合金制成，这样既延长了使用寿命，又节省了材料，汽缸套有 2 种，如图 2-10 所示。

（1）干式缸套

干式缸套外表面不直接与冷却水接触。特点：壁厚较薄（1～3mm）；与刚体承孔过盈

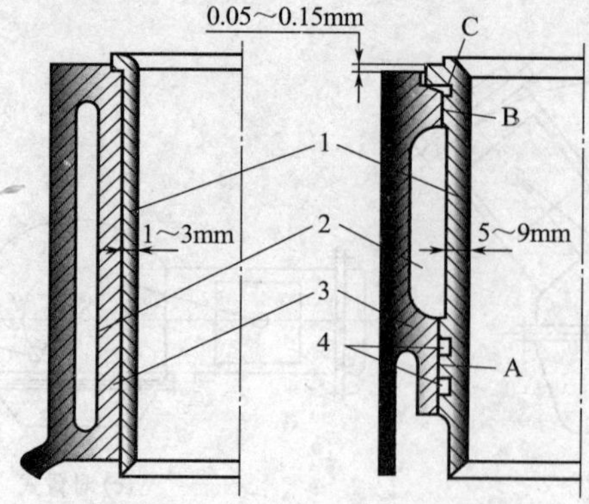

(a) 干式　　(b) 湿式

图 2-10　汽缸套

1—汽缸套；2—水套；3—汽缸套；4—橡胶密封圈；A—下支密封带；B—上支密封带；C—缸套凸缘平面

配合；不易漏水漏气。

（2）湿式缸套

湿式缸套外表面直接与冷却水接触。特点：壁厚较厚（5～9mm）；散热效果好；易漏水漏气；易穴蚀。

汽缸套的径向是靠上下两个凸出的、与汽缸体间为动配合的圆环带 A 和 B 定位的，轴向是利用缸套上部凸缘与缸体相应的台阶定位的。

汽缸套的下部，有 1～3 个耐热耐油的橡胶密封圈形成密封，汽缸套的上部，缸套顶面高出缸体 0.05～0.15mm，当汽缸盖螺栓拧紧后，缸套与缸体凸台接合处、缸套与缸垫接合处承受较大的压紧力，具有防止水套漏水、汽缸漏气和保证缸套定位的作用。

4. 汽缸盖

如图 2-11、图 2-12 所示，汽缸盖上有冷却水套、燃烧室、进排气门道、气门导管孔和进排气门座、火花塞孔（汽油机）或喷油器座孔（柴油机）。

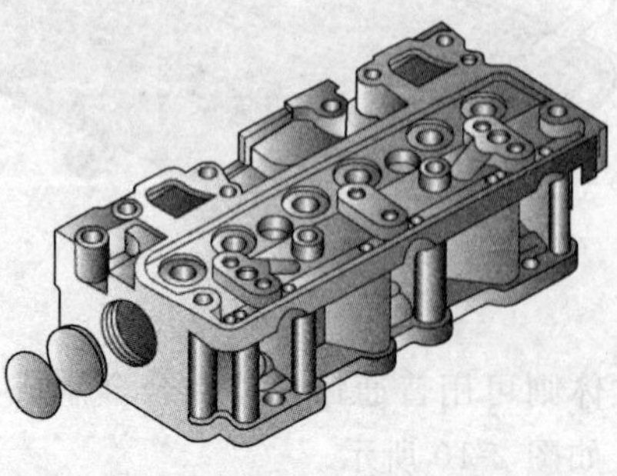

图 2-11　EQ6100-1 型汽油机汽缸盖

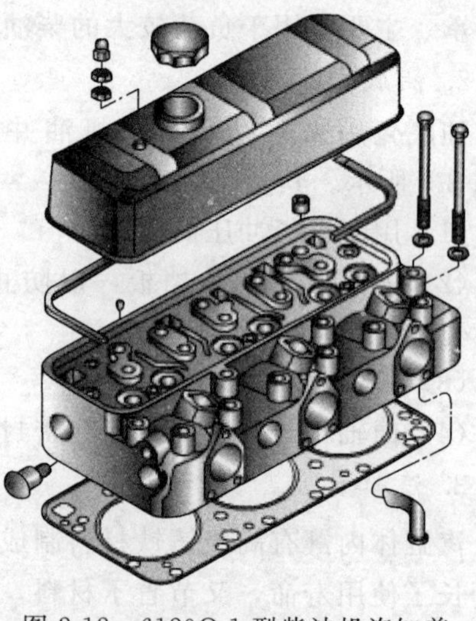

图 2-12　6120Q-1 型柴油机汽缸盖

汽油机燃烧室如图 2-13 所示，有 3 种类型，其中盆形燃烧室特点为气门平行于汽缸轴线，有挤气—冷激面，可形成挤气涡流，盆的形状狭窄，气门尺寸受限，换气质量较差，燃烧速度较低，CO 排放较高而 NO 排放较低。楔形燃烧室特点为气门斜置，气流导流较好，充气效率高，可形成挤气涡流，燃烧速度较快，CO 排放较低而 NO 排放稍高。半球形燃烧室特点为气门成横向 V 形排列，因此气门头部直径可以做得较大，换气好，火花塞位于燃烧室的中部，火焰行程短，燃烧速度最高，动力性、经济性最好，是高速发动机常用的燃烧室，CO 排放最少，而 NO 排放较高。

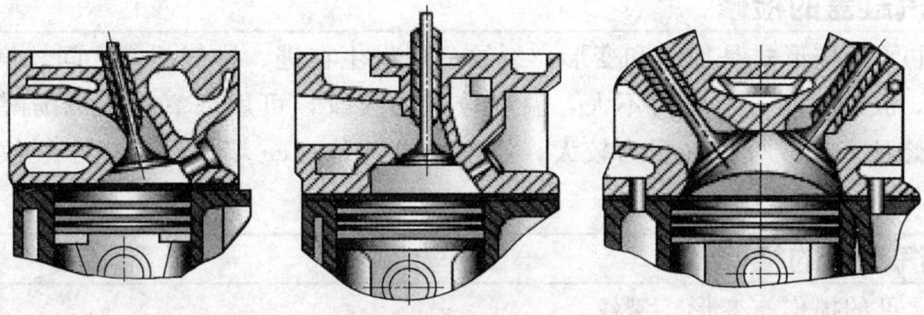

(a) 楔形燃烧室　(b) 盆形燃烧室　(c) 半球形燃烧室

图 2-13　汽油机燃烧室

5. 汽缸垫

汽缸垫用来保证汽缸体与汽缸盖间的密封，防止漏水、漏气，其结构如图 2-14 所示，

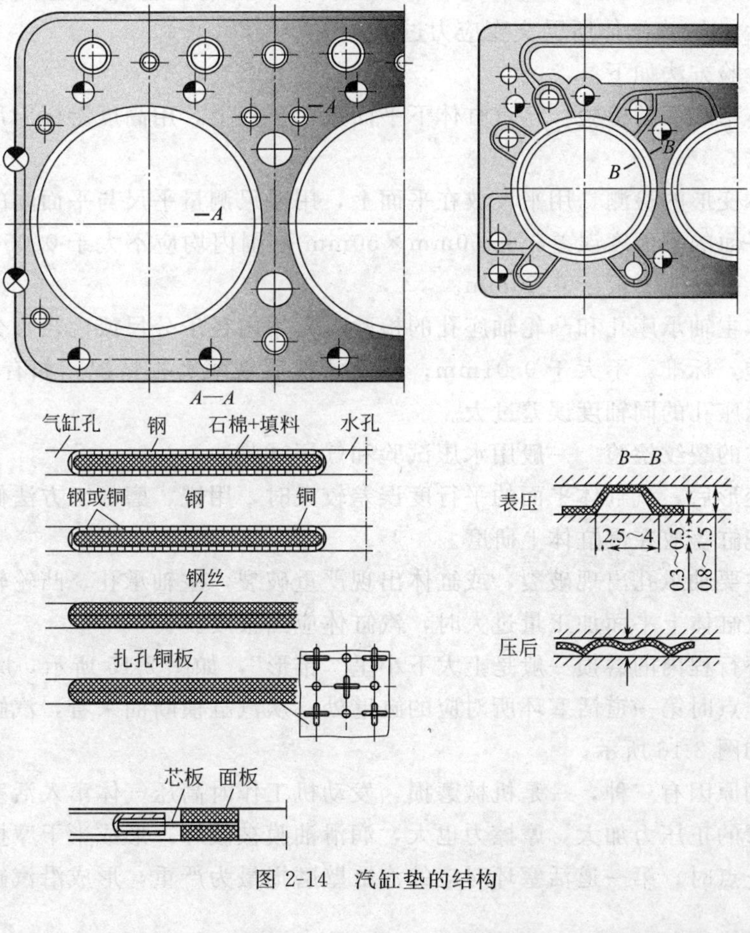

图 2-14　汽缸垫的结构

其组成如下。

① 金属—石棉垫：外包铜皮和钢片，且在缸口、水孔、油道口周围卷边，内填石棉（常掺入铜屑或钢丝，以加强导热）。

② 金属骨架—石棉垫：以编织的钢丝网或有孔钢板为骨架，外覆石棉，只在缸口、水孔、油道口处用金属片包边。

③ 纯金属垫：由单层或多层金属片（铜、铝或低碳钢）制成，用于某些强化发动机。

二、汽缸盖的检修

汽缸盖主要损伤形式是裂纹和变形，裂纹一般发生在进、排气门座之间。汽缸盖裂纹的修复方法：a. 胶粘结法，对受力不大，温度较低的裂纹，可用环氧树脂或酚醛树脂胶粘结裂纹；b. 焊修法，裂纹发生在受力较大，温度较高部位；c. 堵漏法，微小裂纹或砂眼用堵漏剂修补。

三、汽缸体的检修

汽缸体常见的损伤有变形、裂纹。

汽缸体变形的原因：a. 热应力过大，制造加工时留有的残余应力过大，曲柄连杆机构往复惯性力过大，使汽缸体受拉压和弯扭作用；b. 发动机在高速、大负荷、润滑不良条件下工作产生烧瓦抱轴；c. 拧紧汽缸盖螺栓时，不按规定顺序和规定扭力拧紧或拧紧力不均匀。

汽缸体产生裂纹的原因：a. 冷却水结冰冻裂；b. 汽缸体碰撞受力过大；c. 铸造加工时的残余应力过大；d. 汽缸体所受交变应力过大。

汽缸体的检验方法如下。

（1）汽缸体基准面的检验　将汽缸体下平面放在平板上，用高度游标卡尺或专用设备检测汽缸体的高度。

（2）汽缸体变形的检测　用平尺放在平面上，用塞尺测量平尺与平面间的间隙，检验标准：汽缸体上平面的平面度误差，每 50mm×50mm 范围内均应不大于 0.05mm，与其配合的整个汽缸体上平面应不大于 0.20mm。

（3）汽缸体主轴承座孔和凸轮轴座孔的检验　先用内径千分尺或内径百分表检验座孔圆度及圆柱度误差，标准：不大于 0.01mm；然后清洗后观察磨损情况，如有单边磨损现象，说明凸轮轴轴承座孔的同轴度误差过大。

（4）汽缸体的裂纹检验　一般用水压试验和气压试验法。

当汽缸体变形后，汽缸体平面的平行度误差较大时，用铣、磨加工方法修整，变形较小时，用研磨膏把缸盖放在汽缸体上研磨。

当汽缸体主要轴承孔出现破裂，或缸体出现严重破裂，主轴承孔、凸轮轴轴承孔修理尺寸达到尽头，汽缸体上平面加工量过大时，汽缸体应当报废。

汽缸活塞环行程内的磨损一般是上大下小呈“锥形”，如图 2-15 所示，磨损的最大部位在活塞位于上止点时第一道活塞环所对应的缸壁处；从汽缸横断面来看，汽缸的磨损呈不规则的椭圆形，如图 2-16 所示。

汽缸磨损的原因有三种，一是机械磨损，发动机工作时高压气体窜入活塞环背面，致使活塞环对汽缸壁的正压力加大，摩擦力也大，润滑油膜被破坏，形成半干摩擦或干摩擦，造成活塞位于上止点时，第一道活塞环对应的汽缸壁磨损最为严重，形成沿汽缸轴向上大下小

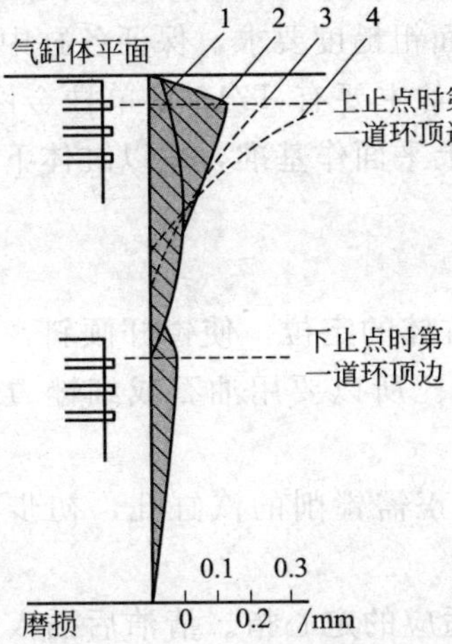

图 2-15　汽缸锥形磨损

1—金属磨料磨损；2—正常磨损；3—灰尘磨料磨损；4—酸性腐蚀磨损

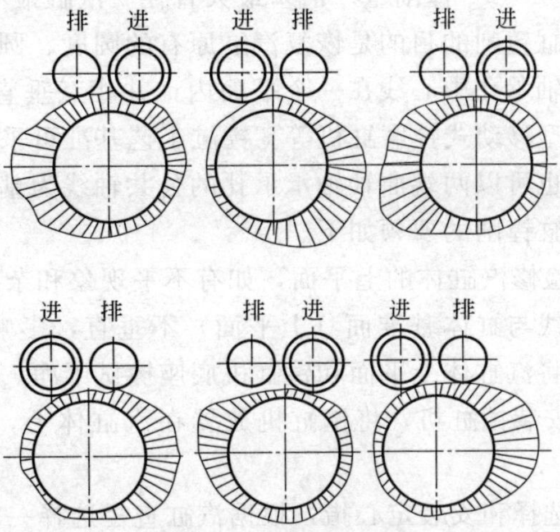

图 2-16　汽缸椭圆磨损

的锥形磨损。二是腐蚀磨损，汽缸内可燃混合气燃烧后，产生水蒸气和酸性氧化物 CO_2、SO_2、NO_2，导致腐蚀磨损。三是磨料磨损，由空气中的尘埃，机油中的机械杂质导致。

测量汽缸磨损时，先选测量接杆，将其固定于量缸表表杆的下端，使伸缩杆有 2mm 左右的压缩行程；将测杆深入到汽缸上部，测量第一道活塞环在上止点位置时对应的汽缸壁的尺寸，通常是分别测量平行和垂直于曲轴轴线方向的汽缸磨损；将量缸表下移，用同样的方法测量汽缸中部和下部的磨损。

常用的汽缸修理尺寸为＋0.50mm、＋1.00mm、＋1.50mm。湿式缸套缸径加大值不应大于 2.00mm。在实际修理中，可根据下式选择恢复正确几何形状的尺寸 D_X，将得出的数据与标准修理尺寸对照，选择合理的修理级别：

$$D_X = D_{max} + X$$

式中，D_{max} 为磨损最大处汽缸的直径，mm；X 为加工余量，mm。

例如，测得 6102 型发动机汽缸磨损最大处的直径为 102.60mm，加工余量取 0.20mm，则恢复汽缸正确几何形状的尺寸为

$$D_X = D_{max} + X = (102.60 + 0.20)\text{mm} = 102.80\text{mm}$$

此数据接近于第四级修理尺寸 102.60mm，故最后选定为第四级修理尺寸，再选择同级别修理尺寸的活塞与之相配。同一台发动机的各缸应采用同一级别的修理尺寸。

汽缸修理尺寸级数的确定公式：

$$n \geqslant (D_{max} - D_o + X)/\Delta_D$$

式中，n—镗后汽缸修理尺寸的级数；D_{max}—镗削前汽缸的最大直径，mm；D_o—原厂规定汽缸的标准直径；X—汽缸的镗磨余量，一般取 0.13～0.20mm；Δ_D—修理尺寸级差，0.25mm。将计算出的 n 圆整成整数值，即是汽缸镗后修理尺寸级数。

活塞与汽缸的配合要求较高，在修理尺寸确定后，可选择同一级修理尺寸的活塞。镗缸时必须按活塞的实际尺寸进行，并结合必要的缸壁间隙和镗缸余量，通过下列公式计算各缸的镗削量：

镗削量=活塞最大直径-汽缸最小直径+配合间隙-镗缸余量

汽缸镗削的目的是恢复汽缸原有的圆度、圆柱度和表面粗糙度要求，保证各缸中心线与曲轴主轴承孔中心线在一个平面内，并相互垂直。镗缸设备主要有 T716 型单柱金刚镗床，T8011 型移动式镗磨缸机等。镗缸工艺基准可采用汽缸体上平面作基准，或以缸体下平面为基准，也可以两端曲轴轴承承孔的公共轴线为基准。

汽缸镗削的要领如下。

● 检修汽缸体的上平面，如有不平现象和杂质将影响缸体的定位，使镗杆倾斜，镗出的汽缸轴线与缸体基准面（上平面）不垂直，影响修理质量。所以要用油石或细锉刀进行修平，并将汽缸体上平面和镗缸机底座擦拭干净。

● 安装镗缸机，将镗缸机放置在汽缸体上，使镗杆对正需镗削的汽缸孔，初步固定镗缸机。

● 选择和安装定心指，根据汽缸直径选择一套长度相适应的定心指。清洁后插入镗杆定心指孔内，用弹簧箍紧，然后转动定心指旋钮，使定心指收缩。定位中心的选择有同心法和不同心法。

● 根据汽缸直径选择刀架和镗刀，将镗刀装入镗杆头上的刀架孔内，然后用专用的测微器调整镗刀，直到调理完毕。

● 镗头转速、进给量和背吃刀量的选择通常根据汽缸材料的硬度、汽缸直径以及刀具性能、铸削工序要求来进行。

● 镗削时，将镗刀降到缸口，用手转动镗头，检测背吃刀量是否过大，镗刀在汽缸圆周的各个方向的背吃刀量是否均匀。

● 校正自动停刀装置。

● 缺口导角，每镗好一缸，应随时用切削刃的角度在汽缸上口镗出导角，便于活塞与活塞环装入汽缸。

汽缸磨削的目的是减小汽缸壁的表面粗糙度值，达到汽缸加工的最终要求，以延长汽缸和活塞的使用寿命。磨缸的主要工具是带有砂条的珩磨头。磨缸时要选择合适的圆周速度和往复运动速度，尽量使磨缸主轴、磨缸头和汽缸在一直线上，以防偏磨。磨缸时要加注切削液，用以冷却和清洗磨料。应先粗磨，后精磨，磨缸顺序由第 1 缸—第 3 缸—第 2 缸—第 4 缸，隔缸进行。

干式汽缸套的镶配应根据所选汽缸套的外形尺寸，将汽缸镗至所需要的尺寸和应有的表面粗糙度，镶配时，应在汽缸套的外壁涂以润滑油，放正汽缸套，垫以平整垫木，用压床徐徐压入，或用手操纵专用压具压入新缸套，在压入 20～30mm 的过程中，可松压几次，使缸套的少许偏斜自行得到矫正。压力应逐渐增加，不能过大或过小。为了防止汽缸变形，应采用隔缸压入。汽缸套压入后，应与汽缸体上平面平齐，不得低于汽缸体上平面；若有高出，不得高出 0.01mm，可用挫削或磨削修平。在汽缸套镶配完毕后，进行水压试验。

湿式缸套换配时，在拆卸旧缸套时可轻轻敲击缸套底部，用手或专用工具取出。清理汽缸体内污垢，汽缸体与汽缸套的结合处必须光滑。汽缸体上下承孔的圆度和圆柱度误差应不大于 0.015mm。汽缸套在压入前，应装入新的涂以白漆的防漏水橡胶圈，汽缸套与座孔的配合应符合机型的规定。装入汽缸套后，要检查汽缸套端面高出汽缸体上平面的距离，可通过调换汽缸套上部台肩下的铜垫厚度来调整。汽缸套压入后，还应进行水压试验。

教学活动二　制定作业方案

参考表 2-6，制定作业方案。

表 2-6　汽车发动机汽缸盖平面度检测要求

图　例	说　明
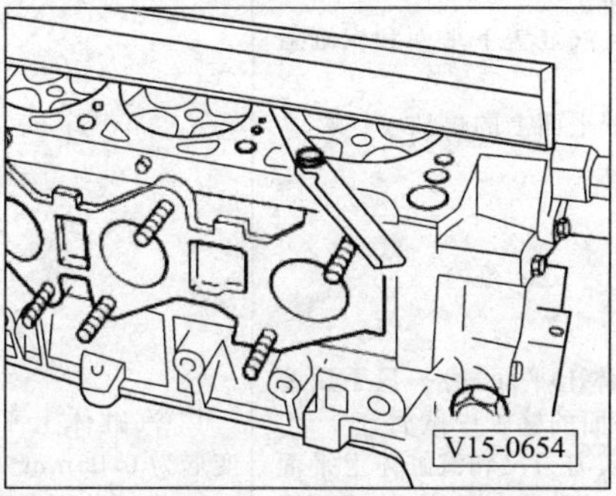	检查汽缸盖变形，用刀口尺和厚薄规测量若干点，最大允许变形为 0.1mm
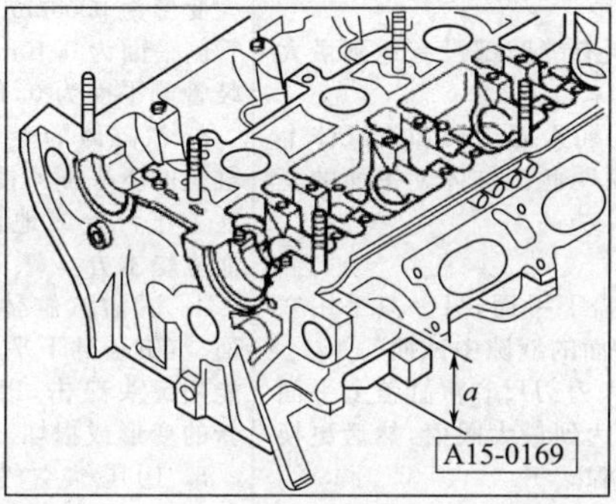	汽缸盖修理尺寸（平面磨削后）最小尺寸 $a=139.4$mm

汽车发动机更换汽缸盖作业如表 2-7 所示。

表 2-7　更换汽缸盖方案

<table>
<tr><td rowspan="2" colspan="2">车辆信息描述</td><td>车辆描述</td><td colspan="2"></td></tr>
<tr><td>车辆发动机描述</td><td colspan="2"></td></tr>
<tr><td colspan="2">注意安全事项</td><td colspan="3">(1)注意人身和机件的安全，不了解情况的，先了解后动手，特别是注意在车底下工作时的人身安全；
(2)未经许可，不准扳动机件和乱动电器按钮开关；
(3)注意防火；
(4)认真接受实习前的安全知识教育</td></tr>
<tr><td rowspan="3">汽缸盖更换</td><td>作业项目</td><td>作业要领</td><td>技术标准</td><td>检查记录和要求</td></tr>
<tr><td>拆装工具</td><td>1. 熟练地使用套筒工具；
2. 会使用定扭扳手紧固螺栓</td><td>1. 规范使用套筒工具拆装螺栓；
2. 拆装汽缸盖时掌握螺栓拆下顺序；
3 测量汽缸盖平面度</td><td>工具是否齐全</td></tr>
<tr><td>车辆发动机的确定</td><td>1. 掌握汽缸盖外围的连接情况；
2. 不能损伤零部件</td><td>1. 直列 4 缸发动机；
2. 各螺栓的扭矩值</td><td>1. 汽缸盖的平面度；
2. 汽缸体的平面度；
3. 外观情况</td></tr>
</table>

续表

汽缸盖更换	更换作业步骤	预处理： 1. 清洁汽缸体的上平面和汽缸盖的下平面 (1)用木方垫将汽缸体和汽缸盖垫起，让汽缸体上平面和汽缸盖下平面向上 (2)用铲刀铲除汽缸体上平面和汽缸盖下平面上汽缸垫残余黏连物、汽缸盖两侧的进气和排气接口平面上的残余黏连物 (3)用细砂纸打磨铲刀无法去除的残余黏连物 (4)放入清洗盆中，用煤油清洗汽缸体上平面、汽缸盖下平面和汽缸盖两侧的进气和排气接口平面 (5)用压缩空气吹净汽缸体上平面和汽缸盖下平面上的煤油 2. 清洁量具 (1)用棉纱或抹布清洁刀刃尺 (2)用棉纱或抹布清洁塞尺 测量： 1. 测量汽缸体上平面 (1)用一只手轻轻将刀刃尺的锐角靠在汽缸体上平面，另一只手用塞尺内 0.05mm 的测量片向刀刃尺和汽缸体上平面的缝隙中试插 (2)如果用 0.05mm 的测量片不能或很难插入刀刃尺和汽缸体上平面之间的缝隙中，则说明此测量点的变形量没有达到最大限值，然后更换位置检测刀刃尺和汽缸体上平面之间的其他缝隙 (3)如果测得刀刃尺和汽缸体上平面之间的所有缝隙都没有达到最大限值，则再上面两个步骤的方法重复进行检测 (4)在测量过程中，如果用 0.05mm 的测量片插入刀刃尺和汽缸体上平面之间的缝隙时有一些阻力或阻力很小，则说明此汽缸体上平面的变形量达到或超过了最大限值 2. 测量汽缸盖下平面 (1)用一只手轻轻将刀刃尺的锐角靠在汽缸盖下平面，另一只手用塞尺内 0.05mm 的测量片向刀刃尺和汽缸盖下平面的缝隙中试插 (2)如果用 0.05mm 的测量片不能或很难插入刀刃尺和汽缸盖上平面之间的缝隙中，则说明此测量点的变形量没有达到最大限值，然后更换位置检测刀刃尺和汽缸盖上平面之间的其他缝隙 (3)如果测得刀刃尺和汽缸盖上平面之间的所有缝隙都没有达到最大限值，则再将刀刃尺的其他五个方位，用上面两个步骤的方法重复进行检测 (4)在测量过程中，如果用 0.05mm 的测量片插入刀刃尺和汽缸盖上平面之间的缝隙时有一些阻力或阻力很小，则说明此汽缸盖上平面的变形量达到或超过了最大限值 3. 汽缸盖进气歧管侧平面、排气歧管侧平面的测量 (1)用一只手轻轻将刀刃尺的锐角靠在汽缸盖进气歧管侧平面，另一只手用塞尺内 0.10mm 的测量片向刀刃尺和汽缸盖进气歧管侧平面的缝隙中试插 (2)如果用 0.10mm 的测量片不能或很难插入刀刃尺和汽缸盖进气歧管侧平面之间的缝隙中，则说明此测量点的变形量没有达到最大限值，然后更换位置检测刀刃尺和汽缸盖进气歧管侧平面之间的其他缝隙 (3)如果测刀刃尺和汽缸盖进气歧管侧平面之间的所有缝隙都没有达到最大限值，则再用上面两个步骤的方法重复进行检测 (4)在测量过程中，如果用 0.10mm 的测量片插入刀刃尺和汽缸盖进气歧管侧平面之间的缝隙时有一些阻力，则说明此汽缸盖进气歧管侧平面的变形量达到或超过了最大限值 (5)汽缸盖排气歧管侧平面可用以上测量进气歧管侧平面的步骤和方法进行测量 整理现场： 1. 将刀刃尺、塞尺清洁后放入相应的量具盒内； 2. 回收清洗盆里的煤油，将其倒入回收桶内； 3. 将其他工具清洁后放回工具车里； 4. 清洁工作台，清扫地面； 5. 将抹布或棉纱等垃圾放入清洁箱中	1. 汽缸体上平面最大变形为 0.05mm 2. 汽缸盖下平面表面最大变形为 0.05mm，进气歧管侧平面为 0.10mm，排气歧管侧平面为 0.10mm 3. 汽缸体的上平面、汽缸盖的下平面不能直接放在工作台上或地面上，下面应垫木方 4. 清洁汽缸体的上平面、汽缸盖的下平面时，不能用锤头敲击，以免造成新的变形或损坏 5. 用压缩空气吹净汽缸体的上平面和汽缸盖的下平面上的煤油时要戴好护目镜，气枪不能朝向人吹 6. 刀刃尺要轻拿轻放，避免与测量表面冲击而产生变形或损坏 7. 煤油溅刀地面上要及时清洁，以避免因地面湿滑而造成人身伤害

教学活动三　自我测试与考核评价

自我测试见表 2-8。

表 2-8　自我测试

机体组由________、曲轴箱、________、汽缸套、________、________组成 汽缸套分为：________和________ 各自优缺点：________________________________	
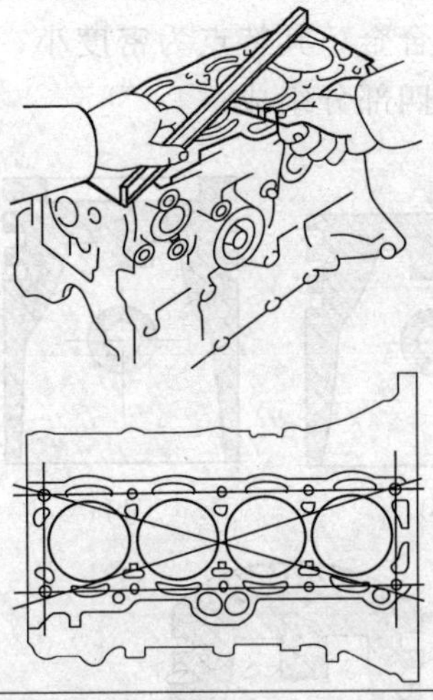	使用________和________测量汽缸体与汽缸盖接触表面翘曲变形。如果翘曲变形量超过最大值，则应：
测量实训教师指定的汽缸的圆度、圆柱度和最大磨损量，并记录	

考核评价见表 2-9。

表 2-9　考核评价表

班级：________　姓名：________　学号：________

项目	自我评价			小组评价			教师评价		
	10-9	8-6	5-1	10-9	8-6	5-1	10-9	8-6	5-1
	占总评 10%			占总评 30%			占总评 60%		
学习活动 1									
学习活动 2									
协作精神									
纪律观念									
表达能力									
工作态度									
安全意识									
任务总体表现									
小计									
总评及教师评语									

任课教师：________　　　　　年　　月　　日

学习任务三　活塞连杆组的拆装与检修

教学活动一　认识活塞连杆组

图 2-17 所示为活塞连杆组，下面分别介绍其中的组件。

一、活塞

活塞的功用有两个，一是与汽缸盖汽缸壁等共同组成燃烧室；二是承受气体压力，并将此力传给连杆，以推动曲轴旋转。汽车发动机活塞广泛采用铝合金，其特点为密度小，导热性好，热膨胀系数大。活塞由顶部、环槽部、裙部和活塞销座四部分组成。

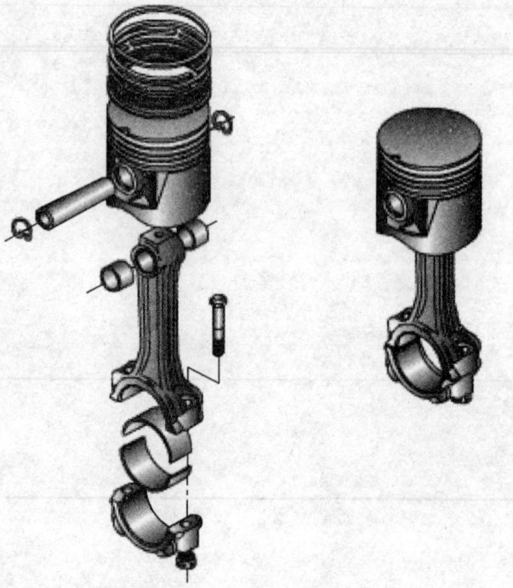

图 2-17　活塞连杆组

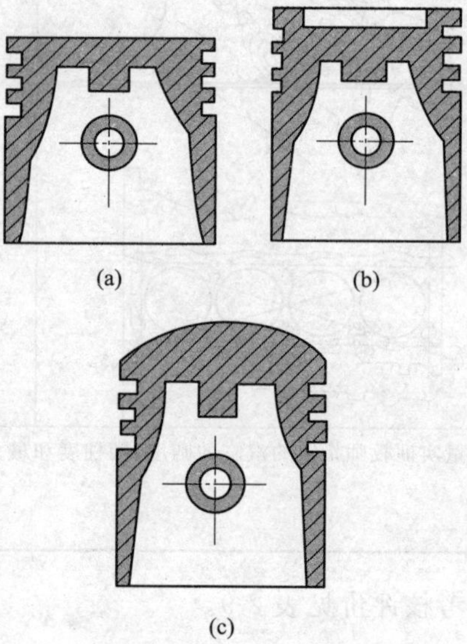

图 2-18　活塞顶部形状

活塞顶部是燃烧室的组成部分，用来承受气体压力，图 2-18 所示为活塞顶部的三种形状。其中平顶的受热面积小，应用广泛，凸顶一般与半球形燃烧室配用，凹顶用于高压缩比发动机。

活塞的环槽部用以安装活塞环，裙部用来为活塞运动导向和承受侧压力，其形式有全裙式、半拖板式以及拖板式，全裙式裙部为薄壁圆筒，半拖板式将非承压面的裙部去掉一部分，以减少质量和防碰曲轴平衡重，见图 2-19。

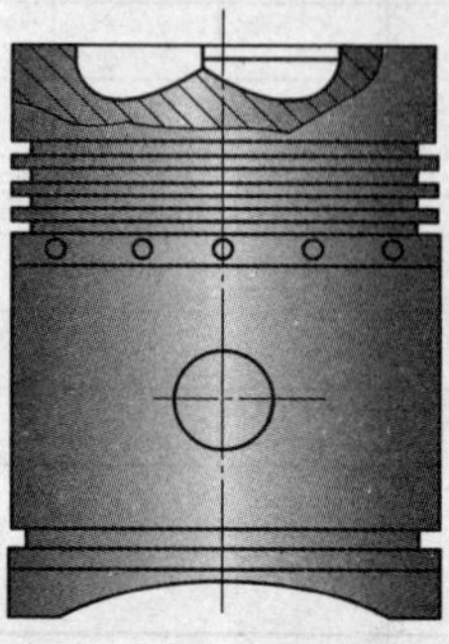

图 2-19　半拖板式活塞

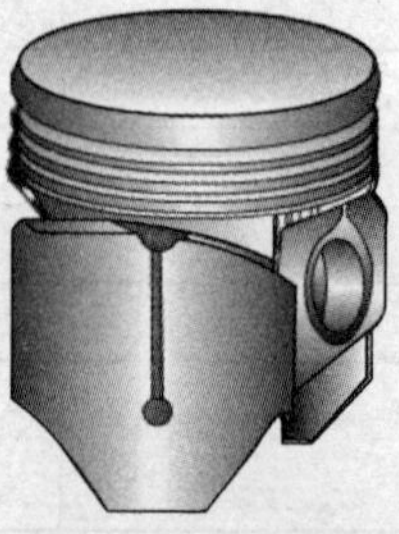

图 2-20　拖板式活塞

拖板式将非承压面的裙部全部去掉，见图 2-20，活塞销座用以安装活塞销，在销座孔两端有卡环槽，用以安装卡环。

活塞的变形原因有热膨胀、侧压力和气体压力等，活塞的变形规律如下：

a. 活塞的热膨胀量大于汽缸的膨胀量，使配缸间隙变小，这是因活塞温度高于汽缸壁，且铝合金的膨胀系数大于铸铁；

b. 活塞自上而下膨胀量由大而小，这是因温度上高下低，壁厚上厚下薄；

c. 活塞裙部在周向近似椭圆形变化，椭圆的长轴沿销座孔轴线方向，这是因销座处金属量多，膨胀量大，产生侧压力作用，见图 2-21。

为了抵消活塞的变形，可将活塞纵断面制成上小下大的截锥形，活塞横断面制成椭圆形，长轴垂直于销座孔轴线方向，见图 2-22 和图 2-23。

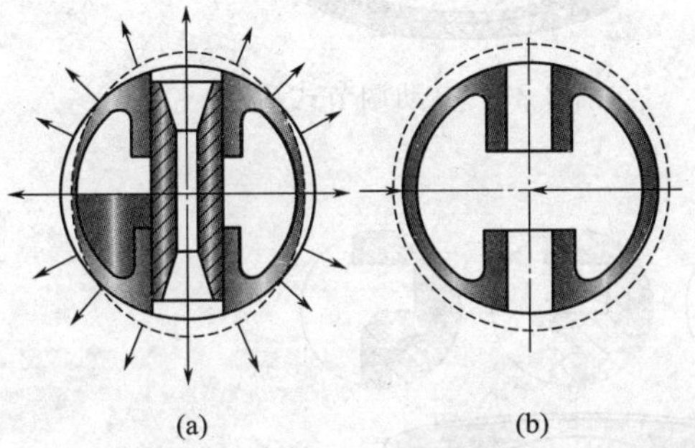

图 2-21　活塞裙部的变形

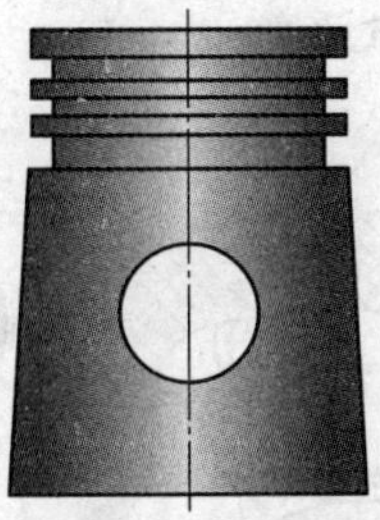
图 2-22　锥形活塞

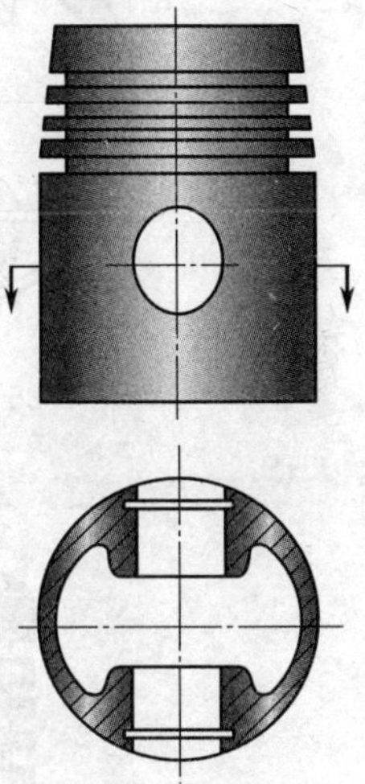
图 2-23　椭圆活塞

也可将销座处凹陷 0.5～1.0mm，或者在活塞裙部开绝热膨胀槽（“T”形或“V”形槽），其中横槽叫绝槽，竖槽叫膨胀槽，如图 2-24 所示。还可以采用双金属活塞，即在活塞裙部或销座内嵌铸入钢片，以减少裙部的膨胀量，而这有三种方法，一是将活塞销座通过恒范钢片与裙部相连，形成恒范钢片活塞，见图 2-25，恒范钢片的膨胀系数仅为铝合金的十分之一。二是将膨胀系数小的低碳钢片贴在销座铝层的内侧，依靠钢片的牵制作用及钢片与铝壳之间的双金属效应来减小裙部侧压力方向的膨胀量，形成自动调节式活塞，见图 2-26。三是活塞中镶筒形钢片，见图 2-27，浇铸时将钢筒夹在铝合金中，冷凝时钢筒内外侧的铝合金分别产生“收缩缝隙”和拉应力，工作时因要先消除“收缩缝隙”和拉应力而膨胀量减小。

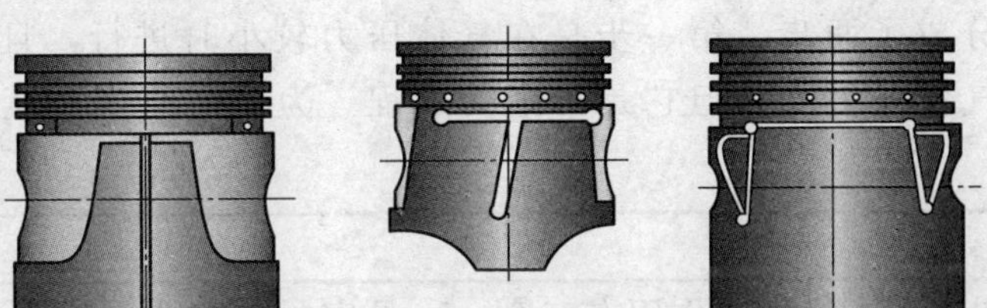
图 2-24　开槽活塞

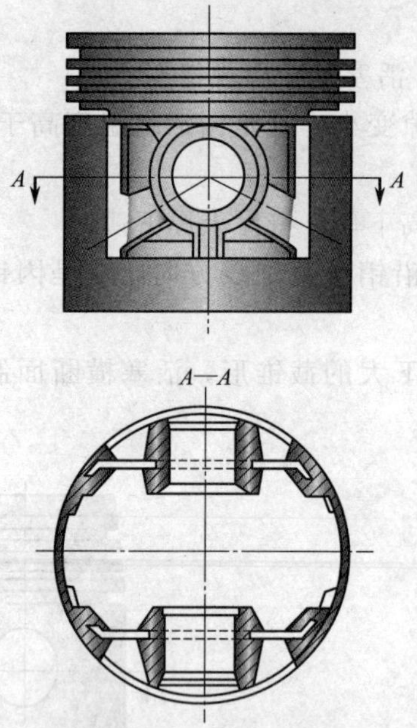

图 2-25　恒范钢片活塞

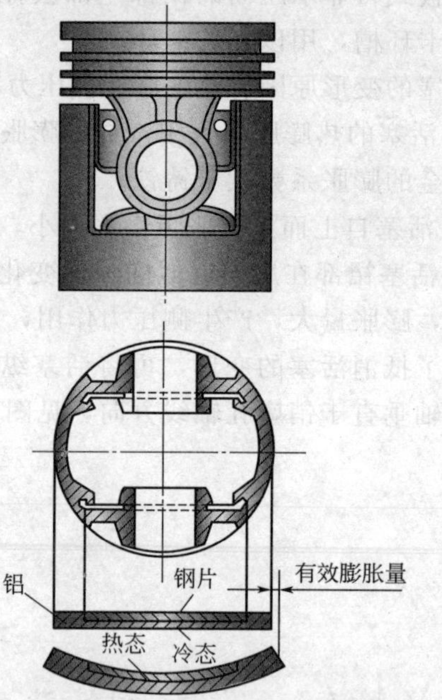

图 2-26　自动调节式活塞

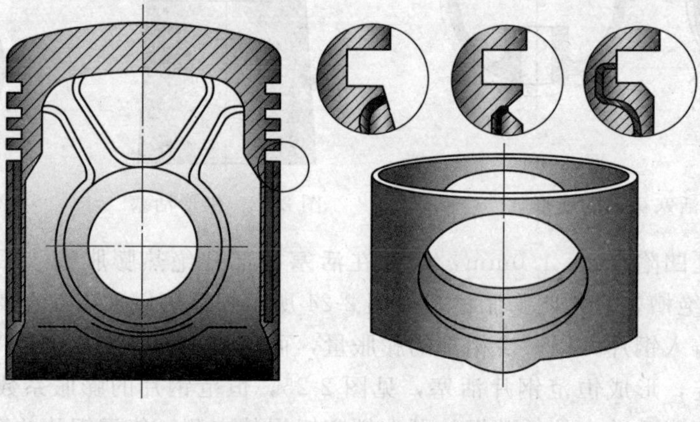

图 2-27　镶筒形钢片活塞

为了减轻活塞换向时对汽缸壁的撞击噪声，将活塞销座朝向承受作功侧压力的一面偏移 1～2mm。如图 2-28 所示，因销座偏置，在接近上止点时，作用在活塞销座轴线以右的气体压力大于左边，使活塞倾斜，裙部下端提前换向；而活塞在越过上止点，侧压力反向时，活塞才以左下端接触处为支点，顶部向左转（不是平移），完成换向。可见偏置销座使活塞换向分成了两步，第一步是在气体压力较小时进行，且裙部弹性好，有缓冲作用；第二步虽气体压力大，但它是个渐变过程。为此，两步过渡使换向冲击力大为减弱。

二、活塞环

活塞环分气环和油环，气环的作用有三个，一是密封，防止汽缸内的气体窜入油底壳，二是传热，将活塞头部的热量传给汽缸壁，三是辅助刮油、布油。活塞环的结构见图 2-29。

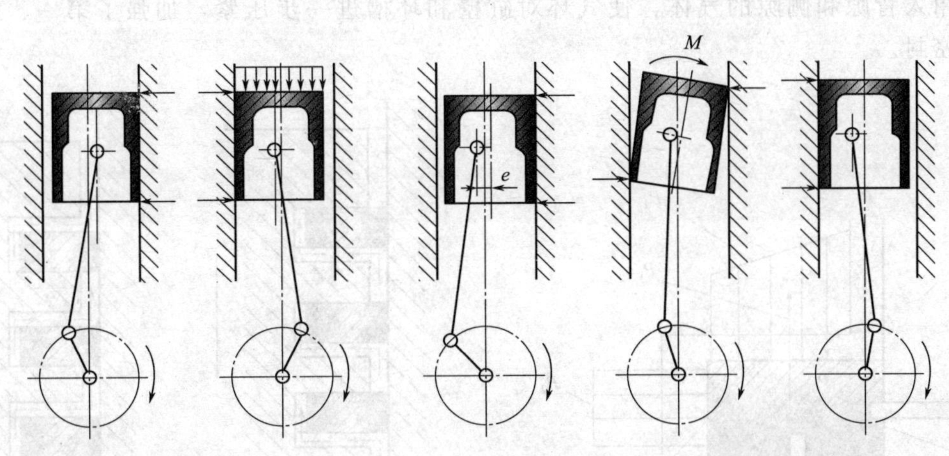

图 2-28　偏置销座

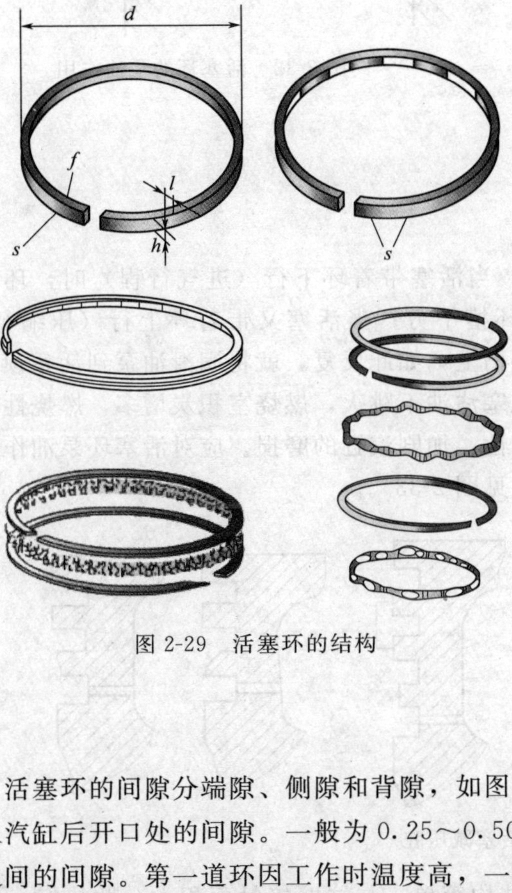

图 2-29　活塞环的结构

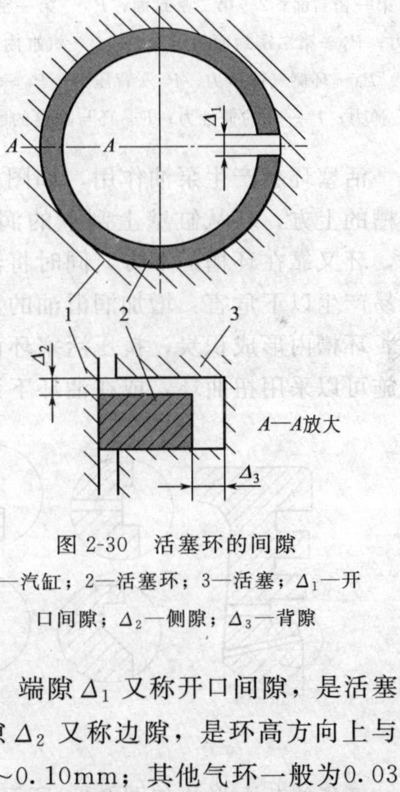

图 2-30　活塞环的间隙

1—汽缸；2—活塞环；3—活塞；Δ_1—开口间隙；Δ_2—侧隙；Δ_3—背隙

活塞环的间隙分端隙、侧隙和背隙，如图 2-30 所示，端隙 Δ_1 又称开口间隙，是活塞环装入汽缸后开口处的间隙。一般为 0.25～0.50mm。侧隙 Δ_2 又称边隙，是环高方向上与环槽之间的间隙。第一道环因工作时温度高，一般为 0.04～0.10mm；其他气环一般为0.03～0.07mm。油环一般侧隙较小，一般为 0.025～0.07mm；背隙 Δ_3 是活塞环装入汽缸后，活塞环背面与环槽底部的间隙，一般为 0.5～1mm。

如图 2-31 所示，环在自由状态下，气环外径大于缸径，装缸后在其弹力 P_0 作用下与缸壁压紧，形成第一密封面。活塞环在运动时产生惯性力 P_j，与缸壁间产生摩擦力 F，侧隙有气体压力 P_1，在这三个力共同作用下，气环靠在环槽的上侧或下侧，形成第二密封面。窜入背隙和侧隙的气体，使气环对缸壁和环槽进一步压紧，加强了第一、第二密封面的密封。

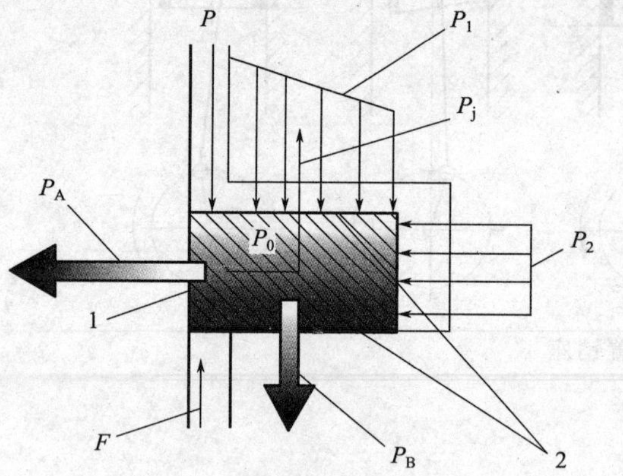

图 2-31 气环的密封原理

1—第一密封面；2—第二密封面；P_A—第一密封面的压紧力；P_B—第二密封面的压紧力；P—汽缸内气体压力；P_1—环侧气体压力；P_2—背压力；P_0—环的弹力；P_j—环的惯性力；F—环与缸壁的摩擦力

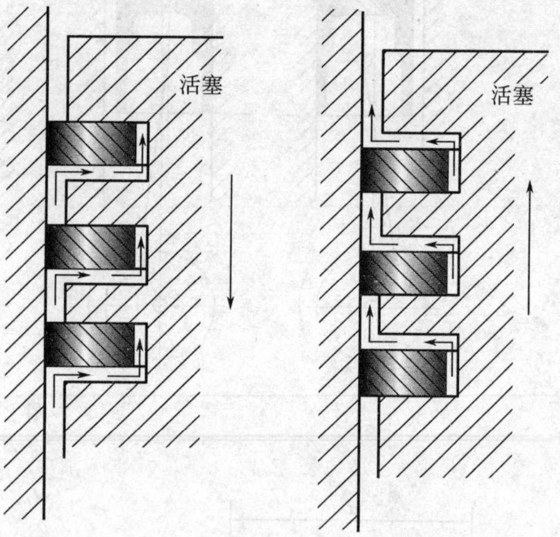

图 2-32 活塞环的泵油作用

活塞环会产生泵油作用，如图 2-32 所示，当活塞带着环下行（进气行程）时，环靠在环槽的上方，环从缸壁上刮下的润滑油充入环槽下方；当活塞又带着环上行（压缩行程）时，环又靠在环槽的下方，同时将油挤压到环槽上，如此反复，就将润滑油泵到活塞顶，这容易产生以下危害：增加润滑油的消耗，火花塞沾油不跳火，燃烧室积炭增多，燃烧性能变坏，环槽内形成积炭，挤压活塞环而失去密封性，加剧汽缸的磨损。应对活塞环泵油作用的措施可以采用扭曲环，或在油环下设减压腔（见图 2-33）。

图 2-33 活塞减压腔

气环的断面形状如图 2-34 所示。矩形环结构简单，与缸壁接触面积大，散热好，但易泵油。锥形环与缸壁线接触，有利于密封和磨合，下行有刮油作用，上行有布油作用，并可形成楔形油膜，安装时注意锥角朝下，锥形环传热性差，常装到第二、第三道环槽上。

扭曲环的工作原理如图 2-35 所示，当活塞环装入汽缸后，环受到压缩产生弯曲变形，断面中性层以外产生拉应力、中性层以外产生压应力，矩形环由于中性层内外断面不对称，使 F 和 F 不在同一平面内，从而形成力偶 M，在力偶的作用下，活塞环发生微量的扭曲变

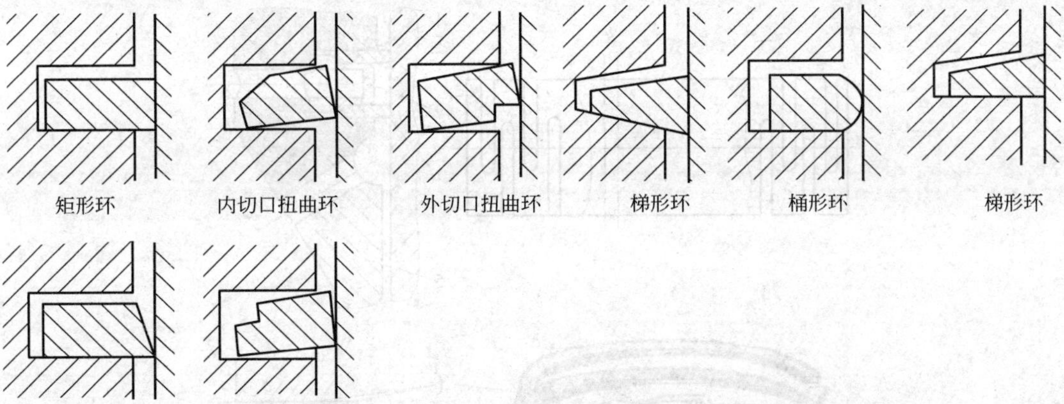

图 2-34　气环的断面形状

形，减小了泵油作用，在作功行程中，环不再扭曲，两个密封面达到完全接触，利于散热。

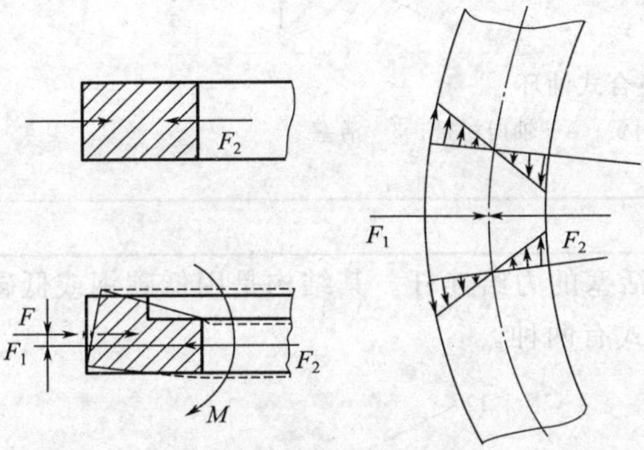

图 2-35　扭曲环的作用原理

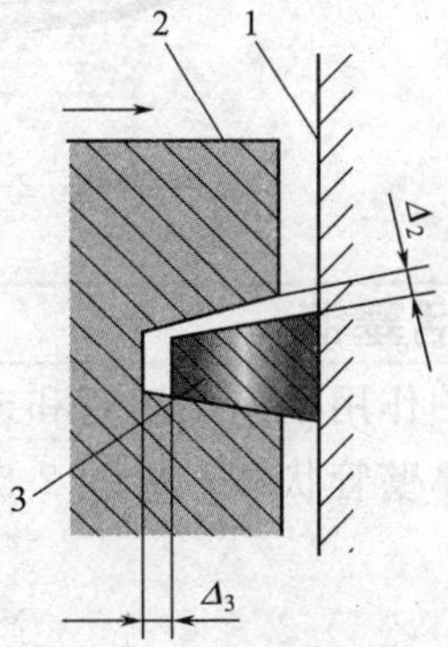

图 2-36　梯形环工作原理

1—汽缸壁；2—活塞；3—梯形环

桶形环的特点为环的外圆面为凸圆弧形；环面与缸壁圆弧接触，避免了棱角负荷；环上下运动时，均能形成楔形油膜。

梯形环的工作原理如图 2-36 所示，当活塞在侧压力作用下左、右换向时，环的侧隙和背隙将不断变化，使胶状油焦不断从环槽中被挤出。梯形环用于热负荷较大的柴油机的第一道环。

油环的作用是将汽缸壁上多余的润滑油刮下来，有两种类型：一是整体式，如图 2-37 所示，其外圆上切有环形槽，槽底开有回油用的小孔或窄槽；二是组合式，如图 2-38 所示，由上下刮油片和产生径向、轴向弹力的衬簧组成，其特点为密封好，第一密封面靠径向力（因衬簧长大于刮片长而产生径向力），第二密封面靠轴向力（因衬簧和钢片总厚度大于环槽高而产生轴向力），无侧隙，无窜油，刮油能力强（因钢片薄，对缸壁比压大），上下片可分别动作，适应性好，回油能力强。

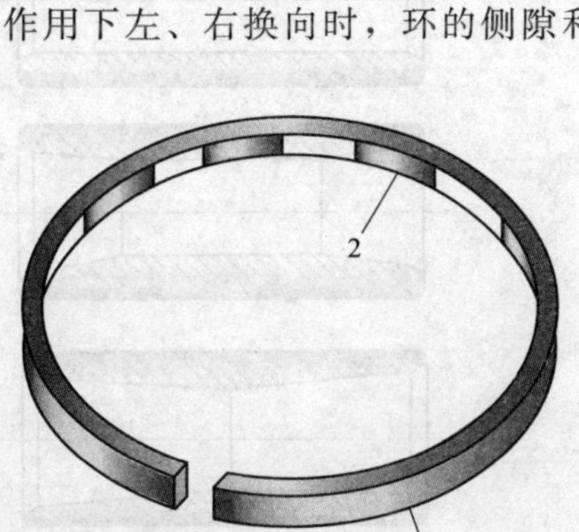

图 2-37　整体式油环

1—槽；2—回油孔

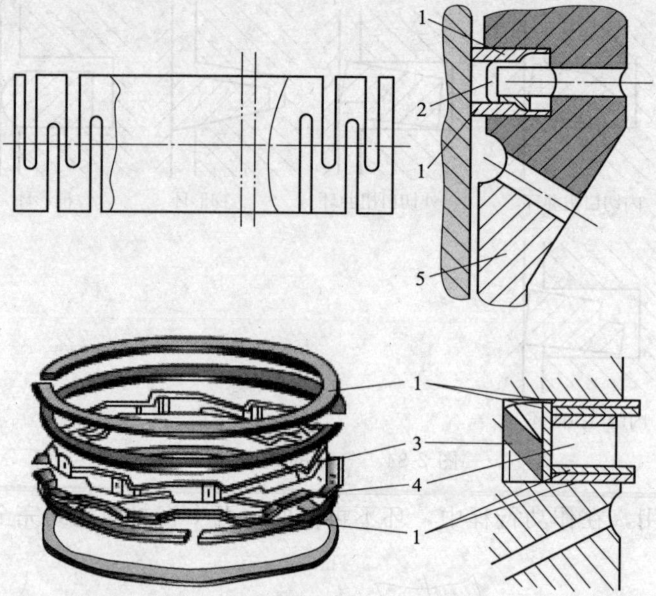

图 2-38　组合式油环

1—钢片；2—衬簧；3—径向衬簧；4—轴向衬簧；5—活塞

三、活塞销

活塞销的作用是连接活塞和连杆，并传递活塞的力给连杆。其结构是用低碳钢或低碳合金钢制成的厚壁管状体，见图 2-39。其连接方式有两种。

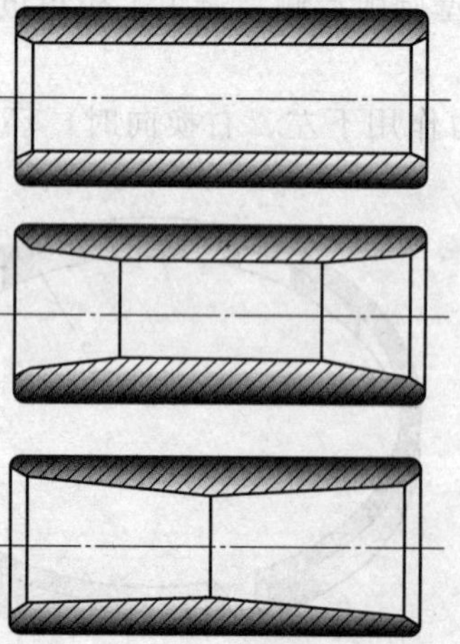

图 2-39　活塞销

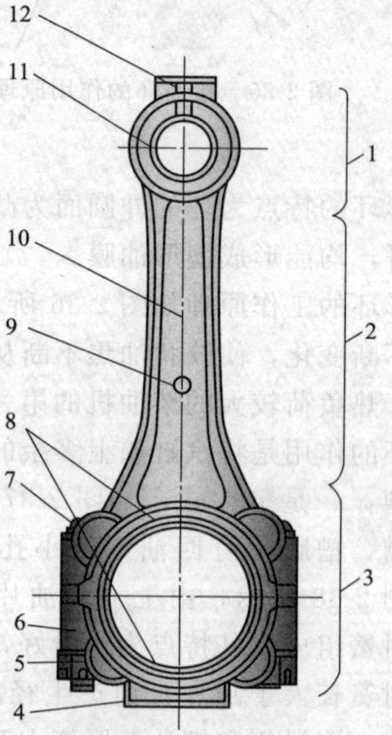

图 2-40　连杆

1—小头；2—杆身；3—大头；4,9—装配记号（朝前）；5—螺母；6—连杆盖；7—连杆螺栓；8—轴瓦；10—连杆体；11—衬套；12—集油孔

(1) 全浮式

在发动机正常工作温度下，活塞销在连杆小头孔和活塞销座孔中都能转动，装配方式是：①销与销座孔在冷态时为过渡配合，采用分组选配法；②热装合：将活塞放入热水或热油中加热后，迅速将销装入。

(2) 半浮式

销与销座孔和连杆小头两处，一处固定，另一处浮动，装配方式是加热连杆小头后，将销装入，冷态时为过盈配合。

四、连杆

连杆的功用是将活塞的力传给曲轴，变活塞的往复运动为曲轴的旋转运动。连杆由连杆体、连杆盖、连杆螺栓和连杆轴瓦等组成，见图 2-40。

连杆的小头用来安装活塞销，以连接活塞，杆身常做成“工”字形断面，大头与曲轴的连杆轴颈相连。大头一般做成分开式，即连杆体大头和连杆盖，切口形式有平切口和斜切口两种。斜切口连杆大头及其定位方式见图 2-41，其中图 2-41(a) 为连杆螺栓定位，靠连杆螺栓的光圆柱部分与螺栓孔的配合来定位。图 2-41(b) 为锯齿形定位，依靠接合面的齿形定位。图 2-41(c) 为套或销定位，依靠套或销与连杆体（或盖）的孔紧配合定位。图 2-41(d) 为止口定位。

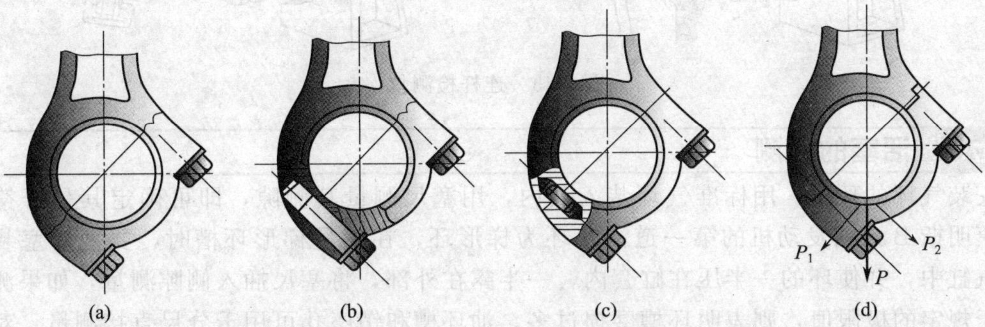

图 2-41　斜切口连杆大头及其定位方式

有的连杆的大头面对汽缸主承压面的一侧，钻一喷油孔（1～1.5mm），以润滑汽缸主承压面。

五、连杆轴承

连杆轴承的作用是保护连杆轴颈及连杆大头孔，由钢背和减磨层组成。钢背由 1～3mm 的低碳钢制成。减磨层为 0.3～0.7mm 的减磨合金，层质较软能保护轴颈。

减磨层材料有以下几种：①白合金（巴氏合金），减磨性能好，但机械强度低，且耐热性差，常用于负荷不大的汽油机；②铜铅合金，机械强度高，承载能力大，耐热性好，多用于高负荷的柴油机，但其减磨性能差；③铝基合金，有铝锑镁合金、低锡铝合金和高锡铝合金三种，铝锑镁合金和低锡铝合金机械性能好，负载能力强，但其减磨性能差，主要用于柴油机，高锡铝合金具有较好的机械性能和减磨性能，广泛应用于柴油机和汽油机。

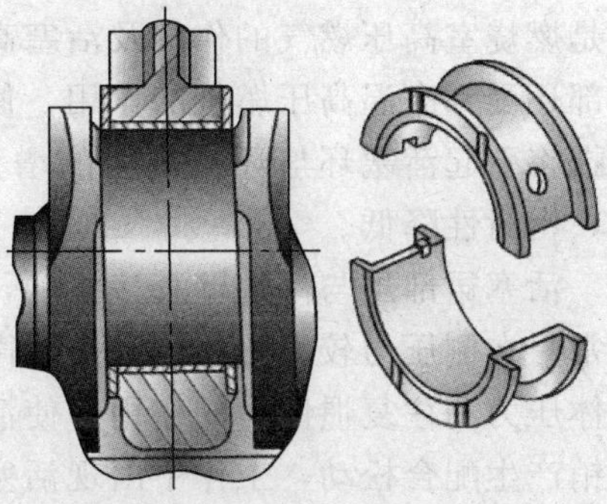
图 2-42　连杆轴瓦

连杆轴瓦如图 2-42 所示，在自由状态下的曲率半径略大于座孔半径，其直径之差称为自由弹势或张开量。因轴瓦外径周长较座孔周长稍大，连杆螺栓紧固后，便产生一定的配合过盈量，靠合适的过盈量保证轴瓦在工作时不转、不移、不振，并可使轴瓦与座孔紧密贴合，以利散热。

六、连杆检测仪

如图 2-43 所示，连杆检测仪上有支持连杆大头孔的心轴与平板相垂直。进行连杆的弯曲检验时，首先卸去轴瓦，将连杆盖与连杆装合，按钮力要求拧紧、检查内孔圆度、圆柱度误差，误差值不得大于 0.0025mm；然后再将连杆大头装在检验器的横轴上，并使心轴的定心块向外扩张，将连杆固定在检验器上。测量工具是一个带有 V 形块的三点规。三点规上的三个点共面，与 V 形块垂直，下面两点间的距离为 100mm，上测点与两下测点连线的垂直距离也为 100mm。

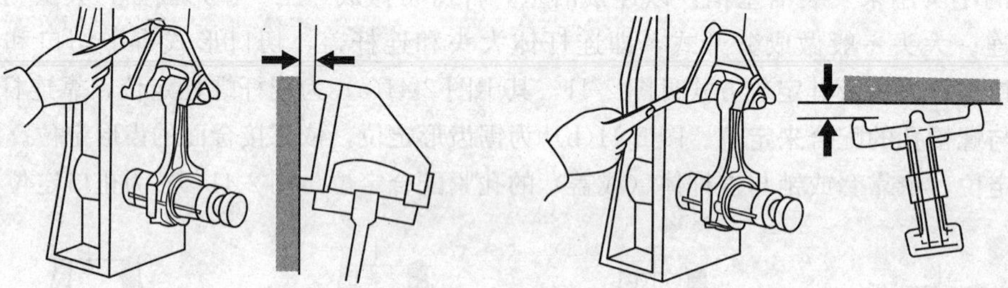

图 2-43　连杆检测仪

七、活塞的检测

安装气环的环槽，用标准气环装入其内，用塞尺测量其侧隙，即可确定其是否符合要求。康明斯 B 系列发动机的第一道活塞环为梯形环，在测量梯形环槽时，要把活塞装入清洁的汽缸中，并使环的一半压在缸套内，一半露在外部，将塞尺插入侧隙测量，如果测得的值大于规定的极限值，则表明环槽磨损过多。油环槽和销座孔可用千分尺直接测量。对于因磨损过多而超过装配间隙极限值的活塞，应更换新活塞。

八、活塞连杆组件的检修及选配

1. 活塞的磨损和损伤

活塞的磨损主要发生在活塞环槽、活塞裙部和活塞销座孔，活塞头部的磨损很小，这是由于活塞头部在工作中由于活塞裙部的导向和活塞环的支承作用，与汽缸壁极少接触的缘故。

活塞环槽的磨损较大，以第一道环槽的磨损最为严重，各环槽由上而下逐渐减轻。其原因是燃烧室高压燃气的作用及活塞高速往复运动，使活塞环对环槽的冲击增大。此外，活塞头部还受到高温高压燃气的作用，使其强度下降，造成第一道环槽的磨损最为严重。环槽的磨损将引起活塞环与环槽侧隙的增大，活塞环的泵油作用增大，使汽缸漏气和窜机油量增多，密封性降低。

活塞裙部虽与汽缸壁直接接触，但单位面积压力较小，润滑条件较好，所以磨损较轻，通常只在侧压力较大的一侧发生轻微的磨损和擦伤。活塞销座孔的磨损是由于工作时活塞受气体压力和往复惯性力的作用，使活塞销座孔产生上、下方向较大的磨损，活塞销座孔与活塞销产生配合松动，工作中出现活塞销响。

活塞的刮伤主要是由于活塞与汽缸壁的配合间隙小，润滑条件变差和较大机械杂质进入摩擦表面而引起的。活塞的烧蚀是发动机长期超负荷或爆燃工作而引起的。活塞的脱顶是由于活塞环的开口间隙过小或侧隙过小，使活塞运动时，活塞头部与裙部产生断裂。

2. 活塞和活塞环的选配

活塞选配的原则如下：①按汽缸的修理尺寸选用同一修理尺寸和同一分组尺寸的活塞；②活塞是成套选配的，同一台发动机必须选用同一厂牌的活塞，以保证其材料和性能的一致性；③在选配的成组活塞中，其尺寸差一般不大于0.01～0.015mm，质量差不大于4～8g。活塞环的选配以汽缸的修理尺寸为依据，同一台发动机应选用与汽缸和活塞修理尺寸等级相同的活塞环，活塞环的检验包括：活塞环的弹力检验；活塞环的漏光度检验；活塞环“三隙”的检验。

九、活塞连杆组件的拆卸

（1）确认各汽缸活塞方向标记。

（2）调整发动机至合适位置。

（3）旋转发动机曲轴，使（待拆）汽缸处于活塞下止点位置。

（4）检查各缸连杆轴承盖的位置记号。

（5）交替分次旋松预松连杆轴承盖螺栓。

（6）拆卸连杆轴承盖螺栓。

（7）取下连杆轴承盖及螺栓。

（8）用榔头柄从连杆大头处往汽缸上部方向推出活塞连杆总成。

（9）用活塞环卡钳拆卸活塞环。

（10）分解活塞、连杆、连杆轴承盖。

（11）清洁。

（12）检修。

十、活塞连杆组的组装

1. 装配活塞连杆

将活塞置于水中加热至80～85℃，迅速擦干活塞销座孔。在座孔和活塞销上涂上少许润滑油，把活塞销插入一个座孔并稍微露出，随即将连杆小头伸入活塞销座之间对正活塞销，迅速地将活塞销轻轻敲入，通过连杆衬套，直至活塞另一侧销座孔锁环槽的内端面。装上锁环，锁环嵌入环槽中的深度应不小于锁环直径的2/3。

只有同一缸号的活塞和连杆才能组装。应注意安装方向，如CA6102活塞顶部标有箭头，EQ6100活塞顶部有一小缺口，它们的连杆和连杆盖上均有一个小凸点。装配时三个标记应朝着同一侧，装入汽缸时，三个标记均应朝着发动机前方。活塞裙部的纵槽向着作功行程受力较大一侧的对面。

2. 装配活塞环

装配活塞环应采用专用的活塞环钳。镀铬环必须装在第一道环槽内，内切口的扭曲环切口一面朝上装，外切口的扭曲环切口一面朝下装，锥形环有标记的一面朝上装。为了提高汽缸的密封性，要求活塞环的开口相互交错错开。

教学活动二　制定作业方案

参考表2-10，制定更换连杆作业方案。

表 2-10 参考用维修手册

图例	拆装步骤说明
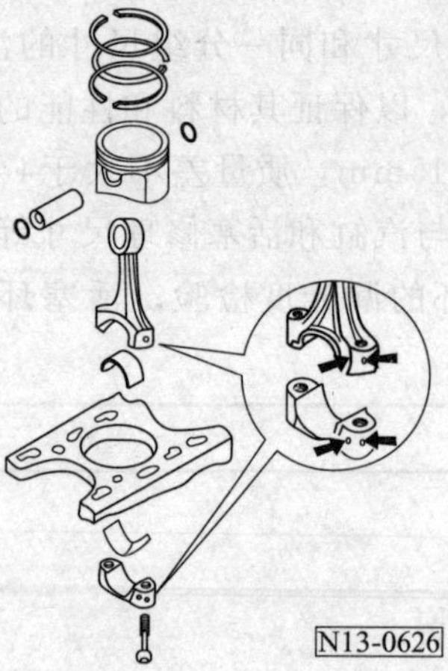	1. 拆装活塞环，注意事项： (1)相邻两活塞环的开口必须错位 120°； (2)用活塞环钳拆装活塞环； (3)活塞环上“TOP”(向上)标记必须朝向活塞顶部； (4)检查开口间隙 2. 活塞安装顺序： (1)检查； (2)标出安装位置及汽缸号； (3)活塞顶部箭头指向皮带轮； (4)用活塞环卡钳安装 3. 活塞销安装注意事项： (1)如安装困难，可将活塞加热至 60°； (2)用工具 VW222 拆装 4. 拆装卡簧 5. 拆装连杆，注意： (1)只能成套更换； (2)标出汽缸号； (3)标出安装位置
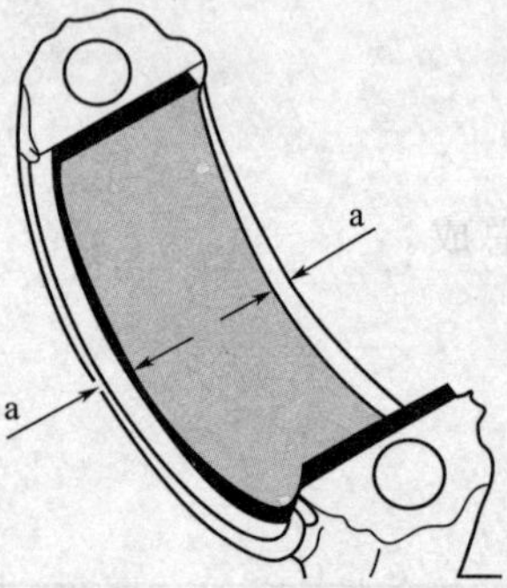	6. 安装轴瓦，注意： (1)上轴瓦带有润滑活塞销的机油孔； (2)用过的轴瓦不得互换； (3)用塑料厚薄规测径向间隙，测量径向间隙时，不得转动曲轴 7. 检查缸体尺寸 8. 安装连杆轴承盖 9. 安装连杆螺栓，拧紧力矩为 30N·m+90° 注意螺纹与接触面涂机油，测径向间隙时，应使用旧螺栓，只拧紧至 30N·m，不可再拧

汽车发动机更换连杆作业如表 2-11 所示。

表 2-11 汽车发动机更换连杆作业方案

<table>
<tr><td colspan="2" rowspan="2">车辆信息描述</td><td>车辆描述</td><td colspan="2"></td></tr>
<tr><td>车辆发动机描述</td><td colspan="2"></td></tr>
<tr><td colspan="2">注意安全事项</td><td colspan="3">(1)注意人身和机件的安全，不了解情况的。先了解后动手，特别是注意在车底下工作时的人身安全；
(2)未经许可，不准扳动机件和乱动电器按钮开关；
(3)注意防火；
(4)认真接受实习前的安全知识教育</td></tr>
<tr><td rowspan="3">连杆更换作业方案</td><td rowspan="3">拆装工具和发动机检查</td><td>作业要领</td><td>技术标准</td><td>检查记录</td></tr>
<tr><td>1. 熟练地使用套筒工具；
2. 会使弯扭测量仪；
3. 会使用百分表；
4. 会使用定扭扳手紧固螺栓；
5. 会用游标卡尺、塞尺和外径千分尺</td><td>1. 规范使用套筒工具拆装螺栓；
2. 弯曲度扭曲度和磨损的值；
3. 活塞连杆组注意顺序方向</td><td>1. 工具是否齐全；
2. 裂纹、断裂及损伤部位</td></tr>
<tr><td>1. 掌握曲柄连杆机构的连接情况；
2. 不能损伤零部件</td><td>1. 直列 4 缸发动机；
2. 各螺栓的扭矩值</td><td>1. 弯曲度；
2. 扭曲度；
3. 裂纹损伤</td></tr>
</table>

续表

连杆更换作业方案	更换作业步骤	1. 安装装活塞环； 2. 安装活塞； 3. 安装活塞销； 4. 安装卡簧； 5. 安装连杆； 6. 安装轴瓦； 7. 检查缸体尺寸； 8. 安装连杆轴承盖； 9. 安装连杆螺栓	

教学活动三　自我测试与考核评价

自我测试见表 2-12。

表 2-12　自我测试

<table>
<tr><td colspan="3">曲柄连杆机构的主要作用是将燃料燃烧后施加在活塞顶上的__________转变为推动曲轴旋转的__________，向外输出__________。曲柄连杆机构的工作条件相当恶劣，它主要承受高温、高压、高速和化学腐蚀作用</td></tr>
<tr><td rowspan="3">指出图中指引线所指的零件名称</td><td colspan="2">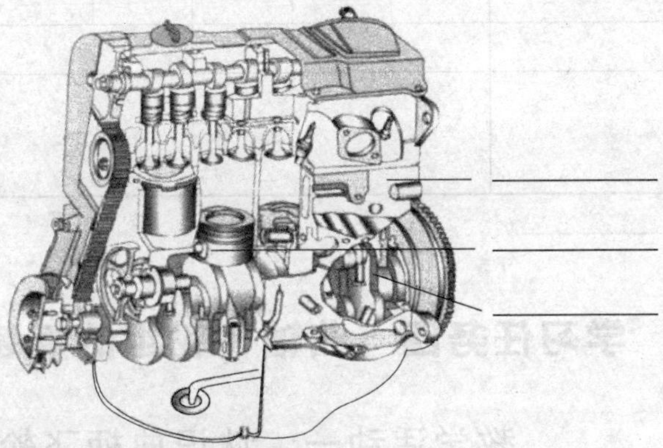</td></tr>
<tr><td>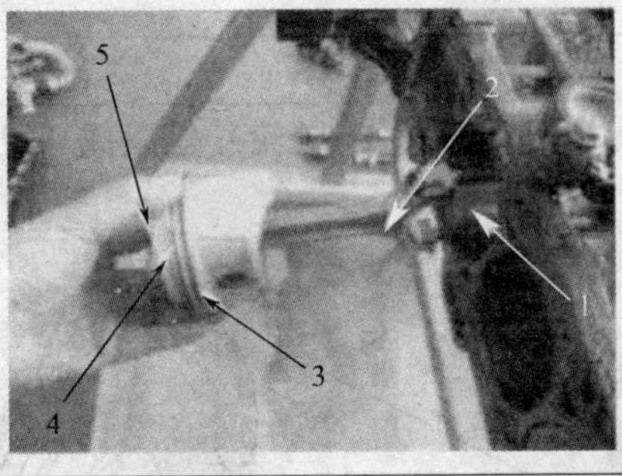
</td><td>1—
2—
3—
4—
5—</td></tr>
<tr><td>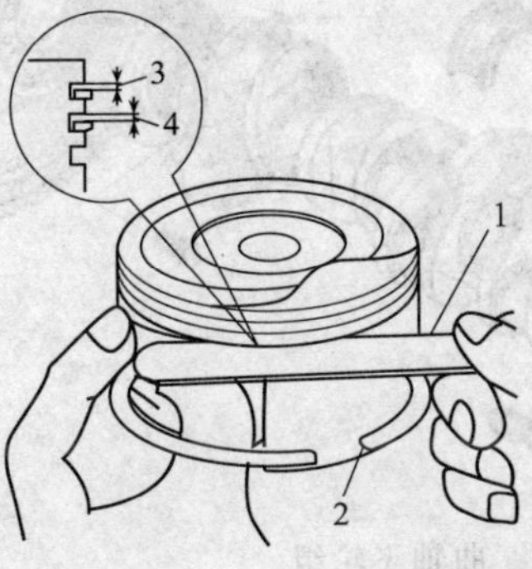
</td><td>1—
2—
3—
4—</td></tr>
</table>

考核评价见表 2-13。

表 2-13 考核评价表

班级：__________ 姓名：__________ 学号：__________

项目	自我评价			小组评价			教师评价		
	10-9	8-6	5-1	10-9	8-6	5-1	10-9	8-6	5-1
	占总评 10%			占总评 30%			占总评 60%		
学习活动 1									
学习活动 2									
协作精神									
纪律观念									
表达能力									
工作态度									
安全意识									
任务总体表现									
小计									
总评及教师评语									

任课教师：__________ 年 月 日

学习任务四 曲轴飞轮组的拆装与检修

教学活动一 认识曲柄飞轮组

一、曲轴飞轮组的结构

曲轴飞轮组由曲轴、飞轮、皮带轮、正式齿轮（或链轮）等组成，见图 2-44。

图 2-44 曲轴飞轮组

1. 曲轴

曲轴的功用是把活塞连杆组传来的气体压力转变为扭矩对外输出，驱动配气机构及其他附属装置。曲轴材料大多采用优质中碳钢或中合金碳钢，有的采用球墨铸铁。

曲轴包括前端轴、主轴颈、连杆轴颈、曲柄、平衡重、后端轴等，一个连杆轴颈和它两端的曲柄及主轴颈构成一个曲拐，见图 2-45。

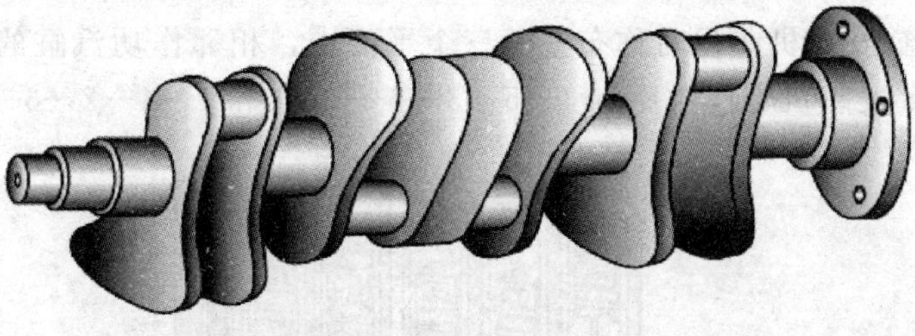

图 2-45　整体式曲轴

主轴颈是曲轴的支承部分。每个连杆轴颈两边都有一个主轴颈者，称为全支承曲轴，见图 2-46(a)；主轴颈数等于或少于连杆轴颈数者称为非全支承曲轴，见图 2-46(b)。

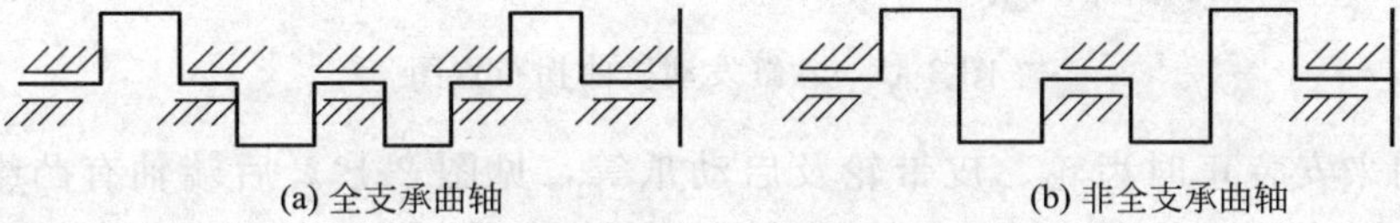

图 2-46　曲轴的支承形式示意图

曲轴上有贯穿主轴颈、曲柄和连杆轴颈的油道，以便润滑主轴颈和连杆轴颈，见图 2-47。

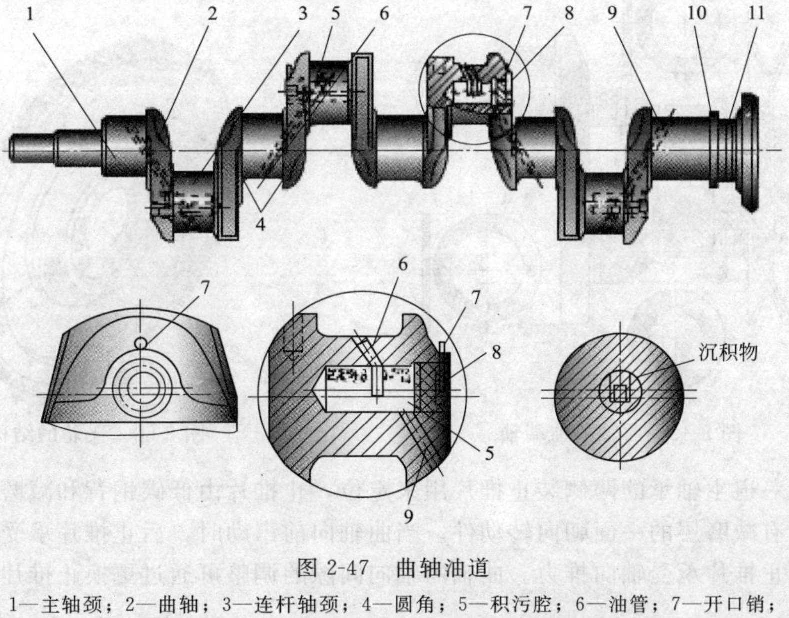

图 2-47　曲轴油道

1—主轴颈；2—曲轴；3—连杆轴颈；4—圆角；5—积污腔；6—油管；7—开口销；8—螺塞；9—油道；10—挡油盘；11—回油螺纹

曲柄是用来连接主轴颈和连杆轴颈的。平衡重的作用是平衡各机件产生的离心惯性力及其力矩。曲拐的布置原则是：

（1）使各缸作功间隔角尽量相等。对直列多缸四冲程发动机，作功间隔角为720°/缸数；

（2）连续作功的两缸相隔尽量远，减少主轴承连续载荷和避免相邻两缸进气门同时开启的抢气现象；

（3）V形发动机左右两排汽缸尽量交替作功。

直列四冲程四缸发动机曲拐对称布置于同一平面内，发动机工作顺序有1—3—4—2和1—2—4—3两种。

直列四冲程六缸发动机曲拐对称布置于三个平面内，相邻作功汽缸的曲拐夹角为720°/6=120°，见图2-48发动机工作顺序有1—5—3—6—2—4和1—4—2—6—3—5两种。

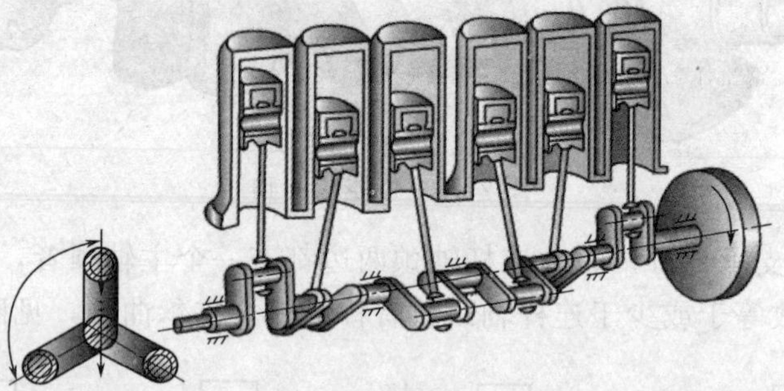

图2-48　六缸发动机曲拐布置图

前端轴用来安装正时齿轮、皮带轮及启动爪等，见图2-49。后端轴有凸缘盘，用来安装飞轮．曲轴前后端都伸出曲轴箱，为了防止润滑油沿轴颈流出，在曲轴前后都设有防漏装置。常用的防漏装置有挡油盘、填料油封、自紧油封、回油螺纹等。

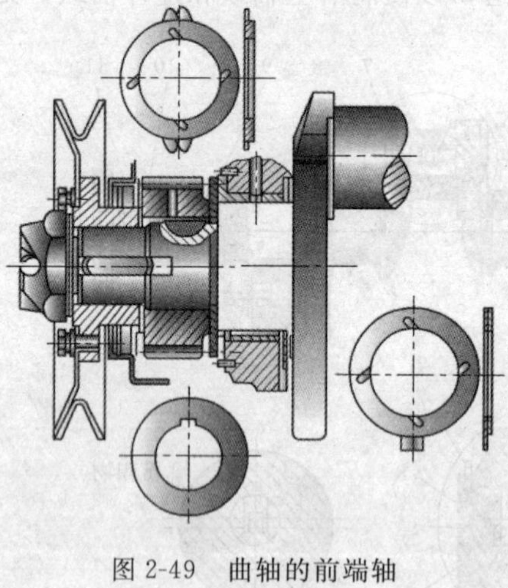

图2-49　曲轴的前端轴

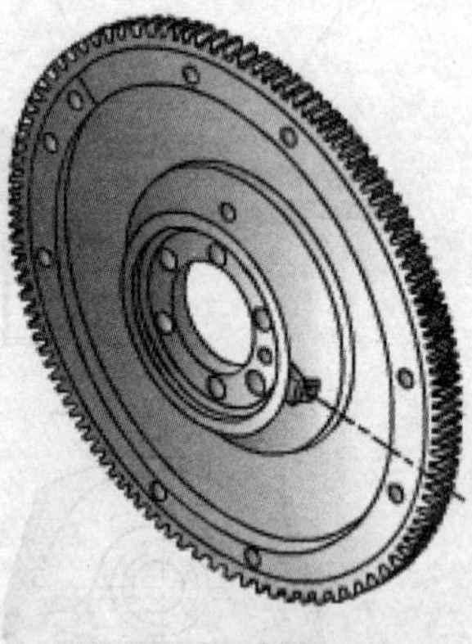

图2-50　飞轮的结构

在主轴某一道主轴承的两侧装止推片用来定位，止推片由低碳钢背和减磨层组成。安装时注意止推片有减磨层的一面朝向转动件。当曲轴向前窜动时，后止推片承受轴向推力；向后窜动时，前止推片承受轴向推力。曲轴的轴向间隙的调整可通过更换止推片的厚度完成。

2. 飞轮

飞轮为一外缘有齿圈的铸铁圆盘，如图2-50所示，其功用是在作功行程贮存能量，用以完成其他三个行程，使发动机运转平稳。有的飞轮上有一上止点记号和点火提前角刻度线（汽油机）或供油提前角刻度线（柴油机），以便调整和检验点火正时、供油提前角和气门间隙。

二、曲轴飞轮组件拆装

曲轴飞轮组的拆装顺序如下。

（1）按对角顺序旋松飞轮固定螺栓，取下螺栓，用手锤沿四周轻轻敲击飞轮，待松动后取下飞轮。

（2）拧松并取下曲轴油封端盖紧固螺栓，用手锤轻轻敲击油封端盖，待松动后取下油封端盖。如图 2-51 所示。

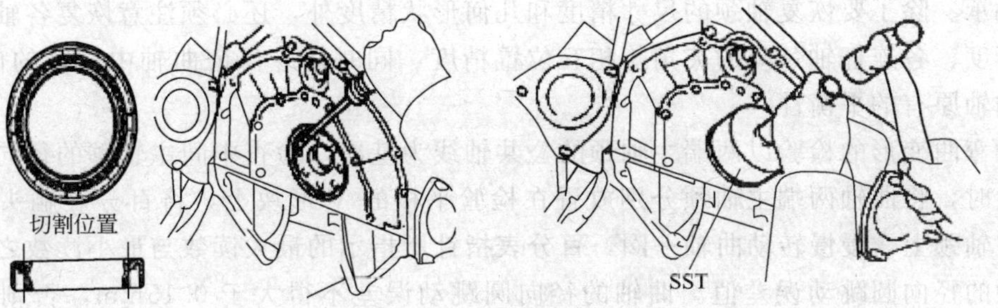

图 2-51　油封的拆卸和安装

（3）拆卸主轴承盖及止推轴承，抬出曲轴。

（4）安装时按相反顺序逐步进行。

注意：在新油封唇部涂润滑脂，然后用专用油封安装工具和锤子敲入油封，直至其端面与油封边缘齐平。

曲轴飞轮组的安装顺序如下。

（1）将飞轮安装于曲轴后端轴凸缘盘上，安装时注意原定位标记，然后紧固螺母。螺母紧固时应对角交叉进行，并按扭紧力矩拧紧。

（2）在曲轴主轴承座上安装并定位好轴承（轴承上油孔应与座上油道孔对准，然后在轴瓦表面涂上一层薄机油）。

（3）将曲轴安装在主轴承座内，将不带油槽的主轴承装入主轴承盖，把各道主轴承盖按原位装在各道主轴颈上，并按规定拧紧力矩，依次拧紧主轴承螺栓。螺栓不得一次拧紧，须经 2～3 次完成。拧紧顺序应按从中到外交叉进行。拧紧后转动曲轴，以便安装活塞连杆组。

（4）将曲轴前端正时齿轮、挡油片等装上。

三、曲轴的圆度、圆柱度误差和弯扭变形

发动机工作时，由于曲轴主轴颈及连杆轴颈各个部位所受的载荷、润滑情况不同，磨损是不均匀的。磨损后在径向会成为椭圆形，在轴向会成为锥形。因此，测量曲轴的主轴及连杆轴颈的直径时，用千分尺在各道轴颈的Ⅰ、Ⅱ两个位置和 A、B 两个方向测量其直径，如图 2-52 所示。在 A、B 两个方向上所测得的最大与最小直径差的一半即为轴颈的圆度误差，而在Ⅰ、Ⅱ位置上所侧得的最大与最小直径差的一半则为轴颈的圆柱度误差。当曲轴轴颈的圆度和圆柱度误差超过磨损极限时，应修磨

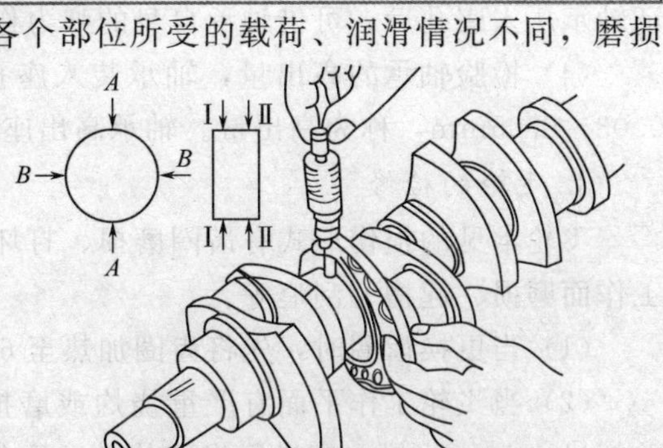

图 2-52　曲轴圆度、圆柱度

曲轴。

曲轴的弯扭变形是指主轴颈的同轴度误差大于0.05mm。

四、曲轴飞轮组件的检修

1. 曲轴的检修

曲轴的检修项目主要有磨损、变形、裂纹和断裂。

曲轴轴颈磨损的检验主要是用外径千分尺测量轴颈的直径、圆度误差和圆柱度误差。磨削设备通常采用专用曲轴磨床，各道主轴颈、连杆轴颈分别磨成同一级修理尺寸，以便选择统一的轴承。除了要恢复轴颈的尺寸精度和几何形状精度外，还必须注意恢复各轴颈的同轴度、平行度、各连杆轴颈间的夹角等相互位置精度，同时还应保证曲轴中心线的位置不变，以保证曲轴原有的平衡性。

曲轴弯曲变形的检验以两端主轴颈的公共轴线为基准，检查中间主轴颈的径向圆跳动误差。检验时，将曲轴两端主轴颈分别放置在检验平板的V形块上，将百分表触头垂直地抵在中间主轴颈上，慢慢转动曲轴一圈，百分表指针所指示的最大读数与最小读数之差即为中间主轴颈的径向圆跳动误差值。曲轴的径向圆跳动误差不得大于0.15mm，否则应进行校正。曲轴弯曲变形的校正一般采用冷压校正或敲击校正法。

曲轴扭曲变形检验时，将曲轴两端主轴颈分别放置在检验平板的V型块上，保持曲轴水平，使两端同一曲柄平面内的两个连杆轴颈位于水平位置，用百分表测量两轴颈最高点至平板的高度差ΔA，据此求得曲轴主轴线的扭曲角θ。曲轴扭曲变形量一般很小，可在连杆轴颈磨削时予以修正。

曲轴裂纹的检验方法有磁力探伤法和浸油敲击法。磁力探伤的原理是当磁力线通过被检验的时，零件被磁化，如果零件表面有裂纹，在裂纹部位的磁力线就会因裂纹不导磁而被中断，使磁力线偏散而形成磁极。此时，在零件表面撒上磁性铁粉，铁粉便被磁化而吸附在裂纹处，从而显现出裂纹的部位和大小。浸油敲击法是将曲轴置于煤油中浸一会，取出后擦净表面煤油并撒上白粉，然后分段用小锤轻轻敲击，如有明显的油迹出现，即该处有裂纹。曲轴若出现裂纹，应更换曲轴。

2. 曲轴轴承的选配

(1) 根据曲轴轴承的直径和规定的径向间隙选择合适内径的轴承。

(2) 检验轴承钢背质量，要求定位凸点完整，轴承钢背光整无损。

(3) 检验轴承自由弹开量，要求轴承在自由状态下的曲率半径大于座孔的曲率半径，保证轴承压入座孔后，可借轴承自身的弹力作用与轴承座贴合紧密。

(4) 检验轴承的高出量，轴承装入座孔内后，上、下两片的每端均应高出轴承座平面0.03～0.05mm，称为高出量。轴承高出座孔以保证轴承与座孔紧密贴合，提高散热效果。

3. 飞轮的检修

飞轮常见的损伤形式有齿圈磨损、打坏、松动，端面打毛，飞轮与离合器摩擦片接触的工作面磨损、起槽、刮痕等。

(1) 当更换齿圈时，先将齿圈加热至623～673K，再进行热压配合，更换齿圈。

(2) 当飞轮工作平面有严重烧灼或磨损，沟槽深度超过0.50mm或飞轮端面圆跳动误差超过0.50mm时，应进行光磨修整。飞轮端面圆跳动误差的检查方法是：将百分表架装在飞轮壳上，表的量头靠在飞轮的光滑端面上，旋转表盘，使“O”对正指针，转动飞轮一圈，百分表的读数差即为端面圆跳动误差。飞轮经过修整并与曲轴装配后，其端面圆跳动误差不得大于0.15mm，飞轮厚度极限减薄量为1mm。

(3) 曲轴、飞轮、离合器总成组装后应进行动平衡试验，组件动不平衡量应不大于原厂规定。每次更换飞轮或齿圈、离合器压盘或总成之后，都应重新进行组件的动平衡试验。

五、曲轴轴向间隙、轴向间隙的检测和调整方法

1. 轴向间隙的检测与调整

为了适应发动机机件正常工作的需要，曲轴必须留有合适的轴向间隙，间隙过小会使机件因受热膨胀而卡死；轴向间隙过大会使曲轴工作时产生轴向审动，加速汽缸的磨损，活塞连杆组也会加剧磨损，甚至影响配气相位和离合器的正常工作。因此，曲轴装到汽缸体上后应检查其轴向间隙。

检测曲轴轴向间隙时，将百分表触头顶在曲轴平衡重上，用撬棒前后撬动曲轴，观察表针摆动最大数值，即为曲轴轴向间隙。或者用撬棒将曲轴撬向一端，再用塞尺检查止推轴承和曲轴止推面之间的间隙，即为曲轴轴向间隙。

2. 径向间隙的检查与调整

首先清洁曲轴主轴颈、连杆轴颈、轴瓦和轴承盖，将塑料间隙塞尺（或软金属丝）放置在曲轴轴颈上（不要将油孔盖住），盖上轴承盖并按规定扭力拧紧螺栓，注意不要转动曲轴。然后取下轴承盖和塑料间隙塞尺，用被压扁的塑料间隙塞尺和间隙条宽度相对照，查得间隙规宽度（或测量软金属丝厚度）对应的间隙值即为曲轴的径向间隙。如果径向间隙不符合规定，应重新选配轴承。

教学活动二　制定作业方案

参考表2-14，制定更换汽车发动机更换曲轴作业方案。

表 2-14　曲轴零部件说明

图例	零部件说明
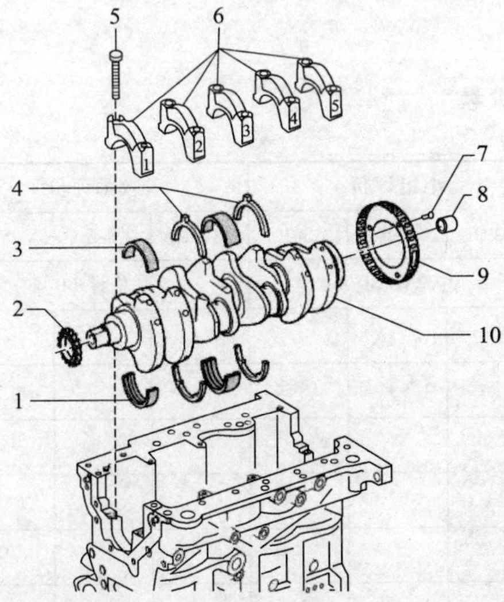	1—轴瓦，注意： (1)轴瓦用于有油槽的缸体； (2)旧轴瓦不可互换(做上标记)； (3)用颜色标记来装轴瓦 2—链轮，用于传递动力 3—轴瓦，说明同上 4—止推垫片，用于第3道轴承，随缸盖和轴承盖不同而不同 5—螺栓，用于更换曲轴 6—轴承盖，注意缸体/轴承盖的定位凸起必须对齐 7—螺栓，松开该螺栓后可以更换靶轮 8—滚针轴承，用于手动变速器车 9—靶轮，用于发动机转速传感器 10—曲轴，磨损极限0.30mm

教学活动三　自我测试与考核评价

汽车发动机更换曲轴作业方案如表 2-15 所示。

表 2-15　汽车发动机更换曲轴作业方案

<table>
<tr><td colspan="2" rowspan="2">车辆信息描述</td><td>车辆描述</td><td colspan="2"></td></tr>
<tr><td>车辆发动机描述</td><td colspan="2"></td></tr>
<tr><td colspan="2">注意安全事项</td><td colspan="3">(1)注意人身和机件的安全，不了解情况的，先了解后动手，特别是注意在车底下工作时的人身安全；
(2)未经许可，不准扳动机件和乱动电器按钮开关；
(3)注意防火；
(4)认真接受实习前的安全知识教育</td></tr>
<tr><td rowspan="3">曲轴更换作业</td><td></td><td>作业要领</td><td>技术标准</td><td>检查记录</td></tr>
<tr><td>拆装工具和车辆</td><td>1. 熟练地使用套筒工具；
2. 会使用弯扭测量仪；
3. 会使用百分表；
4. 会使用定扭扳手紧固螺栓；
5. 会用游标卡尺、塞尺和外径千分尺；
6. 掌握曲柄连杆机构的连接情况；
7. 不能损伤零部件</td><td>1. 规范使用套筒工具拆装螺栓；
2. 弯曲度、扭曲度和磨损值；
3. 活塞连杆组顺序方向；
4. 直列 4 缸发动机参数；
5. 各螺栓的扭矩值</td><td>1. 工具是否齐全；
2. 曲柄连杆机构裂纹及损伤部位；
3. 轴颈磨损；
4. 弯曲度；
5. 扭曲度；
6. 裂纹损伤</td></tr>
<tr><td>更换作业步骤</td><td>(1)拆装轴瓦；
(2)拆装链轮；
(3)拆装止推垫片；
(4)拆装螺栓；
(5)拆装轴承盖；
(6)拆装螺栓；
(7)拆装靶轮；
(8)拆装曲轴</td><td></td><td></td></tr>
</table>

考核评价表见表 2-16。

表 2-16　考核评价表

班级：＿＿＿＿＿＿　姓名：＿＿＿＿＿＿　学号：＿＿＿＿＿＿

项目	自我评价			小组评价			教师评价		
	10-9	8-6	5-1	10-9	8-6	5-1	10-9	8-6	5-1
	占总评 10%			占总评 30%			占总评 60%		
学习活动 1									
学习活动 2									
协作精神									
纪律观念									
表达能力									
工作态度									

续表

项目	自我评价			小组评价			教师评价		
	10-9	8-6	5-1	10-9	8-6	5-1	10-9	8-6	5-1
	占总评 10%			占总评 30%			占总评 60%		
安全意识									
任务总体表现									
小计									
总评及教师评语									

任课教师：________ 年 月 日

项目三 配气机构的检修

本项目的总体描述见表 3-1。

表 3-1 项目总体描述

<table>
<tr><td>项目名称</td><td colspan="3">配气机构的检修</td></tr>
<tr><td>教学安排</td><td>第二学期</td><td>基准学时</td><td>28 学时</td></tr>
<tr><td colspan="4">案例</td></tr>
<tr><td colspan="4">一辆帕萨特轿车在发动机运转时，缸盖处有响声，经进厂检测后，发现故障原因是汽缸盖上的配气机构出现问题，需要对配气机构进行检修</td></tr>
<tr><td colspan="4">工作分析</td></tr>
<tr><td>工作对象
1. 维修合同或维修工单的识读；
2. 与维修接待员、车间主管和质检员的沟通；
3. 专用工具、设备、维修材料及配件的领用；
4. 维修资料的借阅、查阅与应用；
5. 执行发动机配气机构拆装安全操作规程；
6. 认知并拆装与检修配气机构零部件；
7. 维修记录单及工作总结的填写与存档</td><td colspan="2">1. 工具、材料、设备与资料
(1)常用工具：翻转架、梅花扳手、套筒扳手、扭力扳手、开口扳手等；
(2)材料：机油、清洗液、棉纱等；
(3)设备与资料：帕萨特发动机实训台、维修手册、任务工单、安全操作规程等
2. 工作方法
(1)与前台人员或车间主管就维修单的内容进行沟通与记录；
(2)制定维修工单作业项目计划，确定维修专用工量具和检修仪器；
(3)按检修计划向前台或车间主管反馈必要的维修增项；
(4)确定检修所需材料和配件的型号与数量；
(5)填写维修工单；
(6)自检、互检或质检员检验发动机维修质量。
3. 劳动组织方式：
(1)从教师处领取任务，作业后交付；
(2)从工具库领取工具，作业后归还；
(3)从资料室领取维修手册，作业后归还；
(4)从配件部领取配件及耗材；
(5)与同伴协作完成作业</td><td>工作要求
1. 能执行发动机配气机构拆装安全操作规程；
2. 能按照车辆维修手册规范选择、使用工具；
3. 能按车辆维修手册完成发动机配气机构的拆卸、解体、零部件的清洗、更换、检修、装配等作业；
4. 能按照要求填写维修工单</td></tr>
<tr><td colspan="4">职业能力要求</td></tr>
<tr><td colspan="4">1. 能严格遵守企业工作制度，服从企业工作安排；
2. 能利用各种信息渠道查阅汽车维修资料；
3. 能根据汽车用户手册或维修手册，熟练进行汽车发动机维修作业；
4. 能按照岗位工作要求，执行交接、验收等业务流程，并能规范填写工作维修记录；
5. 能与客户、领导、同事进行有效沟通</td></tr>
<tr><td colspan="4">专业技术学校内容</td></tr>
<tr><td colspan="4">1. 配气机构的作用、组成、分类；
2. 气门组的组成、结构原理及拆装检修方法；
3. 气门传动组的组成、结构原理及拆装检修方法；
4. 气门传动组拆装与检修</td></tr>
</table>

学习任务一　配气机构更换

教学活动一　认识配气机构

一、配气机构的功用

配气机构是控制发动机进气和排气的装置，其功用是根据发动机的工作顺序和各缸工作循环的要求，定时开启和关闭进、排气门，使新鲜可燃混合气（汽油机）或空气（柴油机）准时进入及排出汽缸。

汽缸的进气量越多，发动机的有效功率和转矩越大。因此，配气机构首先要保证进气充分，进气量尽可能多，同时，废气要排除干净，因为汽缸内残留的废气越多，进气量将会越少。其次，配气机构的运动件应该具有较小的质量和较大的刚度，以使配气机构具有良好的动力特性。

二、配气机构的分类

配气机构有多种类型，现代汽车发动机采用顶置气门式配气机构，即进、排气门置于汽缸盖内．倒挂在汽缸顶上。

1. 按凸轮轴的位置分类

配气机构按凸轮轴的位置分有凸轮轴下置式、凸轮轴中置式和凸轮轴上置式，如图 3-1 所示。

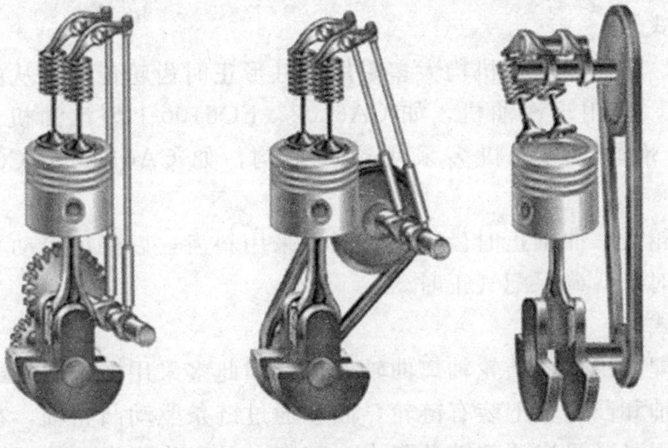

(a) 凸轮轴下置式　(b) 凸轮轴中置式　(c) 凸轮轴上置式

图 3-1　凸轮轴的位置分类

（1）凸轮轴下置式

凸轮轴下置式配气机构的凸轮轴置于曲轴箱内，平行布置在曲轴的一侧。曲轴和凸轮轴位置靠近，只用一对正时齿轮传动，传动机构比较简单。凸轮轴下置式配气机构多用于转速较低的发动机，如解放 CA6102、东风 EQ6100-1、6135Q 等发动机。

（2）凸轮轴中置式

为减小气门传动组零件往复运动的惯性力，一些速度较高的发动机将下置式凸轮轴的位置抬高到汽缸体的中上部，缩短了传动零件的长度，称为凸轮轴中置式配气机构。有些凸轮轴中置式配气机构的组成与凸轮轴下置式配气机构没有什么区别，只是推杆较短而已，如YC6105Q、6110A，依维柯8210.22S等发动机都采用这种结构。

（3）凸轮轴上置式

凸轮轴上置式配气机构的凸轮轴直接布置在汽缸盖上，凸轮轴直接通过摇臂来驱动气门，省去了推杆、挺柱，使往复运动质量大大减小，因此适用于高速发动机。由于凸轮轴离曲轴中心较远，因而采用链条传动或同步齿形带传动，使得正时传动机构较为复杂，而且拆装汽缸盖也比较困难。

2. 按凸轮轴的传动方式分类

配气机构按凸轮轴的传动方式分有齿轮传动式、链条传动式和齿形带传动式，如图3-2所示。由于四冲程发动机每完成一个工作循环曲轴旋转2圈，而各缸只进、排气1次，即凸轮轴只需转1圈，所以曲轴与凸轮轴的传动比为2∶1。

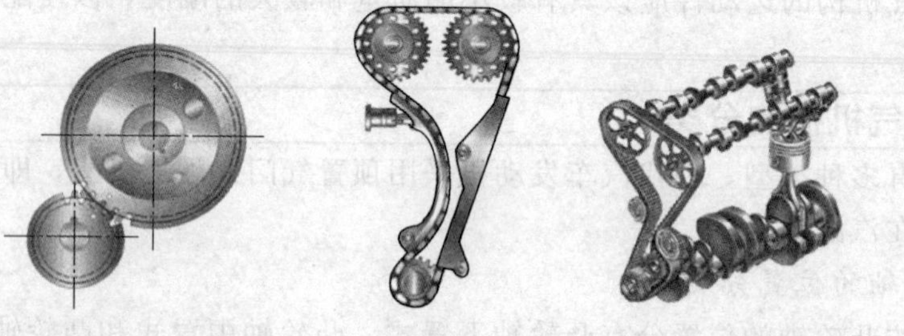

(a) 齿轮传动式　(b) 链条传动式　(c) 齿形带传动式

图3-2　凸轮轴的传动方式

（1）齿轮传动式

凸轮轴下置式、中置式配气机构大多采用圆柱形正时齿轮传动，从曲轴到凸轮轴的传动只需一对正时齿轮，多用于汽油机，如CA6102、EQ6100-1型汽油机。若齿轮直径过大，可在中间加装一个惰轮，柴油机多采用这种结构，如CA6110、YC6105QC、6120型柴油机。

凸轮轴正时齿轮大，曲轴正时齿轮小，通常采用斜齿，以保证传动平稳。安装时，齿轮上的正时记号必须对准，确保配气正时。

（2）链条传动式

凸轮轴上置式配气机构的凸轮轴离曲轴较远，因此多采用链条传动或齿形带传动。采用链条传动时，在曲轴和凸轮轴上装有链轮，曲轴通过链条驱动凸轮轴，在链条侧面有张紧机构和链条导板，利用张紧机构调整链条张力，其特点是工作可靠，使用寿命长，但工作噪声大，润滑、维修较麻烦。

（3）齿形带传动式

从20世纪80年代初开始，齿形带传动逐渐得到广泛使用。与链条传动相似，采用齿形带传动时，曲轴上的齿形带轮通过齿形带驱动凸轮轴上的齿形带轮，并用张紧轮调整齿形带张力。齿形带由纤维和橡胶制成，一面具有齿形，另一面是平面。齿形带传动噪声小，不需要润滑。齿形带要求汽车每行驶10000km检查一次，以确保工作可靠。上海别克、奥迪、桑塔纳等轿车均采用这种传动。

安装时和齿轮传动式一样，在主动轮和被动轮上都有正时记号，必须按要求对准正时记号，以确保配气正时。

3. 按每个汽缸的气门数量分类

配气机构按每个汽缸的气门数量分有双气门式和多气门式两种。一般发动机每个汽缸有一个进气门和一个排气门。进气门头部直径比排气门头部直径大15%～30%，目的是增大进气门通过断面的面积，减小进气阻力，增加进气量。排气门头部直径略小，排气阻力会稍大。但是排气阻力对发动机性能的影响比进气阻力小得多。进气门和排气门数量相同时．进气门头部直径总比排气门大。

三、配气机构的组成与工作情况

如图3-3所示，配气机构由气门组和气门传动组两部分组成，每部分的零件组成与气门的位置、凸轮轴的位置和气门的驱动形式有关。

1. 凸轮轴下置式配气机构

凸轮轴下置式配气机构的凸轮轴布置在汽缸体下部，曲轴通过正时齿轮驱动凸轮轴旋转，如图3-3所示。气门组由气门、气门弹簧、气门导管、气门弹簧座、锁片和气门座等机件组成，气门传动组由正时齿轮、凸轮轴、气门挺柱、推杆、调整螺钉、摇臂、摇臂轴及摇臂轴支座等机件组成。

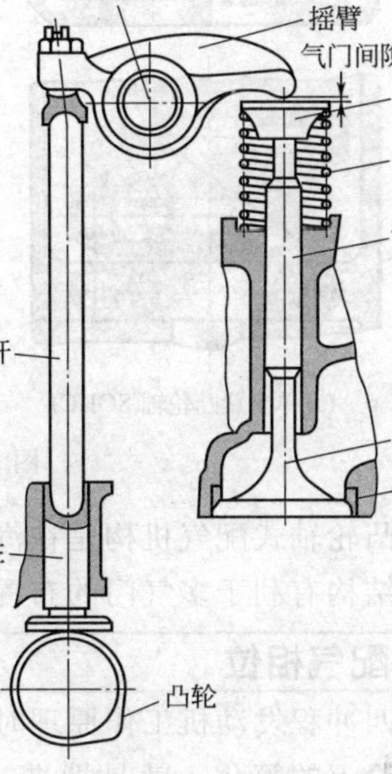

图3-3　配气机构的组成

当凸轮的凸起部分向上运动时，依次顶起气门挺柱、推杆和调整螺钉，使摇臂绕其轴摆转，摇臂的另一端便向下推动气门，气道被逐步打开，同时使气门弹簧受到压缩。当凸轮的凸尖上升到最高位置时，气门开度最大。当凸轮的凸尖离开挺柱以后，在气门弹簧弹力的作用下，气门开度逐渐减小，待气门及其传动件恢复原位后，气门关闭。发动机在压缩和做功行程中，气门在其弹簧张力的作用下严密关闭，使汽缸密封。

2. 凸轮轴中置式配气机构

凸轮轴中置式配气机构的凸轮轴位于汽缸体的中上部。凸轮轴通过挺柱直接驱动摇臂，工作情况与凸轮轴下置式配气机构类似。

3. 凸轮轴上置式配气机构

凸轮轴上置式配气机构的凸轮轴布置在汽缸盖上，如图3-4所示。凸轮轴直接通过液压挺柱来驱动气门，没有摇臂和推杆，使往复运动质量大大减小，因此它特别适用于高速强化发动机。对多气门发动机可简化配气机构，但凸轮轴距曲轴较远，所以需用链条传动或齿形带传动。这种结构在现代轿车上得到广泛应用，AJR发动机就采用这种结构。凸轮轴上置式配气机构有单上置和双上置之分。

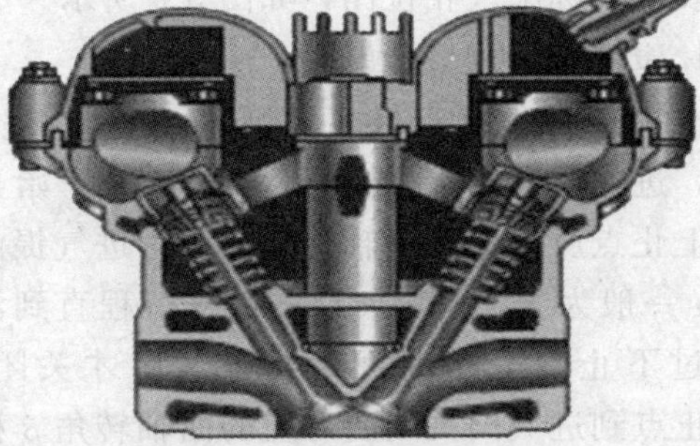
图3-4　凸轮轴上置式

单上置凸轮轴式配气机构在缸盖上布置一根凸轮轴驱动进、排气门。通过挺柱驱动的称直接驱动式，通过摇臂驱动的称摇臂驱动式，如图 3-5 所示。

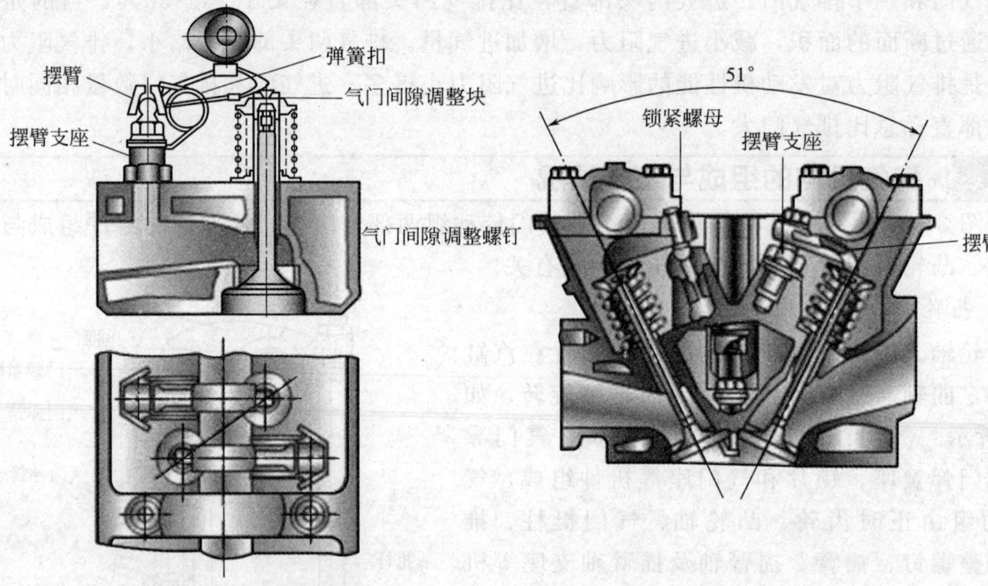

(a) 单上置凸轮轴(SOHC)　(b) 双上置凸轮轴(DOHC)

图 3-5　单、双凸轮轴上置式

双上置凸轮轴式配气机构是在汽缸盖上布置 2 根凸轮轴，一根驱动进气门，一根驱动排气门，这种结构有利于多气门的布置。

四、配气相位

在介绍四冲程发动机工作原理时，把气门的开闭时间与活塞行程、曲轴转角三者之间的关系作了理论上的简化，就是把进、排气过程都看作是在活塞的一个行程内，即曲轴转动 180°内完成的，进、排气门的开关时刻正好在活塞的上、下止点处。但实际情况并非如此，由于现代汽车发动机的转速都很高，为了保证汽缸进气充分、排气彻底，气门实际开启和关闭时刻并不是正好在活塞的上、下止点处，而是适当地提前和延迟。配气相位是指进、排气门的开闭时刻和开启的持续时间，通常用曲轴转角来表示。配气相位常用环形图来表示，称配气相位图，如图 3-6 所示。

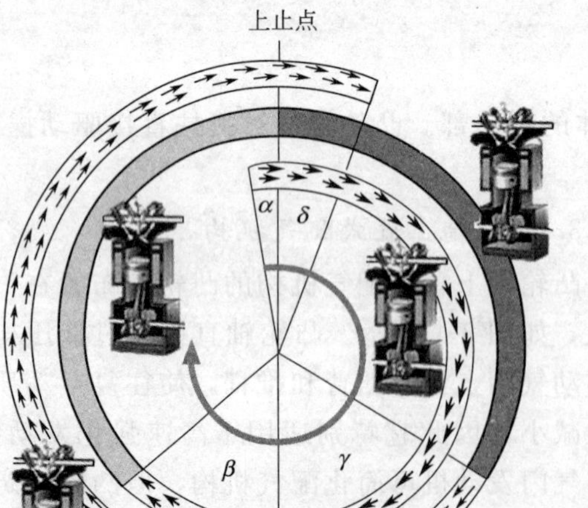

图 3-6　配气相位图

1. 进气门的配气相位

在排气行程接近终了，活塞到达上止点之前，进气门便开始开启。从进气门开始开启到上止点所对应的曲轴转角 α 称为进气提前角，α 一般为 10°～30°。经过进气行程直到活塞越过下止点一定时间后，进气门才关闭。从下止点到进气门关闭所对应的曲轴转角 β 称为进气迟后角，β 一般为 40°～80°。可见，整个进气过程持续的时间（持续角）相当于曲轴转角为$\alpha+180°+\beta$。

若进气门早开，则当活塞到达上止点并开始向下止点运动时，进气门已有一定开度，新鲜气体顺利进入汽缸。若进气门迟关，则可充分利用气流的惯性和缸内外的压力差继续进气，加上进气门早开和迟关增加了进气时间，因而增加了汽缸的充气量。

2. 排气门的配气相位

排气提前角和迟后角在做功行程的后期，活塞到达下止点之前，排气门便开始开启。从排气门开始开启到下止点所对应的曲轴转角γ称为排气提前角，γ一般为40°～80°。经过排气行程直到活塞越过上止点一定时间后，排气门才关闭。从上止点到排气门关闭所对应的曲轴转角δ称为排气迟后角，δ一般为10°～30°。可见，整个排气过程持续的时间（持续角）相当于曲轴转角为$\gamma+180°+\delta$。

排气门早开，使废气能利用自身压力迅速、自由地排出汽缸，减小排气行程活塞上行的阻力，可缩短废气在汽缸内的停留时间，防止发动机过热。排气门迟关，可利用废气压力和废气流的惯性继续排气，加上排气门早开和迟关延长了排气时间。所以，排气门早开、迟关可以使汽缸内的废气排除得更为干净。

3. 气门重叠与气门重叠角

由于进气门早开和排气门迟关，出现了在上止点附近的一段时间内进气门和排气门同时开启的现象，这种现象称为气门重叠。对应的曲轴转角（$\alpha+\delta$）称为气门重叠角。

气门重叠现象是不可避免的。由于新鲜气流和废气气流都有各自的流动惯性，在短时间内不会改变流向，只要角度选择合适，就不会出现废气倒流进气道和新鲜气体随废气一起排出的现象。相反，进入汽缸内部的新鲜气体可增加汽缸内的气体压力，有利于废气的排出。

4. 配气相位图

由上面的分析可知，配气相位包括α、β、γ、δ、$\alpha+180°+\beta$、$\gamma+180°+\delta$等角度，是一个很具体的概念。最有利的配气相位是由制造厂家通过反复试验来确定的。部分发动机的配气相位见表3-2。

表3-2　发动机的配气相位

型号	进气门			排气门			气门重叠角 $\alpha+\delta$
	开启提前角α	关闭延迟角β	持续角 $180°+\alpha+\beta$	开启提前角γ	关闭延迟角δ	持续角 $180°+\gamma+\delta$	
AJR	上止点后1.2°	37.45°	216.25°	40.8°	上止点前4.55°	216.25°	0°
帕萨特B5（ANQ）	上止点后9°	36°	207°	38°	上止点前8°	210°	0°
462Q	51°	79°	310°	83°	47°	310°	98°
CA6110	15°	45°	240°	45°	15°	240°	30°
6BTA5.9	10°	30°	220°	58°	10°	248°	20°

教学活动二　制定作业方案

参考表3-3，制定更换正时齿带作业方案。

表 3-3 维修参考表

图例	介绍说明
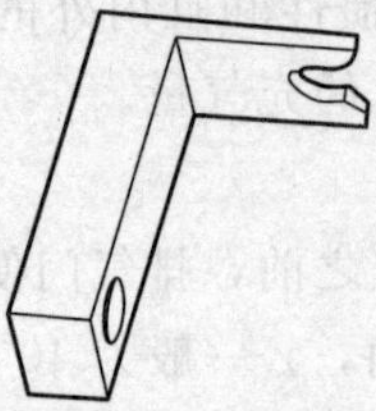	拆装齿形皮带必备的专用工具——锁止片
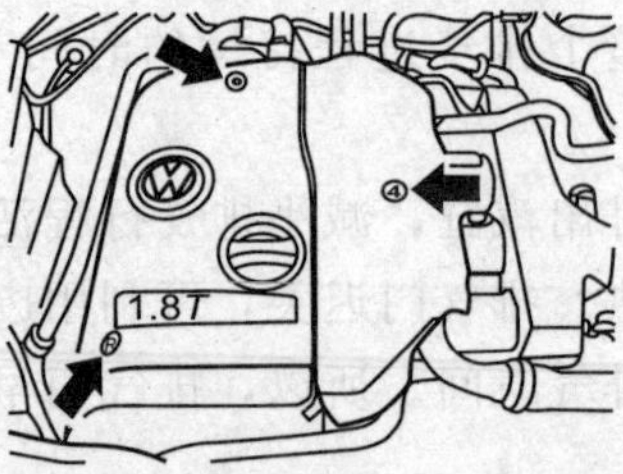	1. 拆下发动机罩盖； 2. 拆下多楔皮带及其张紧器
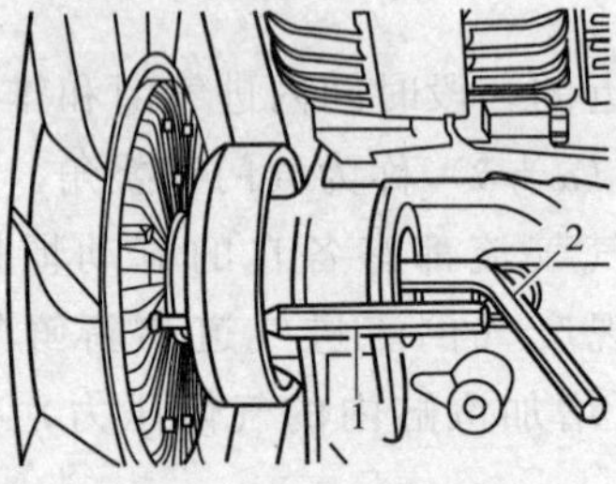	1. 用工具 1 固定风扇皮带轮，用内六角扳手 2 拧下螺栓； 2. 从轴承上取下风扇； 3. 拆下齿形皮带上护罩
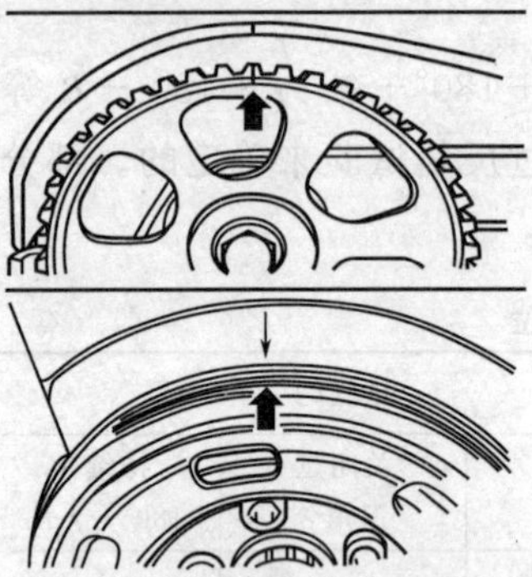	1. 标出齿形皮带旋转方向； 2. 用曲轴齿形皮带轮中央螺栓按发动机旋转方向将曲轴置于 1 缸上止点标记
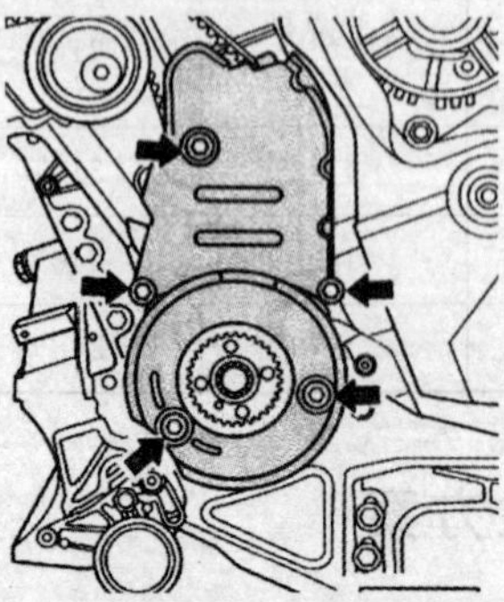	拧下齿形皮带护罩螺栓

续表

图例	介绍说明
	1. 用专用工具将齿形皮带张紧轮向左侧转动，直到可以用锁止片固定住活塞； 2. 将锁片插入到活塞支架的槽中，使其能够固定到活塞的凹槽上，以便固定活塞； 3. 拆下齿形皮带
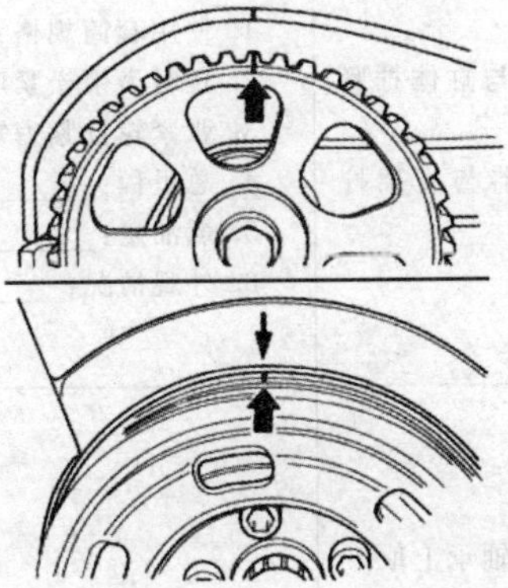	1. 将凸轮轴皮带轮上标记与汽缸盖罩上标记对齐； 2. 将齿形皮带装到曲轴皮带轮上(注意旋转方向)； 3. 装上齿形皮带下护罩； 4. 用螺栓固定减震器/皮带轮(注意定位)； 5. 将曲轴置于1缸上止点； 6. 装上齿形皮带，顺序按水泵、张紧轮和凸轮轴皮带轮
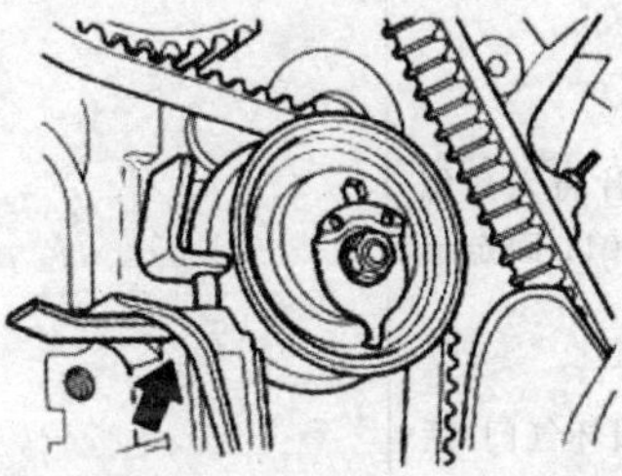	拉出专用工具以松开齿形皮带张紧器活塞
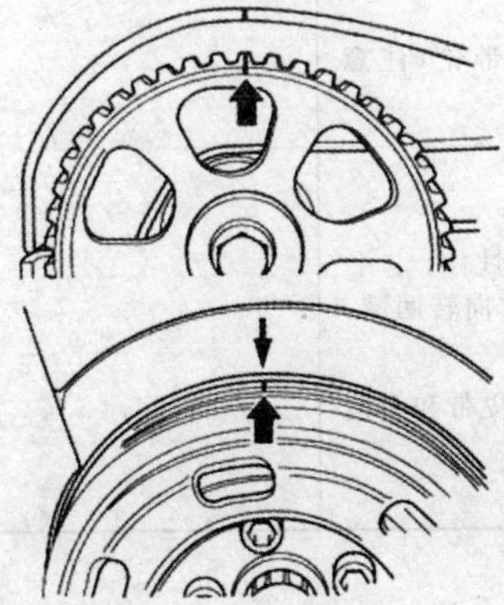	1. 用曲轴齿形皮带轮中央螺栓将曲轴沿发动机旋转方向转两圈，检查一下凸轮轴和曲轴标记是否与参考点对齐； 2. 安装减震器、皮带轮； 3. 安装多楔皮带和多楔皮带张紧器； 4. 安装风扇； 5. 安装锁支架

汽车发动机正时齿带更换作业方案如表3-4所示。

表 3-4　汽车发动机正时齿带更换作业方案

<table>
<tr><td rowspan="2" colspan="2">车辆信息描述</td><td>车辆描述</td><td colspan="2"></td></tr>
<tr><td>车辆发动机描述</td><td colspan="2"></td></tr>
<tr><td colspan="2">注意安全事项</td><td colspan="3">(1)注意人身和机件的安全，不了解情况的。先了解后动手，特别是注意在车底下工作时的人身安全；
(2)未经许可，不准扳动机件和乱动电器按钮开关；
(3)注意防火；
(4)认真接受实习前的安全知识教育</td></tr>
<tr><td rowspan="3">更换正时齿带作业方案</td><td rowspan="2">拆装工具和车辆的确定</td><td>作业要领</td><td>技术标准</td><td>检查记录</td></tr>
<tr><td>1. 熟练地使用专用工具；
2. 会检查正时齿带的松紧度；
3. 会使用定扭扳手紧固螺栓；
4. 熟悉该车辆发动机正时齿带的安装位置；
5. 检查该车的外观情况</td><td>1. 齿形皮带中、下护罩拧紧力矩为 10N·m；
2. 减震器/皮带轮与缸体拧紧力矩为 40N·m；
3. 多楔皮带张紧器与支架拧紧力矩为 23N·m；
4. 前置前驱；
5. 无划伤和痕迹</td><td>1. 使用套筒规格：______
2. 正时齿带松紧度：______
3. 张紧轮拧紧力矩：______
4. 总里程：______
5. 燃油量：______
6. 外观情况：______</td></tr>
<tr><td>更换作业步骤</td><td colspan="2">1. 齿形皮带的拆卸
(1)拆下发动机盖罩，拆下多楔皮带及其张紧器；
(2)用工具固定风扇皮带轮，用内六角扳手拧下螺栓，从轴承上取下风扇，拆下齿形皮带上护罩；
(3)标出齿轮皮带旋转方向，用曲轴齿形皮带轮中央螺栓按发动机旋转方向将曲轴置于 1 缸上止点标记；
(4)拧下减震器螺栓；
(5)拧下齿形皮带下、中护罩螺栓；
(6)将 M5×45 的螺纹杆拧入齿形皮带张紧器，用大垫片将六角螺母拧到螺纹杆上，压紧张紧器的压力活塞，直到可用 T40011 固定活塞，拆下齿形皮带；
2. 齿形皮带的安装(调整配气相位)
转动凸轮轴时，任何一缸中曲轴都不应在上止点，否则会损坏气门/活塞顶
(1)将凸轮轴皮带轮上标记与汽缸盖罩上标记对齐，将齿形皮带装到曲轴皮带轮上(注意旋转方向)；
(2)装上齿形皮带下护罩，用一螺栓固定减震器/皮带轮(注意定位)；
(3)将曲轴置于 1 缸上止点；
(4)装上齿形皮带，顺序按水泵、张紧轮和凸轮轴皮带轮；
(5)拉出 T40011 以松开齿形皮带张紧器活塞，拧下螺纹杆；
(6)用曲轴齿形皮带轮中央螺栓将曲轴沿发动机旋转方向转两圈，检查一下凸轮轴和曲轴标记是否与参考点对齐；
(7)安装减震器/皮带轮。安装齿形皮带护罩，安装多楔皮带和多楔皮带张紧器，安装风扇和锁支架</td><td></td></tr>
</table>

教学活动三　自我测试与考核评价

自我测试见表 3-5。

表 3-5　自我测试表

写出下图中箭头所指的部位的名称。

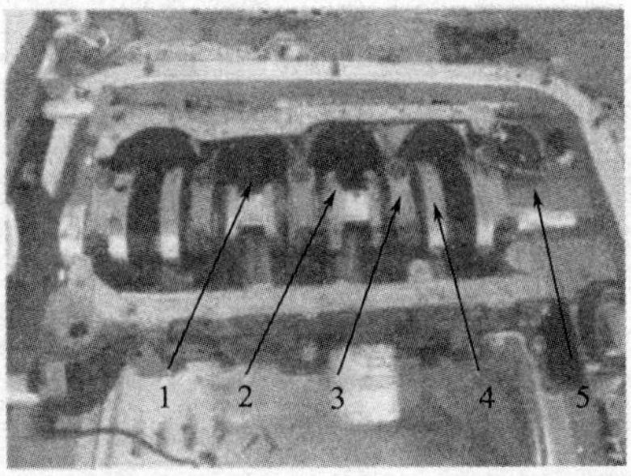

1—
2—
3—
4—
5—

简述曲轴拆卸的顺序：

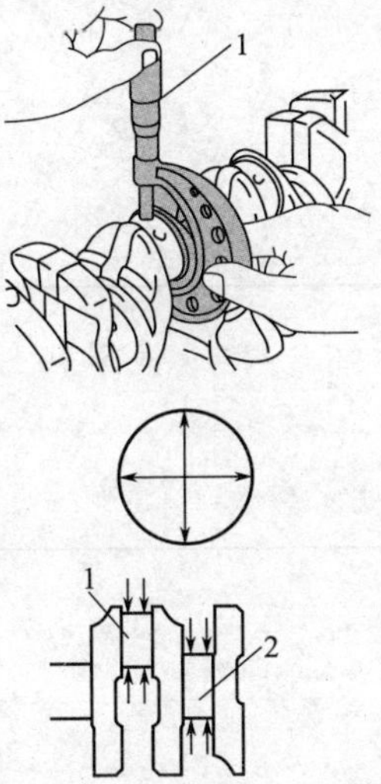

左图测量项目的名称是________

其中 1 处和 2 处的测量值分别是________
____

下图四冲程直列四缸机的点火顺序是：________

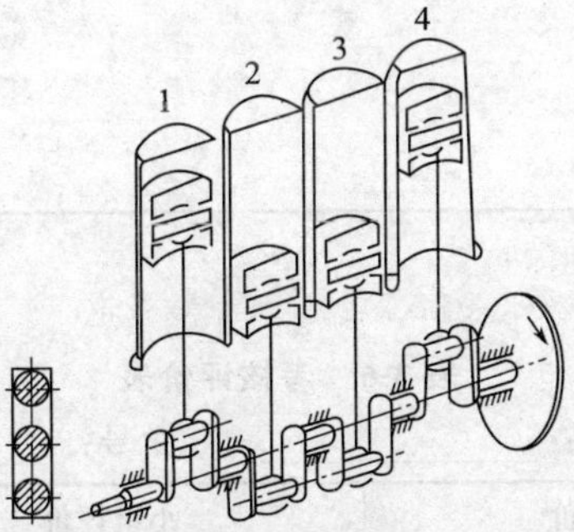

曲轴转角	180°	360°	540°	720°	曲轴转角	180°	360°	540°	720°
第一缸	功	排	进	压	第一缸	功	排	进	压
第二缸	压	功	排	进	第二缸	排	进	压	功
第三缸	排	进	压	功	第三缸	压	功	排	进
第四缸	进	压	功	排	第四缸	进	压	功	排

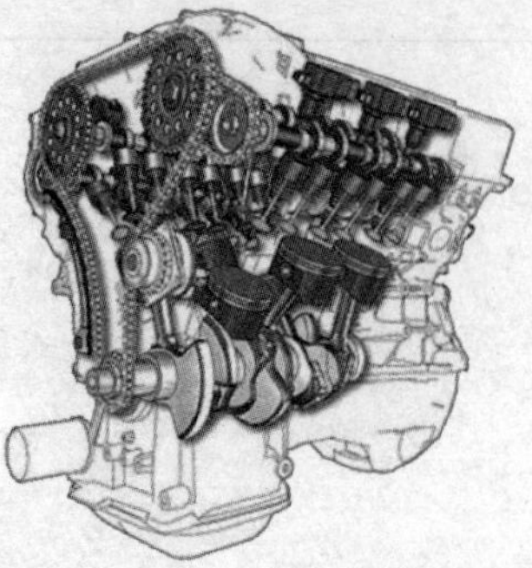	左图所示配气机构的作用和工作过程是： ______________________ ______________________ ______________________ ______________________
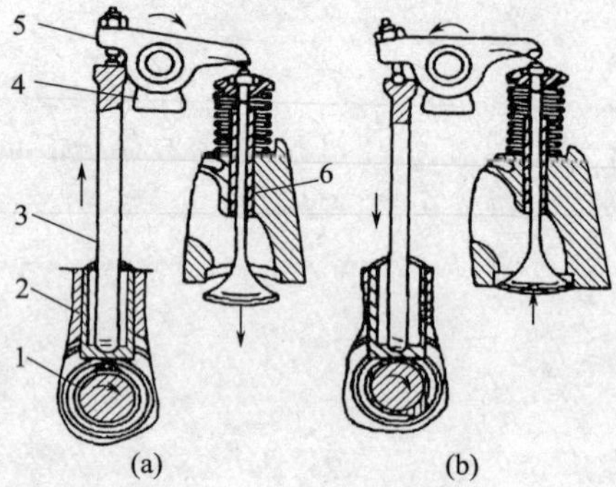	写出左图中标号处的零件名称： 1— 2— 3— 4— 5— 6—
配气机构的类型有哪些？各有什么特点？	
正时齿带的更换里程一般是多少？	
简述曲轴轴承间隙、轴向间隙的检测和调整方法	

考核评价见表 3-6。

表 3-6 考核评价表

班级：__________ 姓名：__________ 学号：__________

项目	自我评价			小组评价			教师评价		
	10-9	8-6	5-1	10-9	8-6	5-1	10-9	8-6	5-1
	占总评 10%			占总评 30%			占总评 60%		
学习活动 1									
学习活动 2									
协作精神									

续表

项目	自我评价			小组评价			教师评价		
	10-9	8-6	5-1	10-9	8-6	5-1	10-9	8-6	5-1
	占总评 10%			占总评 30%			占总评 60%		
纪律观念									
表达能力									
工作态度									
安全意识									
任务总体表现									
小计									
总评及教师评语									

任课教师：________ 年 月 日

学习任务二 气门组拆装与检修

教学活动一 认识发动机气门

一、发动机气门组构造及其作用

1. 气门的组成

气门组主要由气门、气门弹簧、弹簧座、气门导管、气门座、油封、锁片等组成，如图3-7所示。气门的工作条件非常恶劣。首先，气门直接与高温燃气接触，受热严重，而散热困难，因此气门温度很高。其次，气门承受气体力和气门弹簧力的作用，以及由于配气机构运动件的惯性力使气门落座时受到冲击。第三，气门在润滑条件很差的情况下以极高的速度启闭并在气门导管内作高速往复运动。此外，气门由于与高温燃气中有腐蚀性的气体接触而

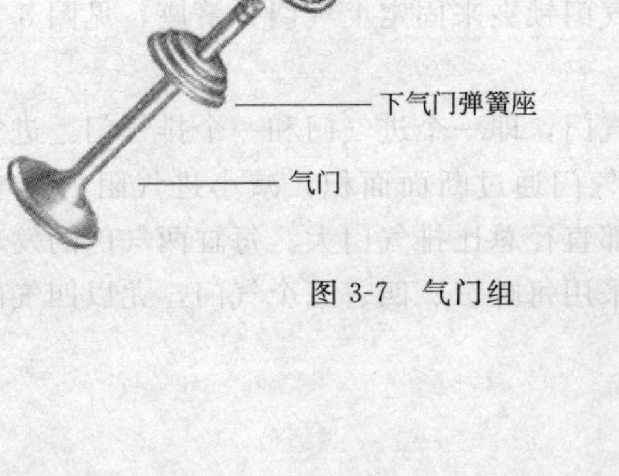

图 3-7 气门组

受到腐蚀。

2. 气门材料

进气门一般用中碳合金钢制造，如铬钢、铬钼钢和镍铬钢等，排气门则采用耐热合金钢制造，如硅铬钢、硅铬钼钢、硅铬锰钢等。

3. 气门构造

汽车发动机的进、排气门均为菌形气门，由气门头部和气门杆两部分构成。气门顶面有平顶、凹顶和凸顶等形状。目前应用最多的是平顶气门，其结构简单，制造方便，受热面积小，进、排气门都可采用，如图 3-8 所示。

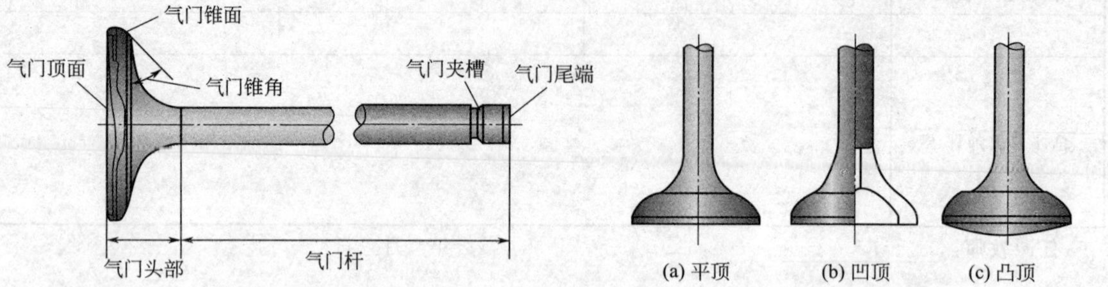

图 3-8 气门构造

气门与气门座或气门座圈之间靠锥面密封。气门锥面与气门顶面之间的夹角称为气门锥角，如图 3-9 所示。进、排气门的气门锥角一般均为 45°，只有少数发动机的进气门锥角为 30°。

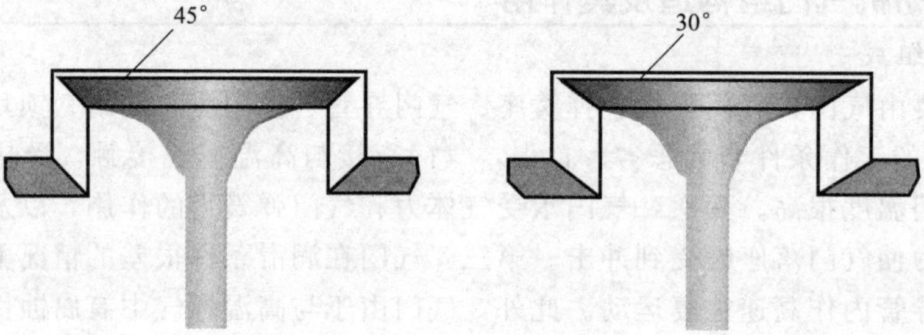

图 3-9 气门锥角

气门头部接受的热量一部分经气门座圈传给汽缸盖；另一部分则通过气门杆和气门导管也传给汽缸盖，最终都被汽缸盖水套中的冷却液带走。为了增强传热，气门与气门座圈的密封锥面必须严密贴合。为此，二者要配对研磨，研磨之后不能互换。

气门杆有较高的加工精度和较低的粗糙度，与气门导管保持较小的配合间隙，以减小磨损，并起到良好的导向和散热作用。气门尾端开有气门锁夹槽，用来安装气门锁夹，一般采用剖分成两半且外表面为锥面的气门锁夹来固定上气门弹簧座，见图 3-10。

4. 每缸气门数

一般发动机每个汽缸有两个气门，即一个进气门和一个排气门。进气门头部直径比排气门大 15％～30％，目的是增大进气门通过断面面积，减小进气阻力，增加进气量。进气门和排气门数量相同时，进气门头部直径总比排气门大。每缸两气门的发动机称为两气门发动机。现代高性能汽车发动机普遍采用每缸三、四、五个气门，尤以四气门为多。

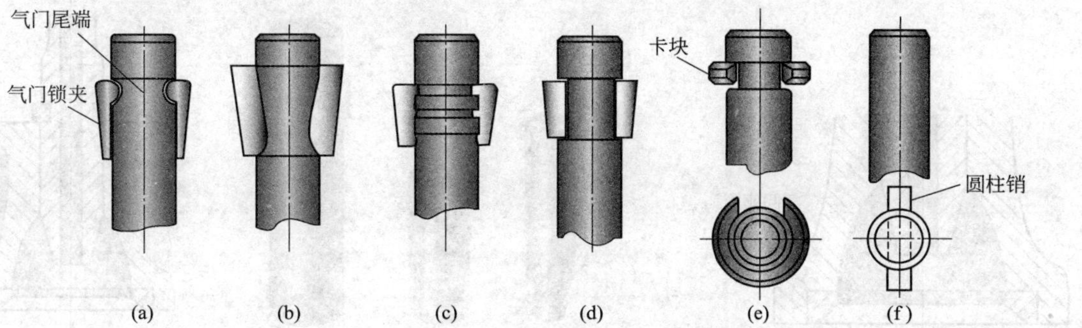

图 3-10　气门锁夹

四气门发动机每缸两个进气门，两个排气门。如图 3-11 所示。其突出优点是气门通过截面积大，进、排气充分，进气量增加，发动机的转矩和功率提高，其次是每个气门的头部直径较小，质量减轻，运动惯性力减小，有利于提高发动机转速。而且四气门发动机多采用篷形燃烧室，火花塞布置在燃烧室中央，有利于燃烧。

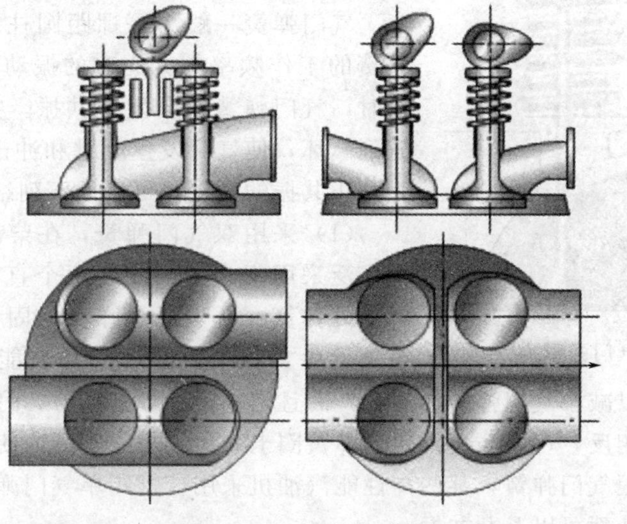

图 3-11　四气门发动机

五、气门座与气门座圈

汽缸盖上与气门锥面相贴合的部位称为气门座。气门座的工作温度很高，又承受频率极高的冲击载荷，容易磨损，因此铝汽缸盖和大多数铸铁汽缸盖均镶嵌由粉末冶金法等制成的气门座圈，有些铸铁汽缸盖不镶气门座圈，直接在汽缸盖上加工出气门座，如图 3-12 所示。

三、气门导管

气门导管如图 3-13 所示，功用是对气门的运动导向，保证气门作直线往复运动，使气门与气门座或气门座圈能正确贴合，此外还将气门杆接受的热量部分地传给汽缸盖。气门导管的工作温度较高，而且润滑条件较差，靠配气机构工作时飞溅起来的机油来润滑气门杆和气门导管孔。气门导管由粉末冶金法或灰铸铁等材料制造而成，再以一定的过盈量将气门导管压入汽缸盖上的气门导管座孔，然后精铰气门导管孔，以保证气门导管与气门杆的正确配合间隙。

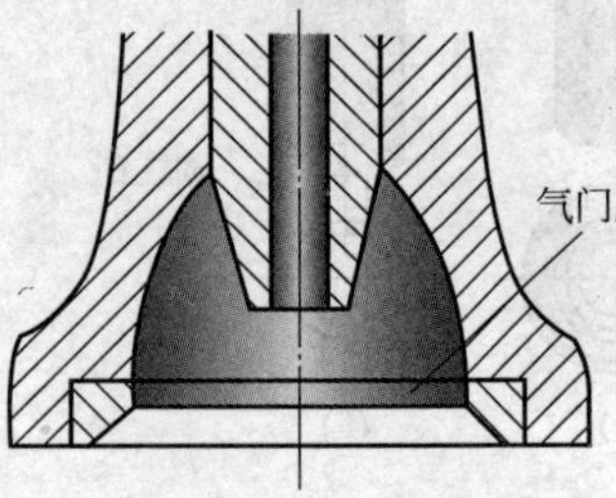

图 3-12　气门座圈

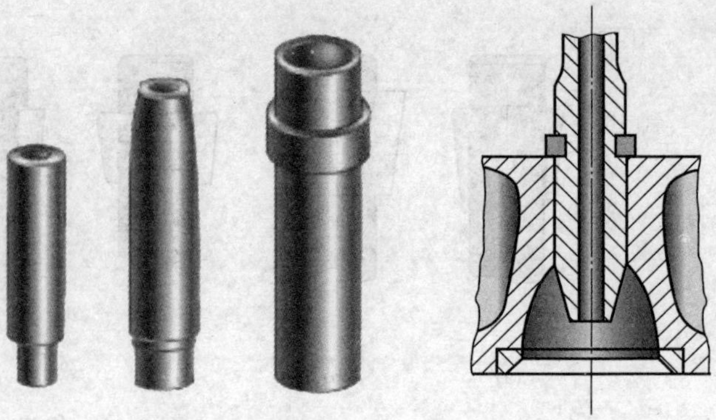

图 3-13　气门导管

四、气门弹簧

气门弹簧如图 3-14 所示，功用是保证气门关闭时能紧密地与气门座或气门座圈贴合，并克服在气门开启时配气机构产生的惯性力，使传动件始终受凸轮控制而不相互脱离。

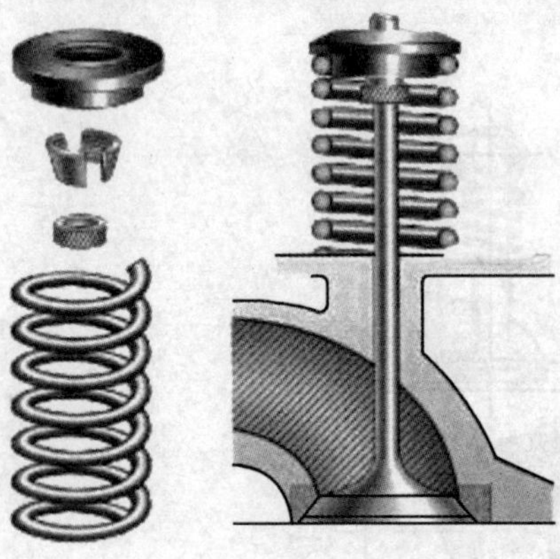

图 3-14　气门弹簧

气门弹簧一般为等螺距圆柱形螺旋弹簧。当气门弹簧的工作频率与其固有的振动频率相等或为其整数倍时，气门弹簧就会发生共振。共振时将使配气定时遭到破坏，使气门发生反跳和冲击，甚至使弹簧折断。为防止共振的发生，可采取下列结构措施。

(1) 采用双气门弹簧，在柴油机和高性能汽油机上广泛采用每个气门安装两个直径不同，旋向相反的内、外弹簧。由于两个弹簧的固有频率不同，当一个弹簧发生共振时，另一个弹簧能起到阻尼减振作用。采用双气门弹簧可以减小气门弹簧的高度，而且当一个弹簧折断时，另一个弹簧仍可维持气门工作。弹簧旋向相反，可以防止折断的弹簧圈卡入另一个弹簧圈内使其不能工作或损坏。

(2) 采用变螺距气门弹簧，某些高性能汽油机采用变螺距单气门弹簧。变螺距弹簧的固有频率不是定值，从而可以避开共振。

(3) 采用锥形气门弹簧，锥形气门弹簧的刚度和固有振动频率沿弹簧轴线方向是变化的，因此可以消除发生共振的可能性。

五、气门组的检修

发动机工作时，气门受冲击性交变载荷，气门出现跳动或当配气机构间隙过大时载荷将显著增加，易造成气门杆及气门头部变形、漏气及严重磨损。气门常见的损坏形式有气门及气门座工作面磨损和烧蚀、气门杆弯曲和磨损、气门杆端面磨损、气门杆与导管配合松旷等。

1. 气门的检查

① 用千分表检查气门杆的弯曲，表针摆差不应超过 0.05mm。或将气门杆放在平板上滚动检查，如有弯曲时，应进行校正或更换。

② 测量气门杆的磨损程度，用螺旋测微器测量气门杆上、中、下三个部位。通常将测量结果与气门杆尾部未磨损部分对比，若超过 0.05mm，或用手触摸有明显的阶梯形感觉

时，应更换气门。

③ 检查气门长度，气门杆尾端磨损不平，应用砂轮修复，磨削量不得超过 0.50mm。

④ 检查气门工作面是否因磨损出现起槽、变宽和烧蚀出现斑点、凹陷，如有，应进行光磨。

2. 气门工作面光磨

① 检查砂轮轮面情况，如砂轮不平整，应更换砂轮。

② 将气门夹于夹座内，调整气门夹座的位置，使气门和砂轮成一定的角度（该角度应符合气门锥面的锥度），开动气门光磨机，操纵手柄，即可进行光磨。标致轿车发动机气门锥角为：进气门 60°，排气门 45°。

③ 开动夹架电动机，观察气门是否有摇摆现象。如有摇摆，重新调整夹架；如无摇摆，再开动砂轮电动机进行光磨。光磨时，一手转动横向手柄，使气门慢慢向右移动，一手转动纵向手柄，使砂轮渐渐移向气门工作面，并来回转动横向手柄，使气门工作面在砂轮面上左右慢慢移动，以保持砂轮平整。应注意：气门不能移出砂轮面，以防打坏砂轮和气门。光磨时应打开冷却液开关。光磨机砂轮粗糙时，可用“300”号砂布磨光气门工作面。

④ 磨削后，退出砂轮，关闭电动机和冷却液开关。气门光磨后，其边缘将逐渐变薄，工作时容易变形和烧毁。进气门边缘厚度不得小于 0.6mm，排气门不得小于 1.1mm。如果气门头部边缘小于最小边缘厚度时，应更换气门。

3. 气门弹簧的检查

气门弹簧常见损坏有折断、弹力不足、自由长度缩短等。检查气门弹簧有无折断或裂纹现象。如有，应更换。检查气门弹簧的轴线垂直度。如果轴线垂直度超过 1mm，或弹簧外径的垂直偏差超过 2mm，应更换。用游标卡尺检查气门弹簧的自由长度，标致轿车发动机气门弹簧的自由长度，进气门不得低于 39.6mm，排气门不得低于 44.0mm。如果超过使用限度应更换。

4. 气门导管的检修

气门导管磨损，使气门杆与导管间间隙增大，影响气门的密封性。气门导管与气门杆间隙的检查方法：将气门提起至汽缸盖平面 15mm 左右，将百分表架固定于汽缸盖上，百分表杆顶触在气门顶部边缘处，来回推动气门，百分表指针差值即为气门导管与气门杆的配合间隙。配合间隙使用限度为：进气门不得超过 1.0mm，排气门不得超过 1.3mm。超过标准值应更换气门导管。

更换排气门导管时，先将汽缸盖倒置，用专用工具从燃烧室一侧压出气门导管，再将汽缸盖翻过来，用专用工具压入新的气门导管，直到气门导管上的卡环接触到汽缸盖为止。通常情况下，更换气门导管后应同时更换新的气门。

轿车发动机气门导管的选配和座孔修理尺寸。更换气门导管的主要步骤如下。

(1) 将汽缸盖加热至 80～100℃后，用专用工具从汽缸盖上将气门导管压出。

(2) 检查汽缸盖上导管座孔、气门座圈孔、火花塞孔之间是否存在裂纹。如裂纹长度大于 0.5mm 时，应修复或更换汽缸盖；如裂纹长度小于 0.5mm 时，汽缸盖可继续使用。

(3) 测量导管座孔直径，选配相应的气门导管。

(4) 将选好的气门导管外表涂以少许机油，用专用工具将导管压入汽缸盖导管座孔内。

(5) 用铰刀修铰气门导管内径，并用气门杆试配，直到气门杆与气门导管配合间隙达到规定标准值为止。

当气门座密封锥面严重磨损，宽度显著增加，或烧蚀严重时，可用铰刀对气门座进行铰削来恢复气密性。气门座口有三个表面，分别与汽缸体（或汽缸盖）平面成 30°（15°）、45°、60°（75°）角。45°角斜面是工作面，而 30°及 60°斜面是用以调节 45°工作斜面的宽度及气门斜面的接触位置。为了保证气门座各斜面与气门导管的同轴度，铰削（或磨削）气门斜面时，是用气门导管作定位基准。因此，必须先修理或更换气门导管。气门杆弯曲会使气门在导管内运动时出现卡滞而造成气门关闭不严，对此应校直气门杆或更换新气门。通常使用气门座铰刀进行气门座铰削。先初铰，将烧蚀、斑点等缺陷铰去。然后用新气门或光磨过的气门进行试配，要求接触面应在气门斜面的中下部，宽度为 1.20～1.60mm。如果接触面偏上，应用 30°铰刀铰削，使接触面下移；如果接触面偏下，可用 60°铰刀铰削，使接触面上移。最后用的细刃铰刀精铰或在铰刀上垫细砂布铰磨，以降低接触面的粗糙度。桑塔纳、捷达发动机气门座接触面角度为 45°，其宽度进气门为 2.00mm，排气门为 2.40mm。因为排气门工作温度高，要增加导热性。

气门座除使用手工具铰削外，还可用光磨机进行修磨。光磨机修磨气门速度快、质量好，特别是修磨硬度高的气门座效果更好，但砂轮消耗较大，需经常修整。磨削前应先将气门导管孔及气门座圈擦净，以导管为基准，选择适合于导管孔径的定心杆插入导管孔，不准有摇摆或偏斜现象，然后按上述角度和要求进行修磨。

气门座密封锥面严重磨损，宽度显著增加，或烧蚀严重时，可用铰刀对气门座进行铰削来恢复气密性。修理气门座前，应检查气门导管，若不符合要求应先更换或修理气门导管，以便保证气门座与气门导管的中心线重合。

按气门头部直径和气门座各锥面角度选择一组合适的气门座铰刀，按气门导管内径选择合适的气门座铰刀杆，铰刀杆插入气门导管应转动灵活而不松旷。

发动机的进、排气门与气门座的密封锥角基本上都是 45°，因此可采用 45°、15°和 75°三种铰刀铰削气门座来恢复气密性，其中，45°铰刀又分为粗刃和细刃两种。铰削前应根据气门座及气门导管孔的尺寸选择合适的铰刀及刀杆。45°气门铰削如图 3-15 所示。

图 3-15　气门的铰削

首先用砂轮（砂纸）打磨气门座圈表面硬化层用 45°粗刃铰刀对气门座进行粗铰。由于气门座存在硬层，在铰削时铰刀可能会打滑。此时可用粗砂布垫在铰刀下面对密封锥面砂磨后再铰。然后用修理好的气门或新气门进行试配，根据气门密封锥面接触环带的位置和宽度进行调整铰削。接触环带偏向气门杆部，应用 75°的铰刀铰削；接触环带偏向气门顶部，应用 15 °的铰刀修正。铰削好的气门座工作面宽度应符合规定，接触环带应处在气门密封锥面中部偏气门顶的位置。当密封锥面过宽时，可用 15°或 75°铰刀铰削气门座来调整密封锥面宽度及位置。

气门座密封锥面的宽窄直接影响气门的使用寿命。若密封锥面过宽，单位密封锥面上的压力减小，降低硬化层的形成能力，导致气门座耐磨性降低。若密封锥面过窄，则气门与气门座的接触面容易磨出沟槽，且气门头散热能力差，容易导致气门烧蚀。

再用 45°细刃铰刀对气门座密封锥面进行精铰。为改善密封锥面的质量和光洁度，可在铰刀下垫抛光砂布光磨密封锥面。45°铰刀铰削气门密封锥面的过程，用45°粗刃铰刀粗铰45°斜面；用75°铰刀铰削上斜面；用15°铰刀铰削下斜面；用45°细刃铰刀精铰45°斜面。注意：铰削时，两手握住手柄垂直向下用力，并只作顺时针方向转动，不允许倒转或只在小范围内转动。

最后用45°的细铰刀精铰气门座工作锥面，并在铰刀下面垫上细砂布修磨。

5. 气门研磨

气门座铰削完毕后，应对其进行研磨，研磨可分为机器研磨和手工研磨两种。当气门座密封锥面仅有宽度未超过2.5mm的轻微磨损，或仅有少量较浅的麻点及蚀痕时，可采用气门与气门座相互配对研磨的办法来消除缺陷，恢复气密性。

采用手工研磨时，先将相关部位清洁干净；然后在气门工作面上涂一层粗气门研磨砂，将气门杆上涂些机油后，将其插入导管内；用手捻转气门捻子，进行研磨，当气门与气门座的工作面出现一条较整齐且无斑痕、无麻点的接触环带时，将粗研磨砂洗去换用细气门研磨砂继续研磨。当气门工作面出现一条整齐、灰色无光的环带时，洗去细砂，涂上机油再研磨几分钟即可（手工研磨还可以一般以气门作为工具。具体做法为：先在气门的密封锥面上均匀地抹上一层薄薄的研磨膏（又称阀尔沙），并将气门插入气门导管孔中，然后用力使气门紧贴气门座的密封锥面来回转动，必要时也可使气门上下运动轻轻敲击气门座。当气门座与气门研磨面上都出现一条完整而连续的暗灰色环带时，可对气门及座圈进行气密性检查，如不合格，则继续研磨直至合格为止）。

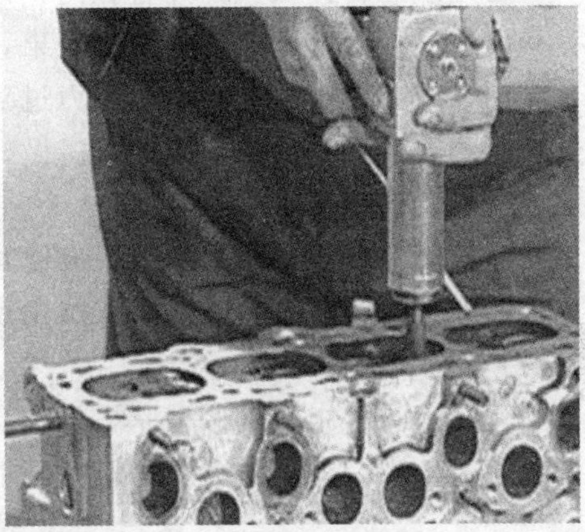
图3-16 气门研磨

采用机器研磨如图3-16所示，首先在气门工作面上涂粗研磨砂，接通并固定好研磨机慢速研磨，然后换细研磨砂研磨，直至接触环带出现均匀的瓦灰色，最后滴上机油继续研磨数分钟，最后清洗。

6. 气门与气门座密封性试验

（1）划线法　先在气门工作锥面上用铅笔每隔8mm画一条线，然后插入气门导管内轻压气门头并将气门旋转1/4圈后取出，若铅笔所画线条被全部切断，说明密封合格。

（2）涂油法　在气门密封锥面涂上一层红丹油，并把气门放入气门导管孔内，然后用力将气门压在气门座上旋转1/8～1/4周后取出，最后检查气门座上的红丹油情况。如果气门座密封锥面上全部沾上红丹油，并且均匀整齐，则说明气密性良好。印油检查。（在气门头锥面上薄薄地涂一层印油，然后将气门放在气门座上旋转1/4圈，如看到气门座环带全部染上印油，且十分整齐，则表明密封性能良好，研磨质量合格。）

（3）煤油试验法　将组装好气门组的汽缸盖侧置，在气门内倒入煤油至接触环带上缘，在五分钟内其封面上不得有渗漏现象发生。

（4）轻拍法　将气门与气门座清洗干净后，把气门杆放入气门导管孔内，当气门盘部离气门座25mm左右时，用手轻拍气门，使其沿气门导管孔垂直落下，连续数次后取出气门检查气门座密封锥面。若气门座密封锥面上有明亮而完整的光环且无斑点，即可认为气密性良好。

（5）仪器检测法　用带有气压表的气密性检测器进行检查。即将检测器的空气容筒紧紧压在气门座的外缘上，并使空气容筒与汽缸盖结合面保持良好的气密性，然后用手捏橡皮球向空气容筒内充气，使其具有 0.6～0.7MPa 的气压。如果在 30s 内气压表的读数不下降，则表示气密性良好。

（6）气密性试漏机全自动气密性检测法　此法适合在大型汽修厂及柴油机装配厂使用，主要将气门及气门座处于具有一定压力的压缩空气中，并对气密性进行定量检测，然后判定气门与气门座的气密性是否合格。常用泄漏量及泄漏率来表示气密性。

为保证研磨质量，在研磨过程中还应注意以下几点。

- 研磨前应清除气门座、气门及气门导管上的积炭及油污。铰削时铰刀刀杆应与汽缸盖底平面垂直，并且用力要均匀、平稳，不得倒退，直到将烧蚀、斑点等缺陷铰去为止在确保能够消除凹陷、斑点以及能铰出完整密封锥面的前提下，对气门座铰削量越小越好。气门座铰削到气门装入气门座内后，密封锥面位于气门工作面的中下部且宽度在 1.2～2.5mm 为宜。对气门座的铰削，应在保证气门下沉量满足要求的前提下进行。
- 整个研磨过程均以气门导管孔作为定位基准。当气门导管孔磨损过大时，需要更换新的气门导管，此时一般不单独采用研磨法来修复气门座。或为保证气门杆与气门导管合理的配合间隙，延长气门导管使用寿命，更换气门座时一般都需要跟换气门导管，并且用专用复合刀具同时铰削气门座锥面与气门导管孔。
- 防止研磨膏掉入气门导管孔内，以免研磨过程中造成气门导管孔磨损。
- 研磨过程中应经常检查研磨效果，以免研磨时间过长，造成密封锥面过宽。
- 用气门敲击气门座时不能用力过猛，以免造成密封锥面凹陷。
- 研磨完毕后，清洗干净的气门做好记号防止错乱，已与气门座配对研磨好的气门不能与其他气门对调装配。
- 测量气门杆的弯曲变形时，应使其支撑稳妥，百分表架牢靠无晃动。
- 铰削气门座圈时，一定要按照角度测量气门杆尾部与缸盖上边缘的距离的要求铰削，以免座圈报废。
- 气门座圈工作位置低于原平面 1.5mm 时，应更换气门座圈。
- 铰销、研磨后，必须彻底清洁，不得有残留的金属屑与研磨材料。

教学活动二　制定作业方案

参考表 3-7，制定气门组拆装作业方案。

表 3-7　参考用维修手册

图　　例	操　　作
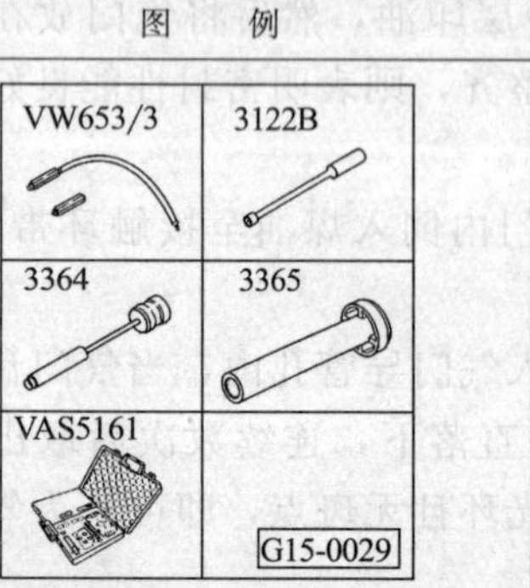	更换气门杆油封必备的专用工具： (1)高压软管 VW653/3； (2)火花塞扳手 3122B； (3)工具 3364； (4)工具 3365； (5)拆装工具组 VAS5161

续表

<table>
<tr><th>图　例</th><th>操　作</th></tr>
<tr><td>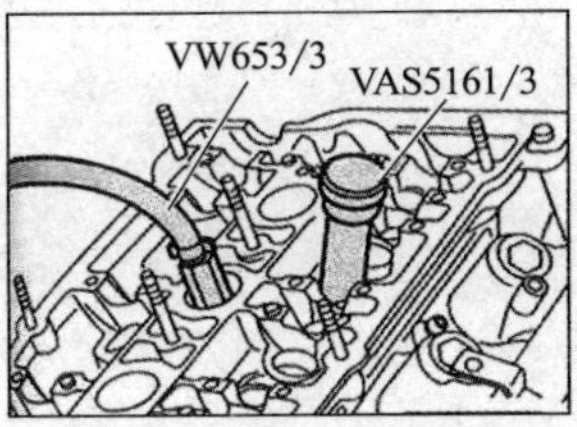
</td><td>1. 拆下凸轮轴和凸轮轴调整器，挺杆不可互换，用防水笔在挺杆背面标出其位置
2. 拆下挺杆，工作面朝下放置
3. 用火花塞扳手 3122B 拧下火花塞
4. 将相应汽缸活塞转至下支点
5. 将高压软管 VW653/3 拧入火花塞螺纹孔，并加上至少 6bar 的恒定压力</td></tr>
<tr><td>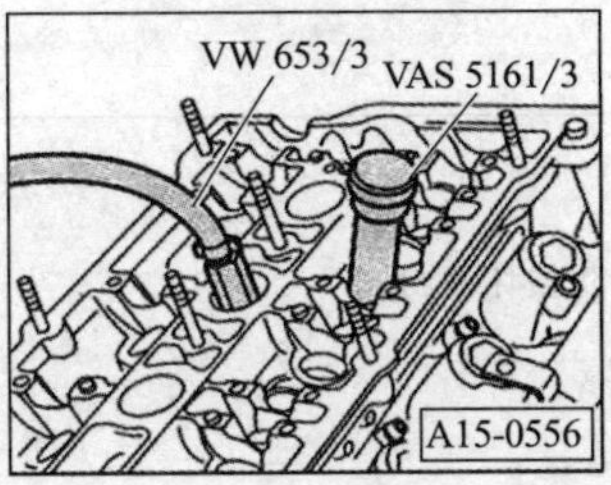
</td><td>1. 拆装工具将 VAS5161/3 装入挺杆孔内
2. 用塑料锤敲下五个气门的锁块</td></tr>
<tr><td>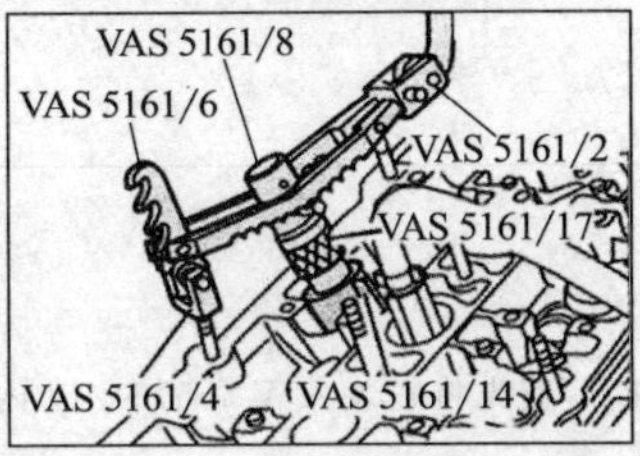
</td><td>1. 将拆装工具 VAS5161/6 和 VAS5161/4 拧到缸盖上的一个螺纹销上
2. 将拆装工具 VAS5161/14 推入将要拆下气门的挺杆孔中，推到至点处。有网纹的面垂直于车前进方向
3. 将拆装工具 VAS5161/17 装到 VAS5161/8 上</td></tr>
<tr><td>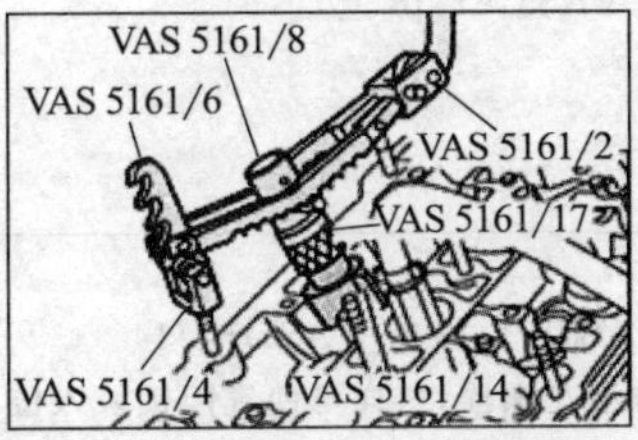
</td><td>1. 将拆装工具 VAS5161/8 装入导套内
2. 将拆装工具 VAS5161/2 挂到 VAS5161/6 上，向下压 VAS5161/8
3. 同时向右转动拆装工具 VAS5161/8 上的滚花螺钉，直到尖点进入锁块
4. 轻轻来回移动滚花螺钉，压开锁块，使其进入拆装工具 VAS5161/8
5. 松开拆装工具 VAS5161/2
6. 取下拆装工具 VAS5161/8 及 VAS5161/17、VAS5161/14、气门弹簧座、气门弹簧</td></tr>
<tr><td>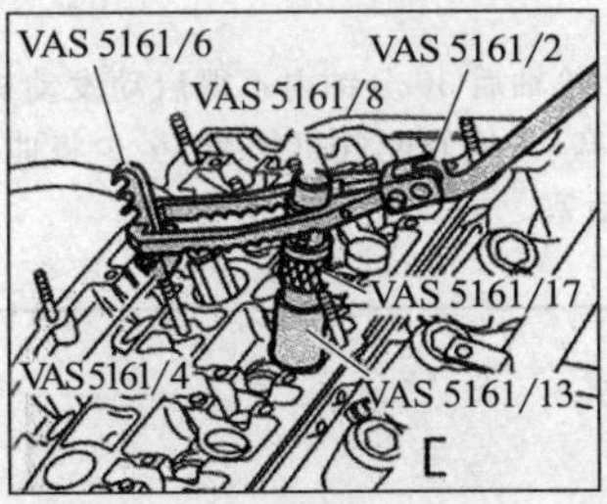
</td><td>1. 将 VAS5161/6 和 VAS5161/4 拧到缸盖上的一个螺纹销上
2. 将 VAS5161/13 推入将要拆下气门的挺杆孔中，推到止点处
3. 将 VAS5161/17 装到 VAS5161/8 上
4. 将 VAS5161/8 推入 VAS5161/13 内
5. 将 VAS5161/2 挂到 VAS5161/6 上，向下压 VAS5161/8
6. 同时向右转动 VAS5161/8 上的滚花螺钉，直到尖点进入锁块
7. 轻轻来回移动滚花螺钉，压开锁块，使其进入 VAS5161/8</td></tr>
<tr><td>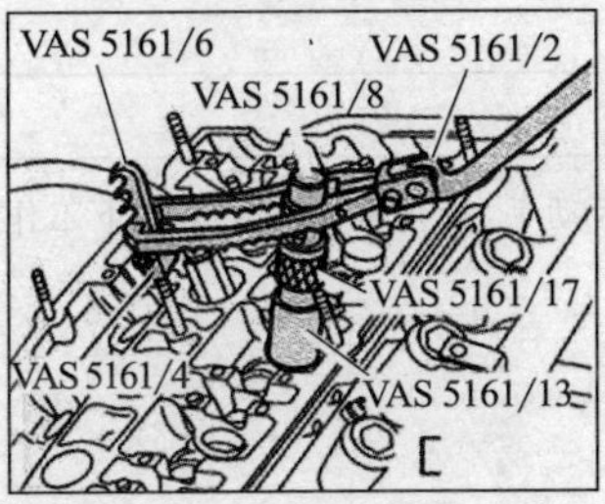
</td><td>1. 松开 VAS5161/2
2. 取下 VAS5161/8 及 VAS5161/17、VAS5161/13、气门弹簧座、气门弹簧</td></tr>
</table>

续表

图　例	操　作
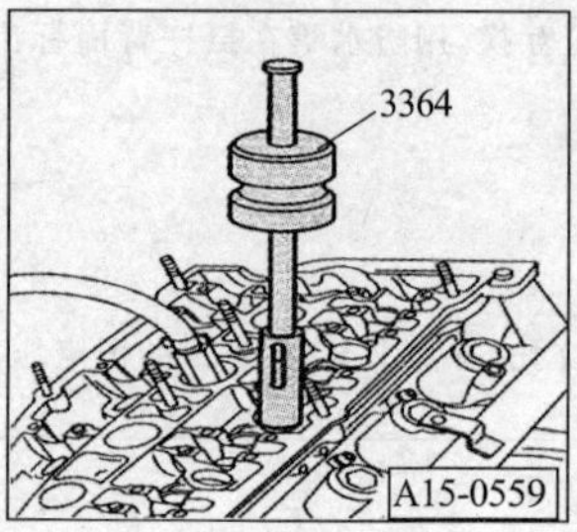	用工具 3364 拉出气门杆油封
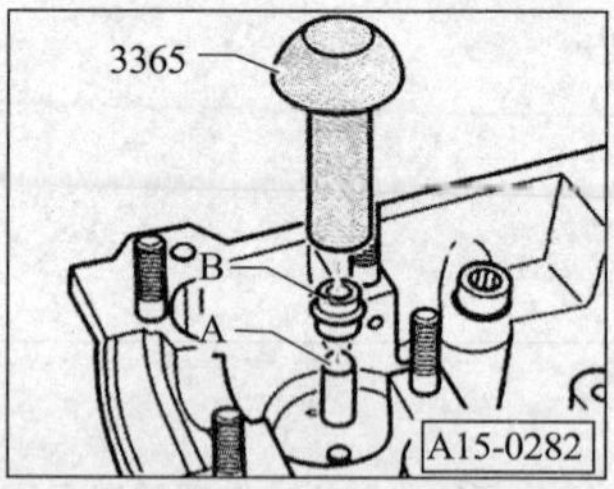	1. 将塑料套 A 装到气门杆油封 B 上，以防损坏油封 2. 气门杆油封密封唇上轻涂一层机油 3. 将气门杆油封装到塑料套上 4. 用工具 3365 将气门杆油封压到气门导套上 5. 再次拆下塑料套
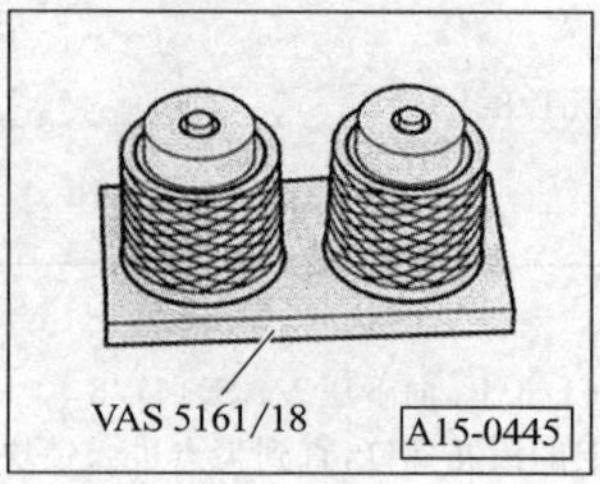	1. 如果气门锁块已从 VAS5161/8 上取下，应先将它装入 VAS5161/18 内。气门锁块直径大的一侧朝下 2. 从上面将拆装工具 VAS5161/8 压到 VAS5161/18 上
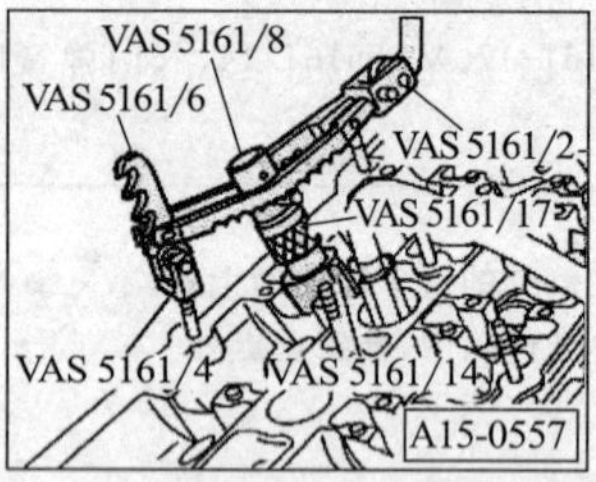	1. 再次将拆装工具 VAS5161/8 装入 VAS5161/13 或 VAS5161/14 2. 压入拆装工具 VAS5161/2，转动并拉滚花螺栓，这样可使气门锁块入位 3. 在滚花螺栓仍处在拉动时松开拆装工具 VAS5161/2 4. 装上挺杆 5. 安装凸轮轴和凸轮轴调整器。安装凸轮轴后 30 分钟内不得启动发动机，液压补偿元件必须入位（否则气门会碰活塞）。检修配气机构后，至少将曲轴慢慢转动两圈，以保证启动时气门不会碰活塞

汽车发动机气门组拆装作业方案如表 3-8 所示。

表 3-8　汽车发动机气门组拆装作业方案

车辆信息描述	车辆描述	
	车辆发动机描述	
注意安全事项	(1)注意人身和机件的安全，不了解情况的。先了解后动手，特别是注意在车底下工作时的人身安全； (2)未经许可，不准扳动机件和乱动电器按钮开关； (3)注意防火； (4)认真接受实习前的安全知识教育	

续表

		作业要领	技术标准	检查记录
发动机气门组拆装作业	车辆发动机的确定	1. 熟悉该车辆发动机汽缸盖各组成部件的安装位置； 2. 检查该车的外观情况	1. 前置前驱； 2. 无划伤和痕迹	1. 总里程：________ 2. 燃油量：________ 3. 外观情况：________
	气门组拆装作业步骤	气门组拆卸： 1. 拆下发动机盖罩和齿形皮带上护罩 2. 从凸轮轴皮带轮上拆下齿形皮带，松开凸轮轴齿形皮带轮（用 3036），拔下凸轮轴齿形皮带轮 3. 拆下霍尔传感器总成 4. 拆下进、排气凸轮轴第 3 和第 5 道轴承盖。拆下双轴承盖，拆进、排气凸轮轴链轮旁的两轴承盖 5. 拧下凸轮轴调整器紧固螺栓。交叉松开并拆下进、排气凸轮轴第 2 和第 4 道轴承盖 6. 拆下挺杆，工作面朝下放置。注意挺杆不可互换，应用防水笔在挺杆背面标出其位置 7. 用 3122B 拧下火花塞。将相应汽缸活塞转至下止点 8. 将 VW653/3 拧入火花塞螺纹孔，并加上至少 600kPa 的恒定压力 9. 将 VAS5161/3 装入挺杆孔内，用塑料锤敲下五个气门的锁块 10. 对于排气门一侧，将 VAS5161/6 和 VAS5161/4 拧到缸盖上的一个螺纹销上，将 VAS5161/14 推入将要拆下气门的挺杆孔中，推到止点处。将 VAS5161/17 装到 VAS5161/8 上，将 VAS5161/8 装入导套内，将 VAS5161/2 挂到 VAS5161/6 上，向下压 VAS5161/8 同时向右转动 VAS5161/8 上的滚花螺钉，直到尖点进入锁块，轻轻来回移动滚花螺钉，压开锁块，使其进入 VAS5161/8。松开 VAS5161/2，取下 VAS5161/8 及 VAS5161/17、VAS5161/14、气门弹簧座、气门弹簧 11. 对于进气门一侧，将 VAS5161/6 和 VAS5161/4 拧到缸盖上的一个螺纹销上，将 VAS5161/13 推入将要拆下气门的挺杆孔内，推到止点处。将 VAS5161/17 装到 VAS5161/8 上，将 VAS5161/8 推入 VAS5161/13 内，将 VAS5161/2 挂到 VAS5161/6 上，向下压 VAS5161/8，同时向右移动 VAS5161/8 上的滚花螺钉，直到尖点进入锁块，轻轻来回移动滚花螺钉，压开锁块，使其进入 VAS5161/8。松开 VAS5161/2，取下 VAS5161/8 及 VAS5161/17、VAS5161/13，气门弹簧座、气门弹簧 安装： 1. 将塑料套 A 装到气门杆油封 B 上，以防损坏油封 2. 气门杆油封密封唇上轻涂一层机油，将气门杆油封装到塑料套上 3. 用 3365 将气门杆油封压到气门导管上，再次拆下塑料套 4. 如果气门锁块已从 VAS5161/8 上取下，应先将它装入 VAS5161/18 内，注意气门锁块直径大的一侧朝上。从上面将 VAS5161/8 压到 VAS5161/18 上 5. 再次将 VAS5161/8 装入 VAS5161/13 或 VAS5161/14。压下 VAS5161/2，顺时针和逆时针向上转动并拉滚花螺栓，这样可使气门锁块入位 6. 在滚花螺栓仍处在拉动时松开 VAS5161/2。装上挺杆 7. 安装凸轮轴和凸轮轴调整器		

教学活动三　自我测试与考核评价

自我测试见表 3-9。

表 3-9　自我测试

指出下面各图中的零件名称，并简述其作用		
图例	名称	作用
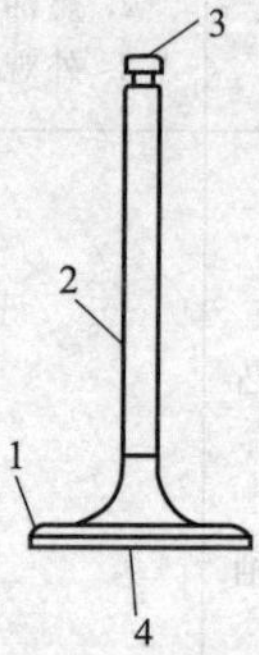	1— 2— 3— 4—	
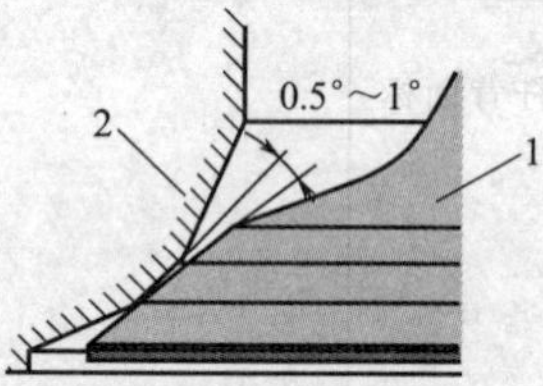	1— 2—	
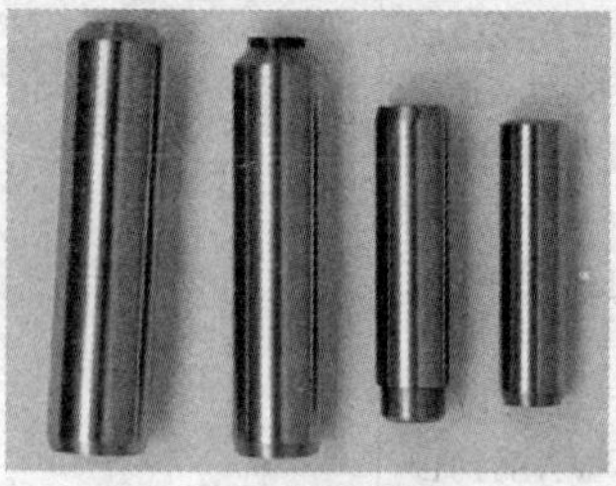		

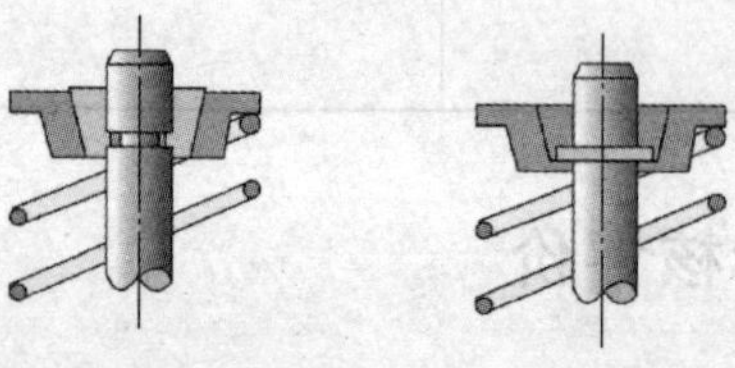		

续表

图例	名称	作用
一般发动机每缸气门数有几个？		
气门工作环境如何？常见的损坏形式有哪些？		
气门如何检修？		
气门、气门座如何研磨？		

考核评价见表 3-10。

表 3-10 考核评价表

班级：__________ 姓名：__________ 学号：__________

项目	自我评价			小组评价			教师评价		
	10-9	8-6	5-1	10-9	8-6	5-1	10-9	8-6	5-1
	占总评 10%			占总评 30%			占总评 60%		
学习活动 1									
学习活动 2									
协作精神									
纪律观念									
表达能力									
工作态度									
安全意识									
任务总体表现									
小计									
总评及教师评语									

任课教师：__________ 年 月 日

学习任务三　气门传动组拆装与检修

教学活动一　认识气门传动组

一、气门传动组的构造及工作原理

1. 凸轮轴

凸轮轴按照工作顺序和配气相位的规律及时开闭气门。进、排气门的开闭时刻和开启高度均由凸轮轴的凸轮型线决定，气门的工作顺序由各凸轮的排列顺序控制。凸轮轴转速很高，同时受到周期性的冲击载荷作用，要求有足够的韧性和刚度，一般采用优质钢锻造，也有采用合金铸铁或球墨铸铁铸造。凸轮工作表面要求光滑耐磨，以保证气门工作的正确性，一般经热处理后精磨。

凸轮轴主要由凸轮、轴颈两部分组成，如图 3-17 所示。有些还用于驱动汽油泵的偏心轮及驱动分电器齿轮。凸轮分为进气凸轮和排气凸轮两种，用来驱动与控制气门的开启和关闭；轴颈对凸轮轴起支承作用。

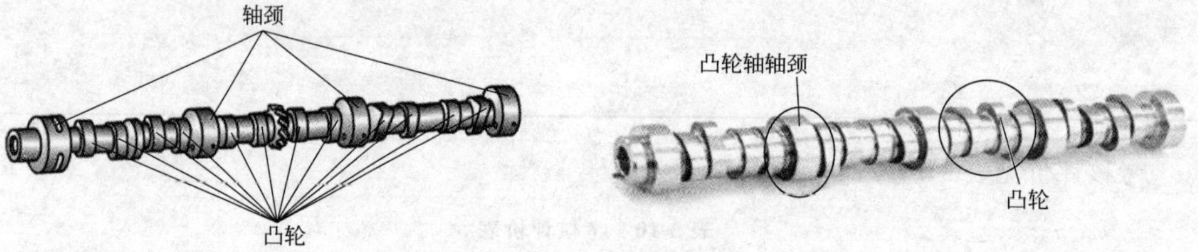

图 3-17　凸轮轴的结构

2. 挺柱

挺柱的作用是将凸轮的推力传给推杆或气门，并承受凸轮轴旋转时所施加的侧向力，并将其传给机体或汽缸盖。挺柱可分为机械挺柱和液力挺柱两大类。

(1) 机械挺住

常见的机械挺柱形状有杯形、听子形、菌形、吊杯形、滚子形等，如图 3-18 所示。其中杯形平面挺柱结构简单，质量轻，在中小型发动机中应用比较广泛；滚子挺柱摩擦和磨损小，但其结构比平面挺柱复杂，质量也比较大，多用于汽缸直径较大的发动机。

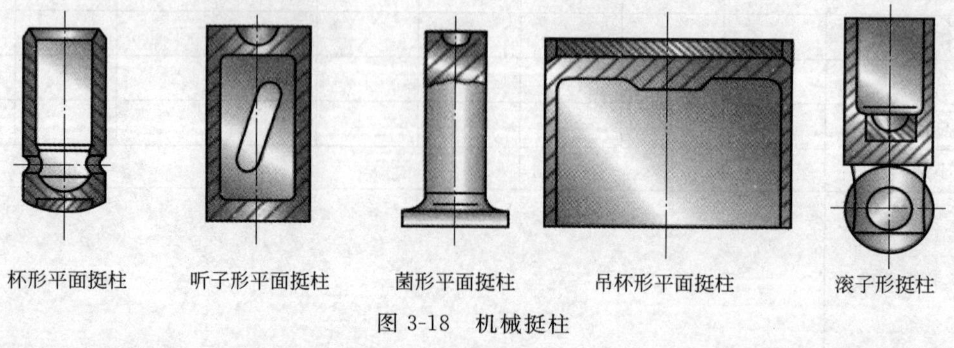

图 3-18　机械挺柱

(2) 液压挺柱

为了防止热膨胀后气门关闭不严，大多数发动机预留了气门间隙，使发动机工作时配气机构产生撞击和噪声。为了消除这一弊端，越来越多的发动机，尤其是轿车发动机采用液力挺柱，借以实现零气门间隙。实物如图 3-19 所示。

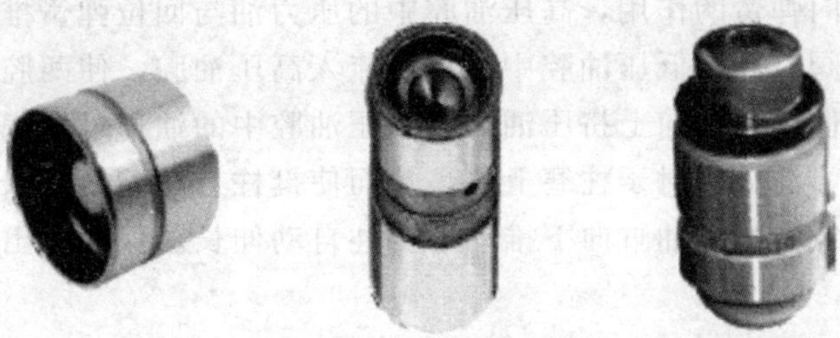

图 3-19　液压挺柱

液压挺柱由挺柱体、液压缸、柱塞、单向阀、单向阀弹簧和柱塞弹簧等组成。结构和工作原理如图 3-20、图 3-21 所示。在挺柱体中装有柱塞，在柱塞上端有压力推杆支座。柱塞被柱塞弹簧向上推压，其极限位置由卡夹限定。柱塞下端的单向阀保持架内装有单向阀弹簧和单向阀。发动机润滑系统中的机油经进油孔进入内油腔。

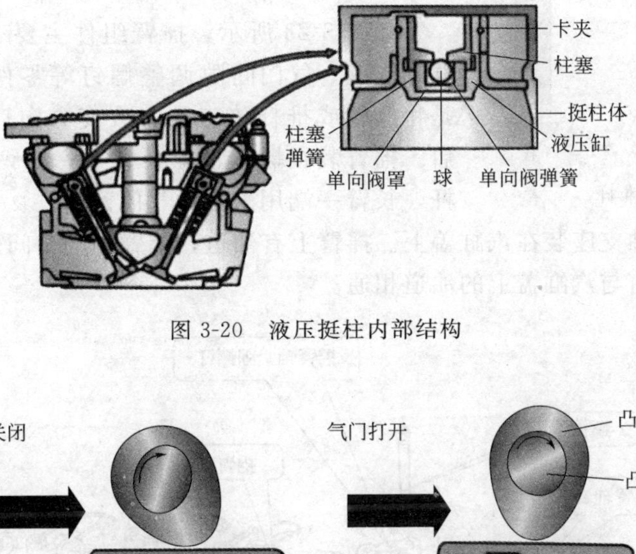

图 3-20　液压挺柱内部结构

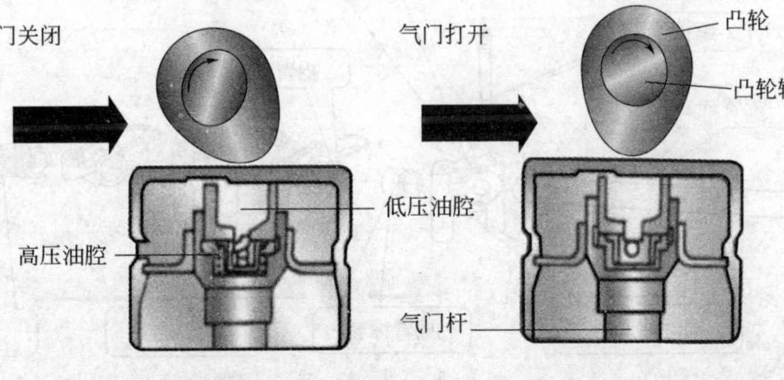

图 3-21　液压挺柱工作原理

当凸轮凸起处与挺柱顶面接触时，挺柱受凸轮推动力和气门弹簧力的作用，挺柱下移，高压油腔内的机油被压缩，单向阀在压力差和单向阀弹簧的作用下关闭，高低油腔被球阀分隔开。由于液体的不可压缩性，整个挺柱如同一个形状不变的刚体一样，下移打开气门并保证了气门应达到的升程。虽然在此期间，高压油腔会有少量机油从柱塞和液压缸之间的间隙处漏入低压油腔，使凸轮和气门杆间的挺柱长度稍有缩短，但不会影响气门的打开。此时，挺柱上的环形油槽已和缸盖上的斜油孔错开，低压油腔进油道被切断，停止了油的流动。

凸轮继续转动，当凸轮凸起部分转过后又恢复凸轮基圆与挺柱接触，气门落座，挺柱不再受凸轮推动力和气门弹簧的作用，高压油腔中的压力油与回位弹簧推动柱塞上行，高压油腔的压力下降，单向阀打开，低压油腔中的机油流入高压油腔，使两腔连通。

当气门受热膨胀伸长时，向上挤压油缸，高压油腔中的油通过柱塞与油缸之间的间隙向低压油腔泄漏一部分，油缸相对于柱塞上移，从而使挺柱自动缩短，保证气门关闭严密。当气门冷却收缩时，补偿弹簧将油缸向下推动，挺柱自动伸长，保证不出现气门间隙。

3. 推杆

推杆位于挺柱和摇臂之间，其功用是将挺柱传来的运动和作用力传给摇臂。主要应用于凸轮轴中置或下置式配气机构中。

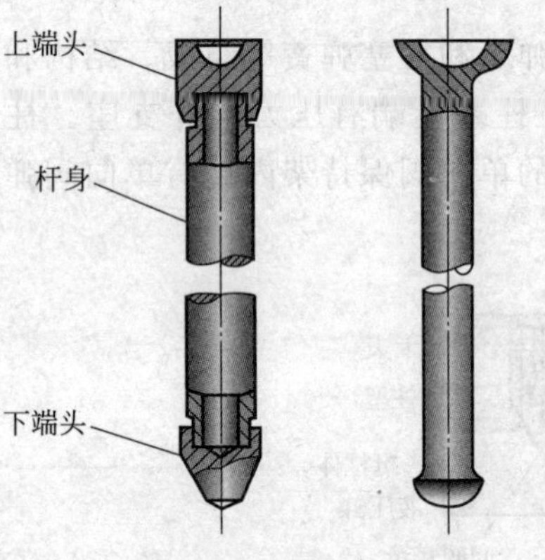

图 3-22　推杆

在凸轮轴下置式配气机构中，推杆是一个细长杆件，传递的力很大，所以极易弯曲。如图 3-22 所示，推杆有较好的纵向稳定性和较大的刚度。在动负荷大的发动机中，推杆应尽量做得短些。

4. 摇臂与摇臂组

如图 3-23 所示，摇臂组件主要有摇臂、摇臂轴、摇臂轴支座、气门间隙调整螺钉等零件组成，摇臂的功用是将凸轮或推杆传来的力改变方向后传给气门，使其开启。摇臂装在摇臂轴上，它是一个两臂不等长的双臂杠杆，长臂一端用来推动气门。

摇臂通过摇臂轴支座装在汽缸盖上。摇臂上有油道，摇臂轴的中间是空的，兼起油道的作用，通过支座油道与汽缸盖上的油道相通。

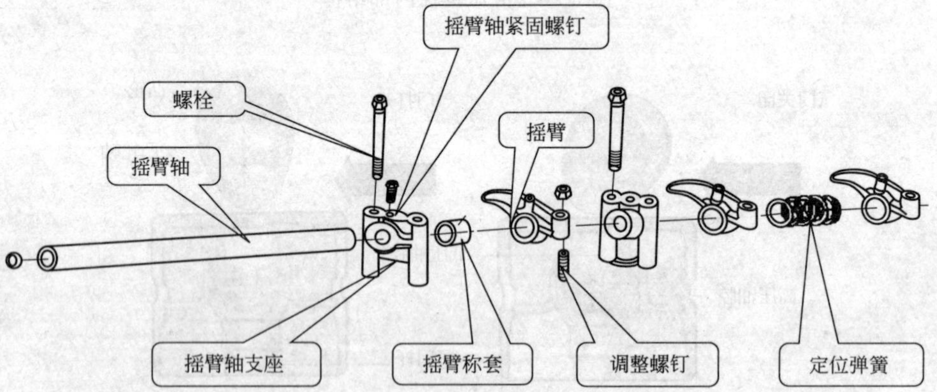

图 3-23　摇臂组件

二、气门传动组件的检修

1. 凸轮轴及轴承的检修

(1) 凸轮轴的检修

用千分尺测量凸轮的全高 H 与凸轮基圆直径 D 的差值来确定凸轮的磨损度，如图 3-24 所示。凸轮磨损后，其升程减小 0.4mm 以上时，应更换新凸轮轴。

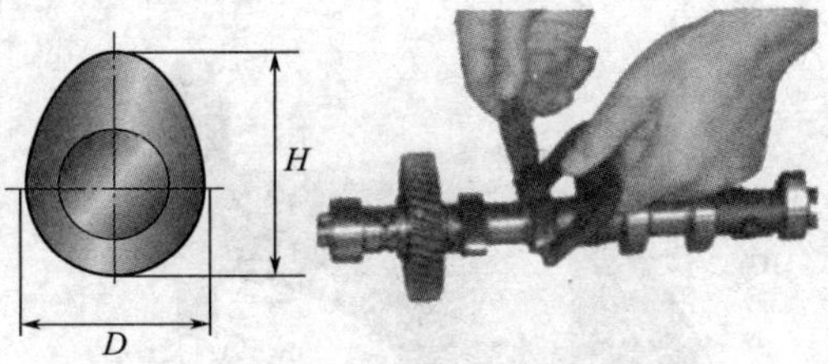

图 3-24　凸轮磨损的检验

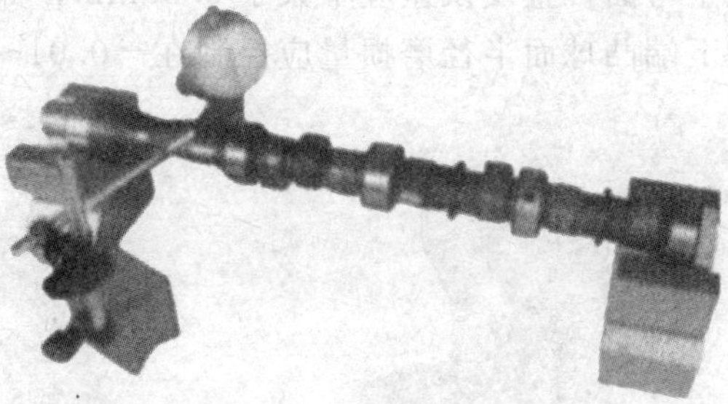

图 3-25　凸轮轴弯曲的检查

如图 3-25 所示，将凸轮轴放在平台的 V 形架上，以两端轴颈为支点，将百分表测头抵在中间的轴颈上，并缓慢转动凸轮轴一圈，如百分表摆动超过 0.10mm，则应进行校正，校正后的弯曲度应不大于 0.03mm。

如图 3-26 所示，用千分尺测量轴颈的圆度及圆柱度误差，如凸轮轴轴颈的圆度误差大于 0.015mm，各轴颈的同轴度误差超过 0.05mm 时，应按修理尺寸法进行校正并修磨。修磨后轴颈的圆柱度误差小于 0.005mm，最大径向圆跳动公差不大于 0.03mm。

图 3-26　用千分尺测量轴颈的圆度及圆柱度误差

(2) 凸轮轴轴承的检修

凸轮轴轴承的配合间隙超过使用限度（载货汽车为 0.20mm，轿车为 0.15mm）时，应更换新轴承。

2. 挺柱的检修

(1) 机械挺住的检修

挺柱的圆柱面部分与导孔的配合间隙一般为 0.03～0.10mm，如超过 0.12mm 时应更换挺柱或导孔支架；装有衬套的结构可更换衬套。挺柱底部出现损伤时应更换，如图 3-27 所示。

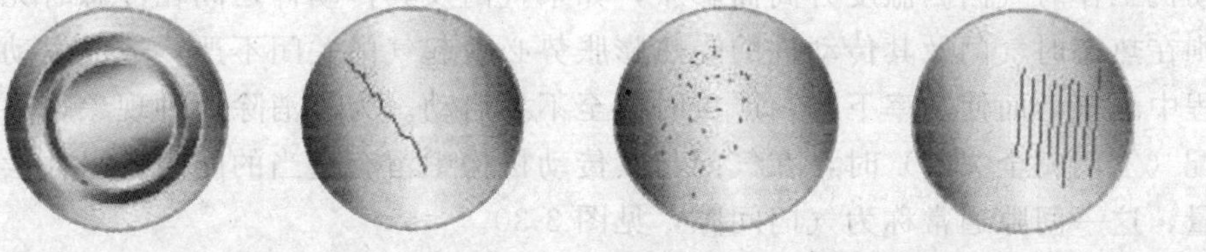

图 3-27　挺柱底面的检查

(2) 液压挺柱的检修

液压挺柱与承孔的配合间隙一般为 0.01～0.04mm，超过 0.10mm 时应更换液压挺柱。液压挺柱的圆柱面的测量如图 3-28 所示。

发动机修理时，如气门出现开启高度不足时，一般应更换挺柱。有条件时，应在液压试验台上检验液压挺柱的密封性，即：将规定的压力施加于液压挺柱上，检验液压挺柱的柱塞向下滑移规定的距离所需的时间，此时间过短表明挺柱内部泄漏，应更换。

3. 推杆的检修

检查气门推杆，杆身表面应光滑、平直，不得有锈蚀和裂纹。在使用过程中，推杆易发生弯曲，直线误差应不大于 0.30mm，如超过规定值，应进行冷压校直。推杆上端凹球面和下端凸球面半径磨损量应控制在－0.01～＋0.03mm 之间。

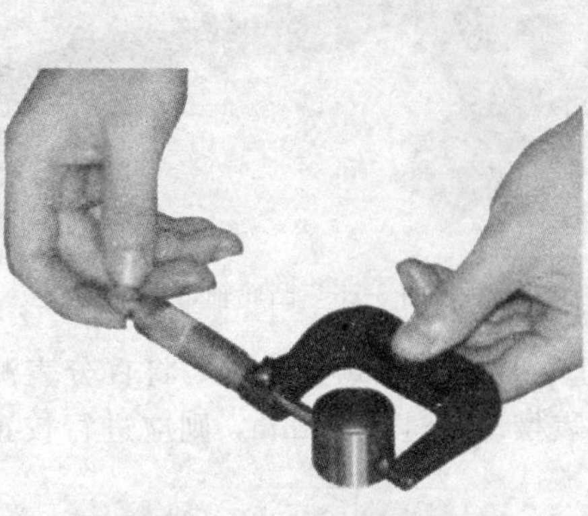

图 3-28　液压挺柱的圆柱面测量

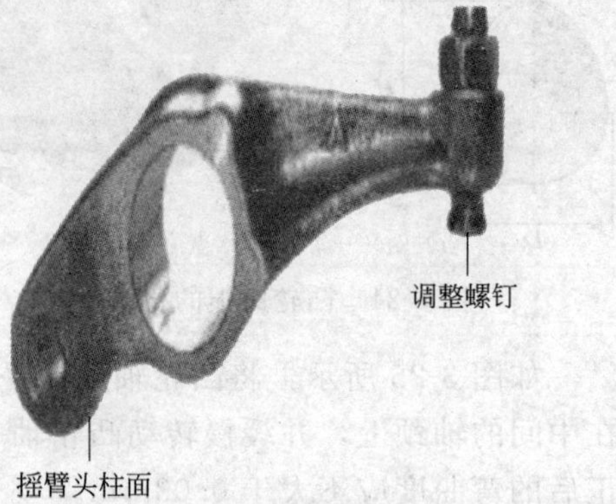

图 3-29　气门摇臂磨损部位

4. 摇臂与摇臂轴的修理

摇臂头磨损超过 0.5mm，应堆焊然后修磨。摇臂上调整螺钉的螺纹孔损坏时，一般应更换，如图 3-29 所示。

摇臂轴轴颈的磨损大于 0.02mm 或摇臂与摇臂轴的配合间隙超过 0.10mm 时应刷镀修复或更换。摇臂轴弯曲变形应冷压校直，使其直线误差在 100mm 长度上不大于 0.03mm。

5. 正时齿轮和正时带的检修

正时齿轮啮合间隙逾限或轮齿磨出台阶、出现裂纹或断齿时，应更换齿轮。正时带出现裂纹、老化、破损或折断时，应更换。正时皮带的张紧力应符合要求，检查方法：用手指捏住齿形带的中间位置，用力翻转时，齿形带应刚好转过 90°。否则，应松开张紧轮紧固螺母，利用专用工具转动张紧轮进行调整。

三、气门间隙的检查与调整

发动机工作时气门因温度升高而膨胀，如果气门及其传动件之间在冷态时无间隙或间隙过小，则在热态时气门及其传动件的受热膨胀势必引起气门关闭不严，造成发动机在压缩和做功行程中漏气．而使功率下降，严重时甚至不易启动。为了消除这种现象，通常在发动机冷态装配（气门完全关闭）时，在气门与其传动机构中留有适当的间隙，以补偿气门受热后的膨胀量，这一间隙通常称为气门间隙，见图 3-30。

气门间隙的大小由发动机制造厂根据试验确定。一般在冷态时，进气门间隙为 0.25～

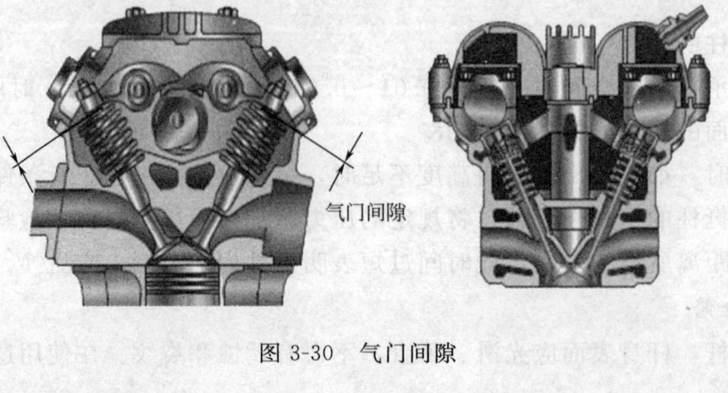

图 3-30　气门间隙

0.35mm. 排气门间隙为0.30～0.35mm。表3-11列出了几种国产发动机的气门间隙。在使用和维修中，必须将气门间隙调整到标准值。

表3-11 几种国产发动机的气门间隙 mm

型号	气门间隙	
	进气门	排气门
富康 TU32K	0.20±0.05(冷)	0.40±0.05(冷)
北京现代伊兰特 G4GB	0.20(冷)	0.28(冷)
广州本田飞度 L13A3	0.15～0.19(冷)	0.26～0.30(冷)
马自达6	0.22～0.28(冷)	0.27～0.33(冷)
6BTA5.9	0.25(冷)	0.51(冷)
依维柯 8140.27S	0.50±0.05(冷)	0.50±0.05(冷)

对采用液压挺柱的发动机，由于挺柱的长度能自动变化，以随时补偿气门的热膨胀量，故不需要预留气门间隙，如奥迪、上海别克、广州本田雅阁和桑塔纳等轿车的发动机。不同型号的发动机，气门间隙的部位和大小不同。采用液压挺柱的配气机构不需要预留气门间隙，故不需要调整气门间隙。

调整气门间隙的方法有逐缸调整法和两次调整两种方法，如图3-31所示。

图3-31 气门间隙调整

(1) 逐缸调整法

活塞位于压缩上止点时，调整一缸的进、排气门间隙。然后摇转曲轴，按点火顺序使下一缸的活塞位于压缩上止点时，再调整这一缸的进、排气门间隙，依次类推，逐缸调整完毕。

(2) 两次调整法

两次调整法又称“双排不进”法。“双排不进”由多缸发动机工作循环表和配气相位的气门重叠现象而推导出，它是确定两次调整法可调整气门的依据。其中“双”是指该缸进、排气门间隙均可调整，“排”是指该缸仅排气门间隙可调整，“不”是指该缸的进、排气门间隙都不可调整，“进”是指该缸仅进气门间隙可调整。用两次调整法调整多缸发动机的气门间隙，具有简便、迅速和准确等特点。两次调整法调整气门间隙的方法是：第一次将一缸活塞位于压缩上止点，按双、排、不、进和发动机工作次序确定可调整的气门间隙，并调整可调整的气门间隙。第二次摇转曲轴一圈，可调整第一次没有调整过的气门间隙。

调整气门间隙时，先旋松锁紧螺母，用厚度符合规定间隙的塞尺插入气门杆端面与摇臂之间，同时旋转调整螺钉，直至拉动塞尺感到稍有阻力后用锁紧螺母锁紧调整螺钉。调整完毕后，应再用塞尺复查一次。

教学活动二　制定作业方案

参考表 3-12，制定气门传动组拆装作业方案。

表 3-12　参考用维修手册

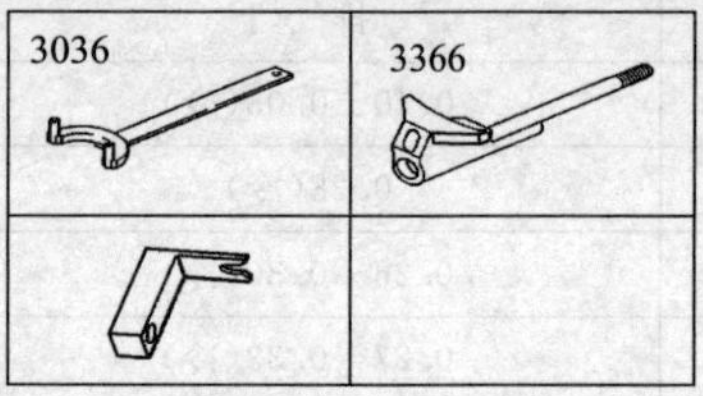	拆装凸轮轴必备的专用工具： 1. 支架 3036； 2. 传动链张紧器支架 3366； 3. 工具 T40011； 4. 螺纹 M545
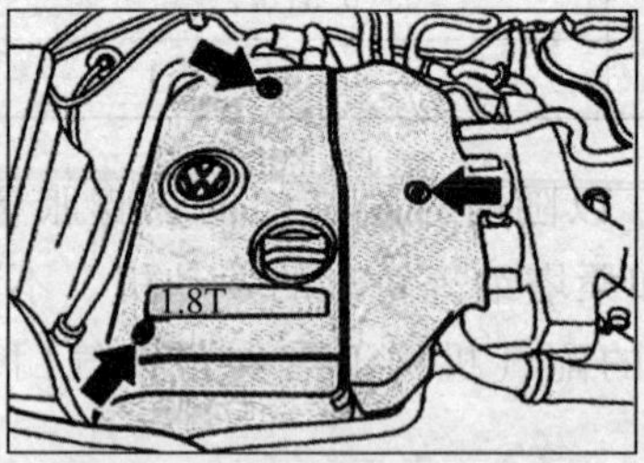	1. 拆下发动机盖罩 2. 拆下齿形皮带上护罩
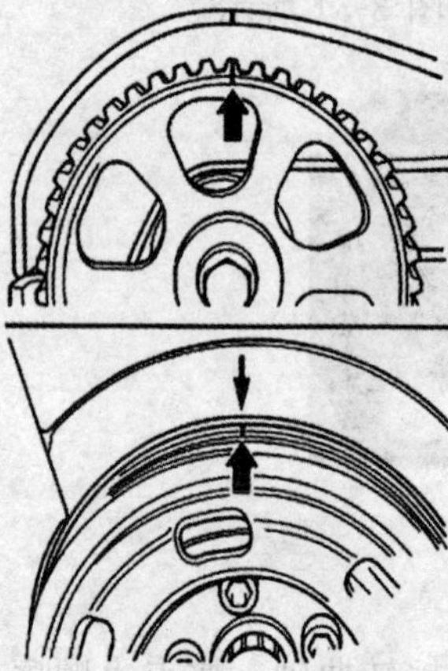	1. 按曲轴旋转方向拧曲轴齿形皮带轮中央螺栓，使 1 缸位于上止点 2. 拆下汽缸盖罩
	1. 用专用工具将齿形皮带张紧轮向左侧转动，直到可以用锁止片固定住活塞 2. 将锁止片插入到活塞支架的槽中，使其能够固定到活塞的凹槽上，以便固定活塞 3. 从凸轮轴皮带轮上取下齿形皮带 4. 松开凸轮轴皮带轮(用 3036) 5. 拔出凸轮轴皮带轮 6. 拆下霍尔传感器总成
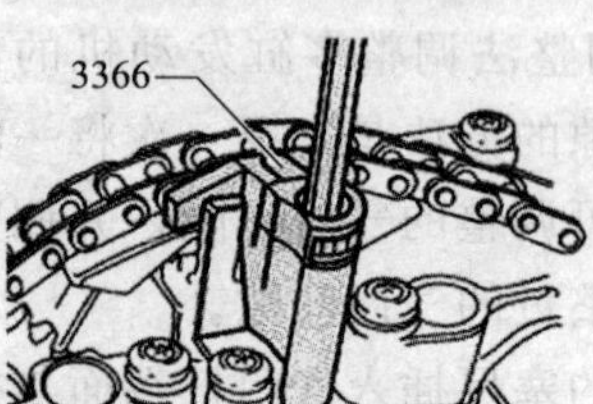	用传动链张紧器支架 3366 固定住凸轮轴传感器，3366 不能拧得过紧，否则可能损坏凸轮轴调整器

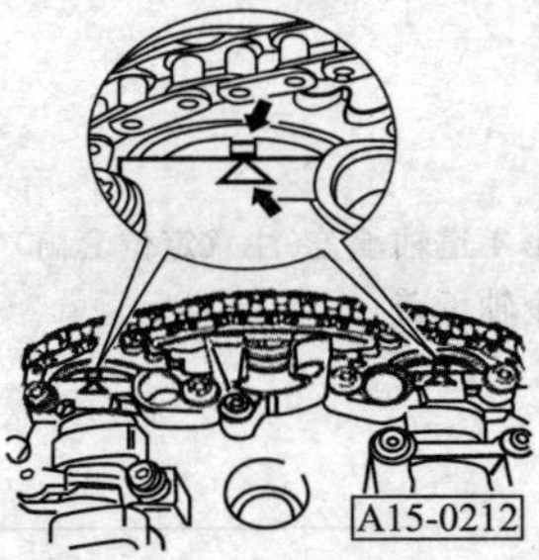	1. 再次检查凸轮轴上止点位置，凸轮轴上的两个标记必须与轴承盖上的两箭头对齐 2. 清洁轴承盖上箭头对面的凸轮轴传动链和链轮，并用彩笔标出安装位置
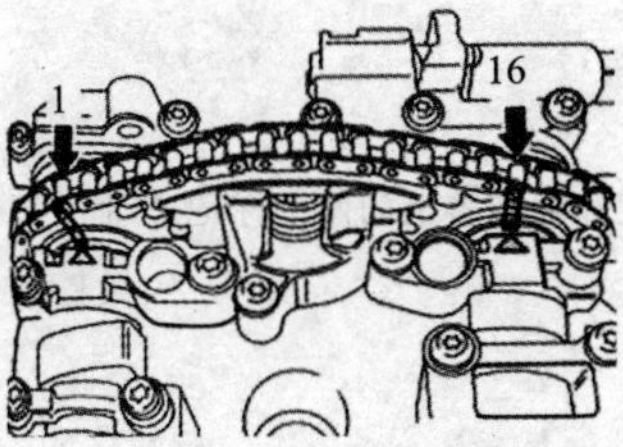	1. 两箭头或彩笔标记之间的距离各为 16 个链辊 2. 排气凸轮轴上的缺口相对链辊 1 略微向里安装，不可用中心冲头在链条上打标记、切口
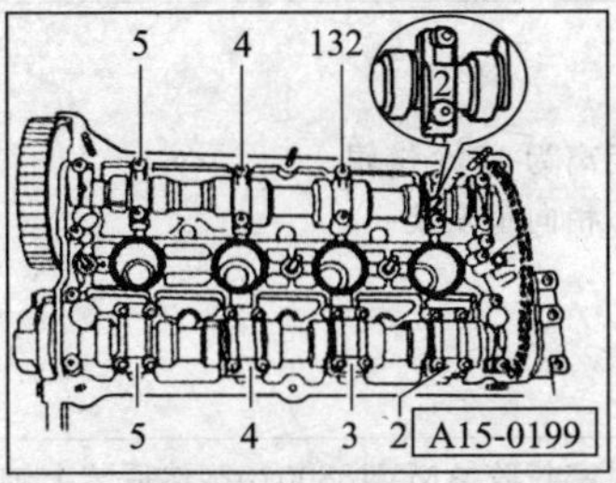	1. 首先拆下进、排气凸轮轴第 3 和第 5 道轴承盖 2. 拆下双轴承盖 3. 拆下进、排气凸轮轴链轮旁的两轴承盖 4. 拧下凸轮轴调整器紧固螺栓 5. 交叉松开并拆下进、排凸轮轴第 2 和第 4 道轴承盖 6. 拆下带凸轮轴调整器的进排气凸轮轴
	更换凸轮轴调整器的橡胶金属密封垫，并在图中阴影部分轻涂一层密封胶
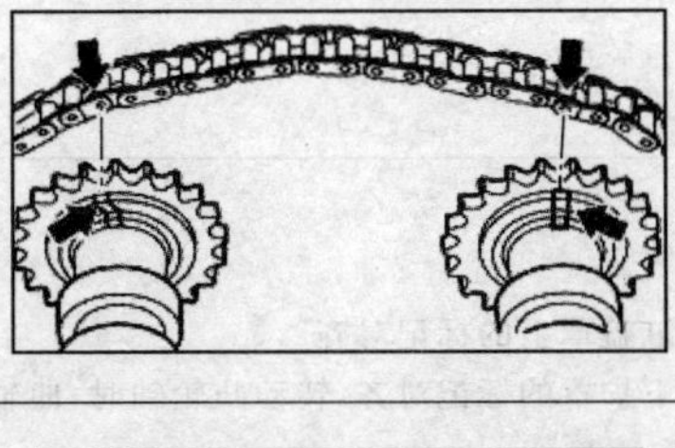	1. 按下述将凸轮轴传动链条装到链轮上 2. 重新使用旧的传动链时，应将箭头所示的标记对齐
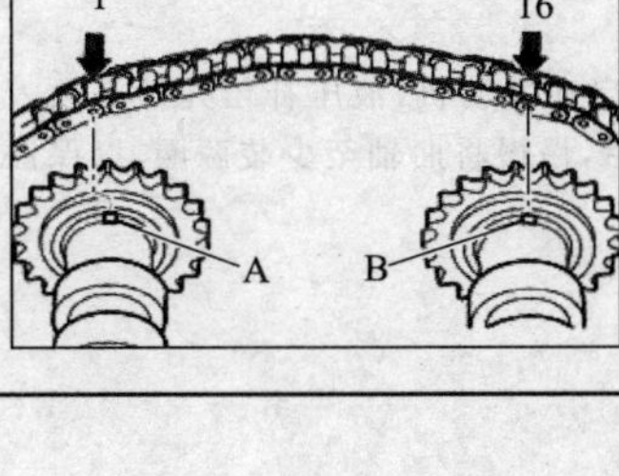	1. 安装新传动链时，凸轮轴上缺口 A 和 B 之间的距离应为 16 个链辊，图中所示为链轮上第 1 和第 16 个链轮位置 2. 缺口 A 相对链辊 1 略向里安装 3. 将凸轮轴调整器装到传动链之间（需两个技工） 4. 将带传动链条的凸轮轴和凸轮轴调整器装到缸盖上 5. 用机油润滑凸轮轴工作面

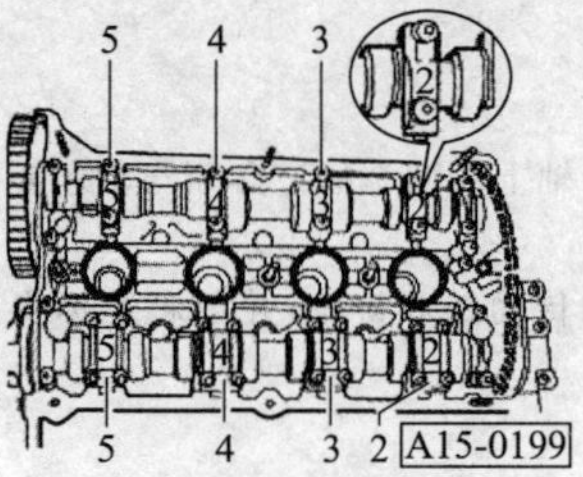	1. 拧紧凸轮轴调整器(注意定位套筒) 2. 交叉拧紧进、排气凸轮轴的第 2 和第 4 道轴承盖(注意定位套筒) 3. 安装靠近进、排气凸轮轴链轮的两个轴承盖
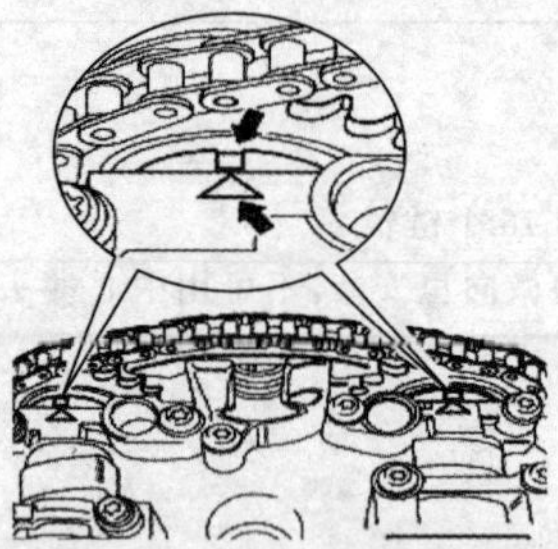	检查凸轮轴位置,凸轮轴的两个标记和轴承盖上的两个标记应对齐箭头
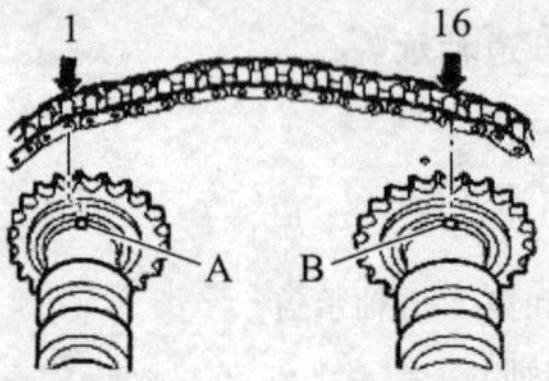	1. 轴承盖或颜色标记的两箭头间距离为 16 个链辊 2. 排气凸轮轴上的缺口相对链辊 1 稍向里安装 3. 拆下传动链张紧器支架 3366
	1. 在双轴承盖上阴影区域轻涂一层密封胶 AMV18800102,然后装上轴承盖(注意定位套筒位置) 2. 装上其余轴承盖(注意定位套筒位置) 3. 更换进、排气凸轮轴油封
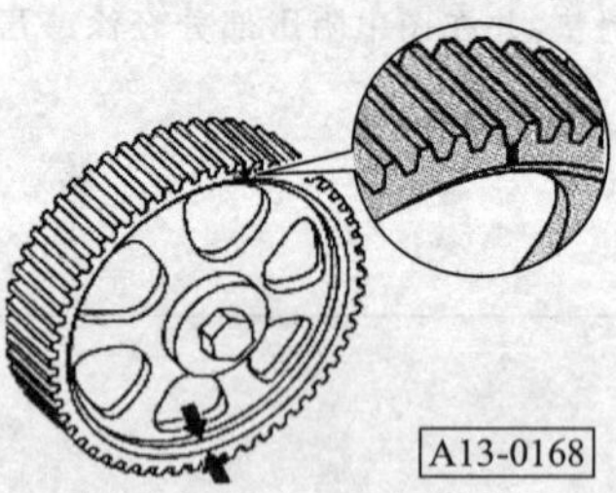	1. 安装凸轮轴皮带轮,注意安装位置,凸轮轴皮带轮窄边朝外(箭头)并可从前面看见上止点标记 2. 装上凸轮轴皮带轮紧固螺栓 3. 装上霍尔传感器 4. 装上汽缸盖罩
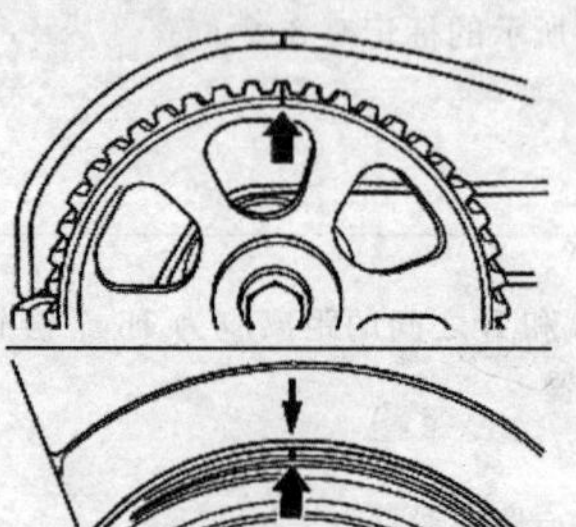	1. 将凸轮轴皮带轮上的标记与汽缸盖罩上的标记对齐 2. 将减震器上的标记与齿形皮带下护罩的标记对齐,转动凸轮轴时,曲轴不得位于上至点,否则可能损坏气门/活塞 3. 安装齿形皮带(调整配气相位) 说明:凸轮轴安装后 30min 内不得启动发动机,液压补偿元件必须入位(否则气门会碰活塞);检修配气机构后,慢慢将曲轴至少装两圈,以保证发动机启动时不碰气门

气门传动组拆装作业方案见表 3-13。

表 3-13　气门传动组拆装作业方案

<table>
<tr><td colspan="2" rowspan="2">车辆信息描述</td><td>车辆描述</td><td colspan="2"></td></tr>
<tr><td>车辆发动机描述</td><td colspan="2"></td></tr>
<tr><td colspan="2">注意安全事项</td><td colspan="3">(1)注意人身和机件的安全，不了解情况的，先了解后动手，特别是注意在车底下工作时的人身安全；
(2)未经许可，不准扳动机件和乱动电器按钮开关；
(3)注意防火；
(4)认真接受实习前的安全知识教育</td></tr>
<tr><td rowspan="3">发动机气门传动组拆装作业</td><td rowspan="2">更换车辆的确定</td><td>作业要领</td><td>技术标准</td><td>检查记录</td></tr>
<tr><td>1. 熟悉该车辆发动机汽缸盖总成各部件的安装位置；
2. 检查该车的外观情况</td><td>1. 轴承盖与汽缸盖拧紧力矩为 10N·m；
2. 凸轮轴调整器与缸盖拧紧力矩为 10N·m</td><td>总里程：________
燃油量：________
外观情况：________</td></tr>
<tr><td>发动机气门传动组拆装作业步骤</td><td colspan="2">一、拆卸
1. 拆下发动机盖罩和齿形皮带上护罩
2. 用齿形皮带轮中央螺栓沿发动机旋转方向将曲轴转到 1 缸上止点(箭头)
3. 将 M5×45 螺杆拧入齿形皮带张紧器内。装上大垫圈，将六角螺母拧到螺杆上，张紧压力活塞，直到可用 T40011 固定活塞
4. 从凸轮轴皮带轮上拆下齿形皮带，松开凸轮轴齿形皮带轮(用 3036)，拔下凸轮轴齿形皮带轮
5. 拆下霍尔传感器总成
6. 用 3366 固定住凸轮轴调整器。注意 3366 不能拧得过紧，否则可能损坏凸轮轴调整器
7. 再次检查凸轮轴上止点位置，凸轮轴上的两个标记必须与轴承盖上的两箭头对齐
8. 清洁轴承盖上箭头对面的凸轮轴传动链和链轮，并用彩笔标出安装位置
9. 拆下进、排气凸轮轴第 3 和第 5 道轴承盖。拆下双轴承盖，拆进、排气凸轮轴链轮旁的两轴承盖
10. 拧下凸轮轴调整器紧固螺栓，交叉松开并拆下进、排气凸轮轴第 2 和第 4 道轴承盖。拆下带凸轮轴调整器的进、排气凸轮轴
11. 拆下凸轮轴和凸轮轴调整器
二、安装
1. 更换凸轮轴调整器的橡胶金属密封垫，并在阴影部分轻涂一层密封胶 AMV18800102
2. 将凸轮轴传动链条装到链轮上，重新使用旧的传动链时，应将箭头所示的标记对齐。安装新传动链条时，凸轮轴上缺口 A 和 B 之间的距离应为 16 个链棍，缺口 A 相对于链棍 1 略向里安装
3. 将凸轮轴调整器装到传动链之间(需 2 个技工)，将带传动链条的凸轮轴和凸轮轴调整器装到缸盖上
4. 用机油润滑凸轮轴工作面
5. 拧紧凸轮轴调整器(注意定位套筒)
6. 交叉拧紧进、排气凸轮轴的第 2 和第 4 道轴承盖(注意定位套筒)。安装靠近进、排气凸轮轴链轮的两个轴承盖。轴承盖定位套和凸轮轴调整器必须装在缸盖上。安装轴承盖时，从缸盖进气一侧应能看见标记
7. 检查凸轮轴位置，凸轮轴上的两个标记和轴承盖上的两个标记应对齐。轴承盖或颜色标记的两箭头间距离为 16 个链棍
8. 拆下 3366
9. 在双轴承盖上阴影区域轻涂一层密封胶 AMV18800102，然后装上轴承盖(注意定位套筒位置)，最后装上其余轴承盖(注意定位套筒位置)
10. 更换进、排气凸轮轴油封
11. 剩下的轴承盖安装按拆卸相反的顺序进行
12. 安装凸轮轴皮带轮。凸轮轴皮带轮窄面朝外，从前面应能看见 1 缸上止点标记。用 3036 装上凸轮轴皮带轮的紧固螺栓。凸轮轴皮带轮紧固螺栓拧紧力矩为 65N·m
13. 将凸轮轴皮带轮上标记与汽缸盖罩上的标记对齐。将减振器上标记与齿形皮带下护罩上标记对齐
14. 安装齿形皮带(调整配气相位)
15. 安装发动机盖罩和齿形皮带上护罩</td><td></td></tr>
</table>

教学活动三　自我测试与考核评价

自我测试见表 3-14。

表 3-14　自我测试

图例	左图零部件名称或布置形式	特点和作用简述

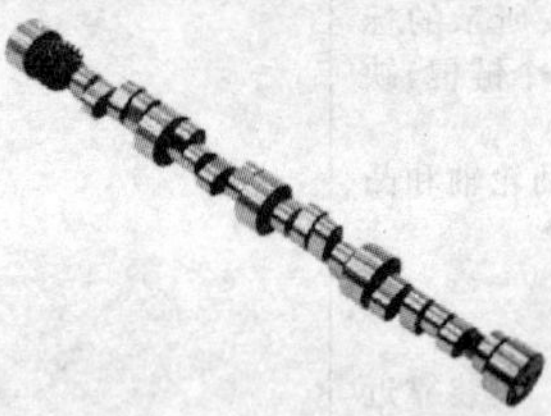		
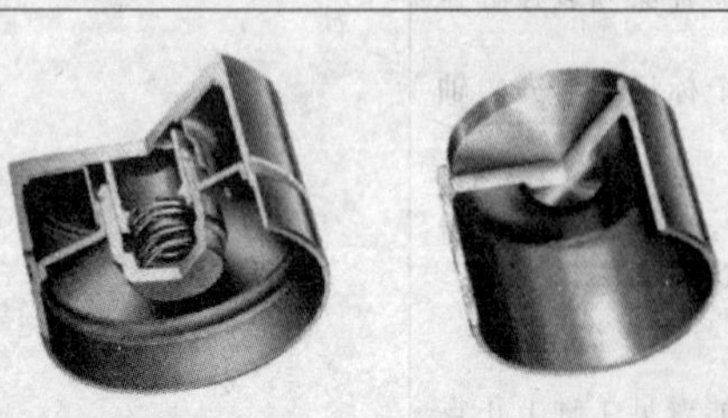		
配气正时的记号在什么位置?		

续表

图例	左图零部件名称或布置形式	特点和作用简述
哪些车型的气门间隙是可调的？哪些是不可调的？		
凸轮轴的轴承盖拆装有要求吗？顺序如何？		

考核评价见表 3-15。

表 3-15　考核评价表

班级：________　姓名：________　学号：________

项目	自我评价			小组评价			教师评价		
	10-9	8-6	5-1	10-9	8-6	5-1	10-9	8-6	5-1
	占总评 10%			占总评 30%			占总评 60%		
学习活动 1									
学习活动 2									
协作精神									
纪律观念									
表达能力									
工作态度									
安全意识									
任务总体表现									
小计									
总评及教师评语									

任课教师：________　　　　年　月　日

项目四　润滑系的检修

表 4-1 所示为项目的总体描述。

表 4-1　项目总体描述

<table>
<tr><td>项目名称</td><td colspan="3">润滑系的检修</td></tr>
<tr><td>教学安排</td><td>第二学期</td><td>基准学时</td><td>16 学时</td></tr>
<tr><td colspan="4">案例</td></tr>
<tr><td colspan="4">一辆桑塔纳 2000 轿车在行车过程中冒蓝烟、加速无力等现象，进厂经检测后需对润滑系进行全面维护。你是一名中级修理工，应如何对发动机润滑系进行检修</td></tr>
<tr><td colspan="4">工作分析</td></tr>
<tr><td>工作对象：
1. 维修工单；
2. 与维修接待员、车间主管和质检员的沟通。
3. 专用工具、维修材料及配件的领用；
4. 维修资料借阅、查阅与应用；
5. 待维修车辆；
6. 维修人员</td><td colspan="2">1. 工具、材料、设备与资料：
(1)机油压力表及配件；
(2)举升机、单臂吊等；
(3)润滑油；
(4)维修手册(发动机部分)、维修工单、检验标准等
2. 工作方法：
(1)小组讨论法；
(2)制订完成维修工单作业项目的工作计划；
(3)确定必要的专用工具和诊断设备；
(4)确定所需的维修材料和汽车配件；
(5)填写维修作业工单；
(6)自检、互检或质检员检验发动机维修质量
3. 劳动组织方式：
(1)教师向各小组安排维修任务；
(2)确定作业项目后到工具室领取工具及配件；
(3)合作形式完成作业内容
(4)确定维修项目后到材料和备件仓库领取材料及备件；
(5)从资料室领取维修手册，作业后归还；
(6)完工自检后将车交质检员或车间主管检验；
(7)返工一般由原任务接受人或小组进行</td><td>工作要求：
1. 组内成员之间进行熟练的专业沟通；
2. 从满足客户要求及经济、安全、环保的角度确定维修作业计划；
3. 冷却系统检查、拆卸、安装、检测和维护等工作标准规范；
4. 对已完成的工作进行记录存档，评价和总结；
5. 自觉保持安全作业及“5S”的工作要求</td></tr>
<tr><td colspan="4">职业能力要求</td></tr>
<tr><td colspan="4">1. 能通过查阅相关维修技术资料等方式获取发动机润滑系统的基本信息；
2. 能按照维修技术标准进行规范操作；
3. 能够熟练使用工具拆检润滑系，能进行发动机润滑系异常的故障原因分析和初步故障诊断；
4. 能进行发动机润滑系统的维护与检修</td></tr>
<tr><td colspan="4">专业技术学习内容</td></tr>
<tr><td colspan="4">1. 润滑系各部件位置；
2. 润滑系统油道的运行路线；
3. 润滑油压力测试；
4. 润滑系各零部件拆装；
5. 润滑系维护</td></tr>
</table>

学习任务一　润滑系的维护

教学活动一　认识润滑系

一、润滑系的功用

在发动机工作时，内部零件的相对运动表面，如曲轴与主轴承、活塞与汽缸壁、正时齿轮副等之间必然存在摩擦，增加发动机的功率消耗，使零件表面迅速磨损，并且因为摩擦产生的大量热量可能导致零件表面的烧损，导致发动机不能运转。为了确保发动机正常工作，必须对相对运动零件的表面加以润滑，在摩擦表面上覆盖一层润滑油，使金属表面间隔一层薄油膜，以减小摩擦阻力，减轻机件摩损，降低功率损耗，从而延长了发动机的寿命。而润滑工作由润滑系来完成。

润滑系统的功用是在发动机工作时连续不断地把温度适当的具有一定压力的清洁机油供给发动机各零件的摩擦表面，起润滑、冷却、清洁、密封和防锈等作用。发动机润滑油俗称为机油，其作用如下。

(1) 润滑　利用油膜润滑相对运动的零件表面，减小零件的摩擦阻力，以减少机件间的磨损，并减小发动机的功率消耗。

(2) 冷却　利用润滑油的流动性，可以带走发动机零件的部分热量。

(3) 清洁　利用润滑油的流动性，在发动机工作中带走磨下的金属屑、从大气中吸入的杂质及燃料燃烧产生的一些固体物质。

(4) 密封　在运动零件之间形成油膜，利用油膜的粘性，提高了汽缸壁与活塞、活塞环之间的密封性，以防止漏气或漏油。

(5) 防锈　在零件表面形成油膜，对零件表面起保护作用，防止腐蚀生锈。

(6) 减震缓冲　在运动零件表面形成油膜，吸收冲击并减小振动，起减震缓冲作用，从而减少发动机的噪声。

图 4-1 所示为桑塔纳 2000 轿车发动机润滑系部件分解图。

二、润滑系的润滑方式

发动机工作时，由于发动机各运动零件的工作条件不同，所要求的润滑强度也不同，因此对负荷及相对运动速度不同的运动零件要相应地采取不同的润滑方式。

1. 飞溅润滑

飞溅润滑是利用发动机工作时运动零件激溅或喷溅起来的油滴或油雾润滑摩擦面的润滑方式。该方式适用摩擦面露在外面、载荷轻、运动速度小的零件如汽缸壁、活塞、活塞环、活塞销以及配气机构的凸轮、挺杆等零件。

2. 压力润滑

压力润滑是利用机油泵使润滑油产生压力，强制送到各摩擦表面的润滑方式。这种方式适用于摩擦面没有外露，载荷和运动速度大的摩擦表面，如曲轴主轴承、连杆轴承及凸轮轴轴承表面。

3. 复合润滑

所谓复合润滑是飞溅—压力润滑，汽车发动机上采用以压力润滑为主，飞溅润滑为辅的

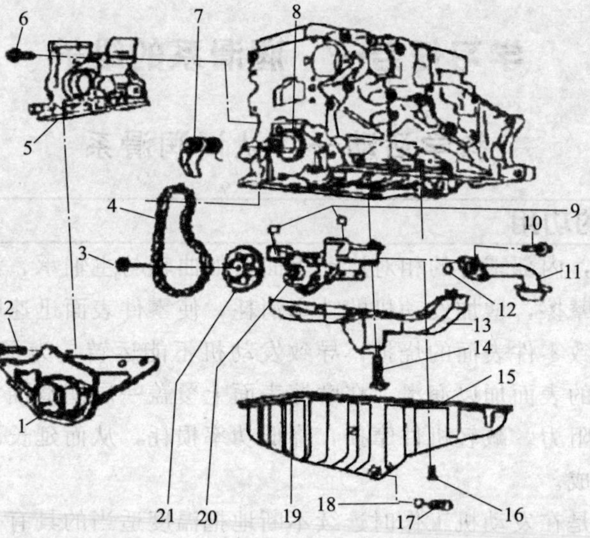

图 4-1　桑塔纳 2000GSI 轿车 AJR 发动机润滑系组成部件分解图

1—扭力臂；2,3,10,14,16—螺栓；4—链条；5,20—机油泵；6—油封凸缘固定螺栓；7—链条张紧器；8—曲轴链轮；9—销钉；11—吸油管；12—O 形管；13—挡油板；15—衬垫；17—放油螺塞；18—放油螺塞密封圈；19—油底壳；21—机油泵链轮

复合润滑方式。

4. 注油润滑

注油润滑是通过润滑脂嘴定期加注润滑脂来润滑零件的工作表面，如水泵、启动机、发电机等件的轴承。

5. 自润滑

自润滑是用自润滑轴承代替普通轴承，如尼龙、二硫化钼等。

一般汽车发动机中，既存在压力润滑，也存在飞溅润滑，同时存在一定的定期润滑。如上海桑塔纳 2000AJR 型发动机，采用了压力飞溅复合润滑方式。

三、润滑系的润滑油流经路线

图 4-2 所示为桑塔纳 2000 轿车 AJR 发动机的润滑系统示意图。

机油泵通过集滤器从油底壳中吸上机油，以防止大的杂质进到机油泵内。当油压太高或流量太大时，安全阀打开旁流一部分回油底壳。具有一定压力的机油进入机油滤清器进一步滤清，大部分进入发动机主油道，另一小部分压力油首先进入凸轮轴的轴承，再进入气门机构，之后流回油底壳。进入主油道的压力机油又分成两路：一路经进入曲轴内部油道进入连杆大端轴承再经过连杆油道进入连杆小端轴承，最后回油底壳。另一路则进入中间轴的轴承（AJR 发动机已取消中间轴），然后回油底壳。其中，当机油滤清器堵塞时，机油将旁通阀顶开直接进入主油道。机油滤清器盖上装有一只拧紧力矩为 25N·m 的压力开关，启动压力为 0.18MPa。如果机油滤清器阻塞，机油能短路

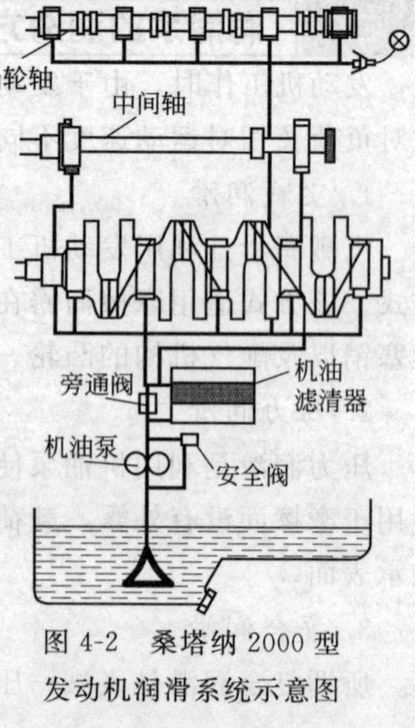

图 4-2　桑塔纳 2000 型发动机润滑系统示意图

直接进入主油道，不影响发动机正常工作。主油道上有5条分油道，对准5个主轴承。缸盖上凸轮轴总油道尾端，也是整个压力油润滑路线的终端，在此也装一只开关，即最低压力报警开关，动作压力为30kPa。活塞与缸壁之间靠飞溅润滑。桑塔纳2000型轿车发动机润滑系统的循环路线如图4-3所示。

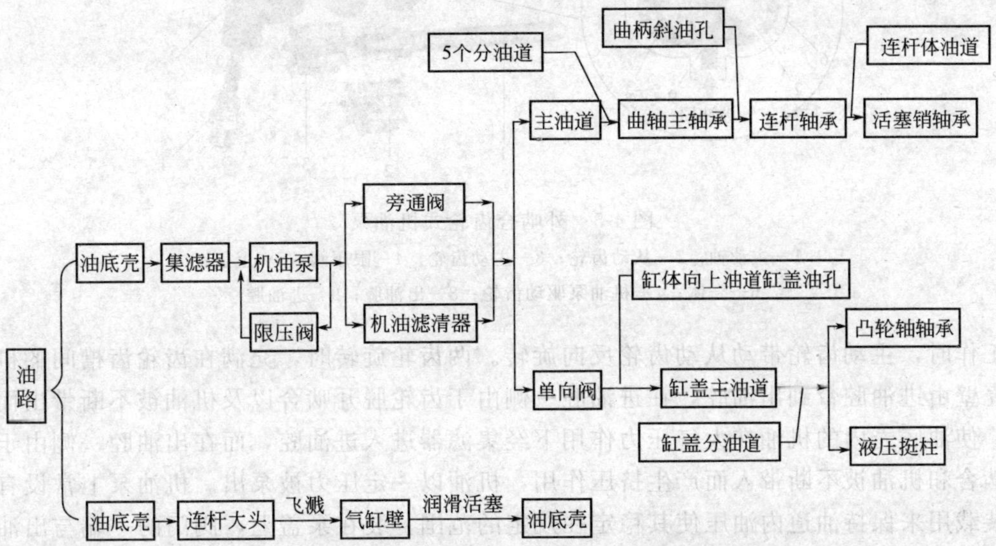

图4-3 桑塔纳2000型轿车发动机润滑系统的循环路线

四、润滑系的主要部件

润滑系一般由机油泵、油底壳、润滑油管、润滑油道、机油滤清器、机油散热器、各种阀、传感器和机油压力表、温度表等组成，如图4-4所示。

1. 机油泵

机油泵是润滑系统的动力源，其功用是提高一定量的机油压力，强制将机油送到各机件摩擦表面，保证发动机的良好润滑。

机油泵可以分为齿轮式机油泵、转子式机油泵和叶片式机油泵，目前多采用齿轮式机油泵和转子式机油泵。机油泵一般由曲轴直接或通过中间惰轮驱动、凸轮轴驱动、曲轴通过链条驱动等几种形式。

(1) 齿轮式机油泵

齿轮式机油泵可以分为外啮合齿轮式机油泵和内啮合齿轮式机油泵。

外啮合齿轮式机油泵如图4-5所示，由主动轴、主动齿轮、从动轴、从动齿轮。壳体等组成，两个齿数相同的齿轮相互啮合，装在壳体内，齿轮与壳体的径向和端面间隙很小、主动轴与主动齿轮键连接，从动齿轮空套在从动轴上。

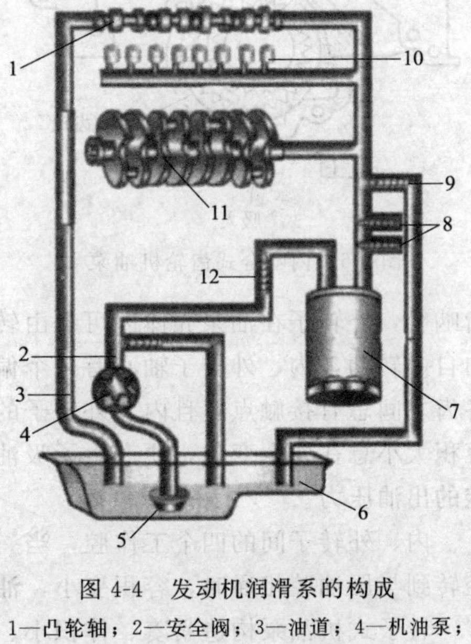

图4-4 发动机润滑系的构成

1—凸轮轴；2—安全阀；3—油道；4—机油泵；5—集滤器；6—油底壳；7—机油滤清器；8—油压开关；9—安全阀；10—液压挺柱；11—曲轴；12—回油关闭阀

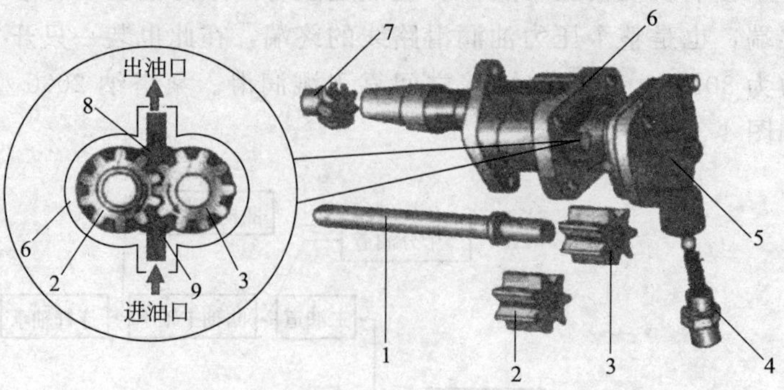

图 4-5　外啮合齿轮式机油泵

1—主动轴；2—从动齿轮；3—主动齿轮；4—限压阀；5—上盖；
6—壳体；7—机油泵驱动齿轮；8—出油腔；9—进油腔

工作时，主动齿轮带动从动齿轮反向旋转。两齿轮旋转时，充满在齿轮齿槽间的机油沿油泵壳壁由进油腔带到出油腔，在进油腔一侧由于齿轮脱开啮合以及机油被不断带出而产生真空，使油底壳内的机油在大气压力作用下经集滤器进入进油腔，而在出油腔一侧由于齿轮进入啮合和机油被不断带入而产生挤压作用，机油以一定压力被泵出。机油泵上常设有限压阀，装载用来保持油道内油压使其稳定在规定的范围，装在泵盖上，阀门的一端与出油腔相通，另一端与进油腔相通。

外啮合齿轮式机油泵结构简单，加工方便且工作可靠，使用寿命长，较高供油压力，例如国产桑塔纳等轿车采用。

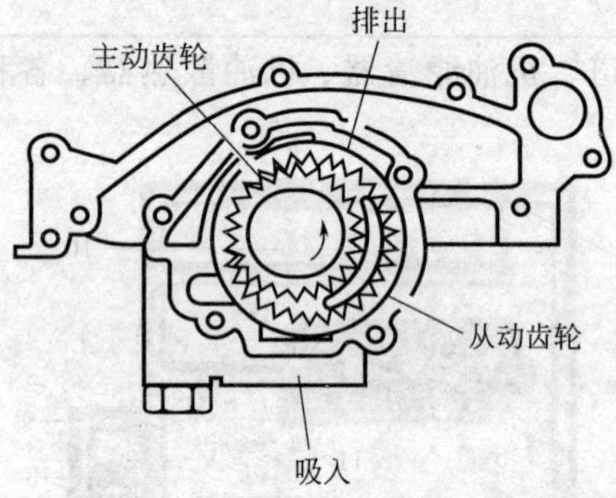

图 4-6　内啮合式齿轮机油泵

内啮合式齿轮机油泵与外啮合式齿轮机油泵工作原理基本相同，主从齿轮同向转动，进油口有真空度吸油；出油口体积减少而压油。其结构如图 4-6 所示。

(2) 转子式机油泵结构

转子式机油泵由泵体、主动轴、内转子、外转子、泵盖、限压阀等组成。如图 4-7 所示。

转子式机油泵工作原理如图 4-8 所示，内转子与泵壳偏心安装，由主动轴驱动，外转子与内转子的轮齿啮合，外转子在油泵壳体内可自由转动，内转子比外转子少一个齿，外转子可在油泵壳体内自由转动，内、外转子轴心有一个偏心距。由于构造设计上保证了内、外转子在任何位置各齿之间总有接触点，且内、外转子的转速不同和内转子的偏心，使内、外转子之间工作腔容积大小总在发生变化，便产生了吸油和出油作用。转子式机油泵上装有限压阀，以保证稳定的出油压力。

内、外转子间的四个工作腔，当一工作腔从吸油腔转过时，容积增大，产生真空，工作腔转到与压油腔相通时，容积变小，油压升高，产生压油作用。

转子式机油泵构造紧凑、体积小、质量轻、流量大、且供油均匀，使其应用日趋广泛。例如帕萨特轿车 B5 发动机采用转子式机油泵，直接由曲轴前端的链轮通过链条驱动，如图 4-9 所示。

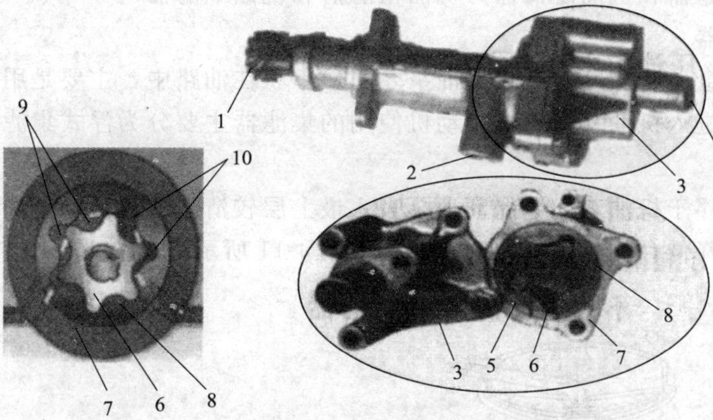

图 4-7 转子式机油泵

1—驱动齿轮；2—进油口；3—上盖；4—出油口；5—主动轴；6—内转子；7—壳体；8—外转子；9—吸油腔；10—压油腔

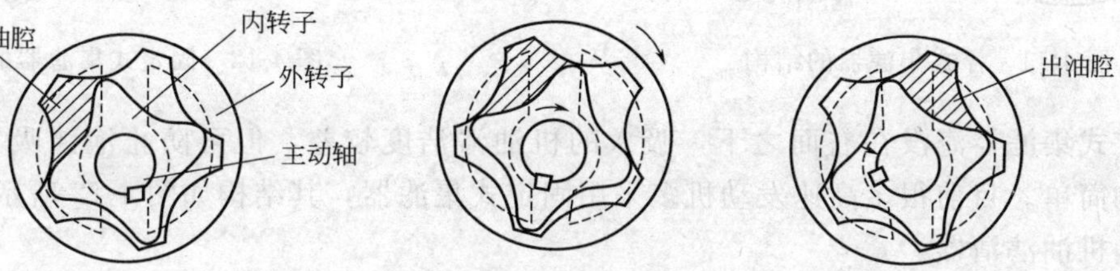

图 4-8 转子式机油泵工作原理

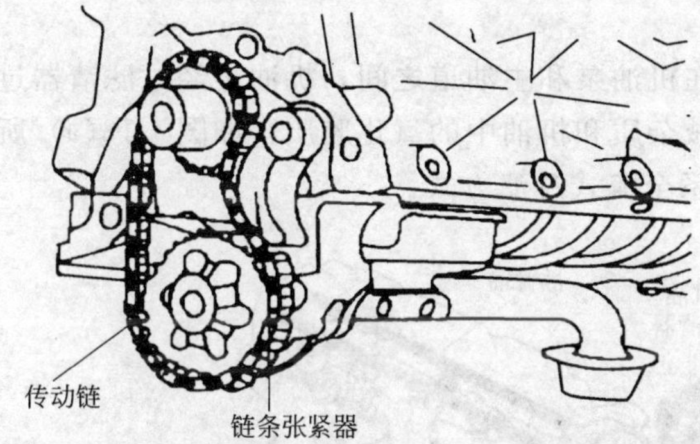

图 4-9 帕萨特 B5 发动机转子式机油泵

图 4-10 叶片式机油泵结构图

(3) 叶片式机油泵

叶片式机油泵主要由偏心转子、叶片、弹簧及泵壳等零件组成，其结构如图 4-10 所示。

叶片式机油泵泵是基于叶片、定子、转子和泵壳围成的空间的容积变化来完成吸油、压油的工作循环的，在所有类型机油泵中，叶片泵由于结构紧凑，体积小，瞬时流量脉动小，运转平稳，噪声较小，容积效率较高，使用寿命长的优点。

2. 机油滤清装置

在润滑系统中，设有机油滤清装置，对不断循环的机油进行过滤，清除机油中的灰尘、金属颗粒、碳沉淀物和煤烟颗粒等杂质各种杂质，清洁润滑机油，从而保护发动机。机油滤清装置分为机油集滤器和机油滤清器（机油粗滤器和机油细滤器）。

（1）机油集滤器

集滤器一般为金属丝滤网，装在机油泵之前，串联在油路中，主要是用于防止机油中一些颗粒较大的杂质进入机油泵。汽车发动机使用的集滤器主要分为浮式集滤器和固定式集滤器两种。

浮式集滤器漂浮于机油表面，保证油泵吸入最上层较清洁的机油，但油面上的泡沫已被吸入，使机油压力降低，润滑欠可靠，其结构如图 4-11 所示。

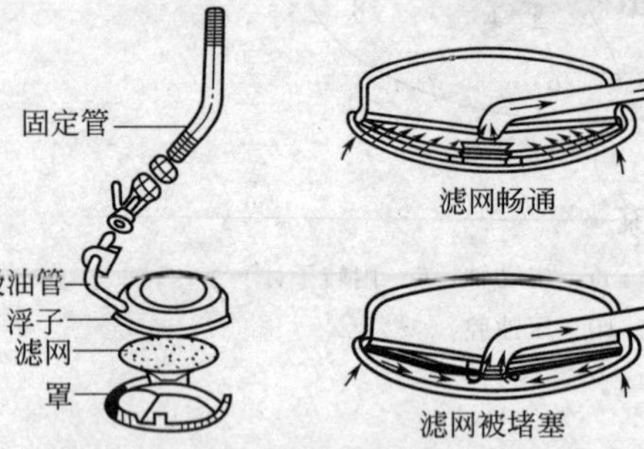

图 4-11　浮式集滤器的结构

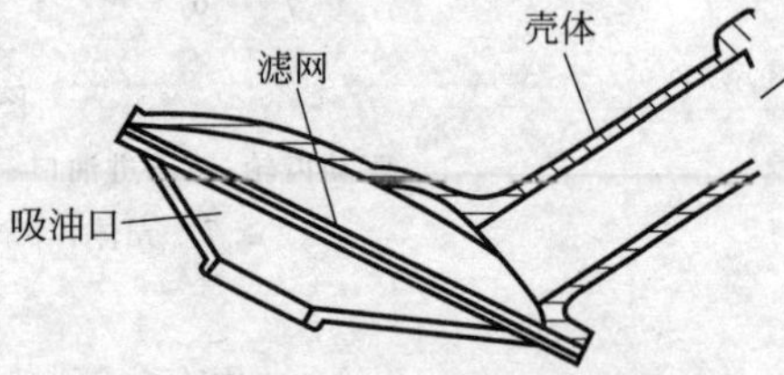

图 4-12　固定式集滤器的结构

固定式集滤器淹没在右面之下，吸入的机油清洁度较差，但可防止泡沫吸入，润滑可靠，结构简单。目前很多高速发动机多采用固定式集滤器，其结构如图 4-12 所示。

（2）机油滤清器

机油滤清器包括机油粗滤器和机油细滤器，机油粗滤器滤去机油中粒度较大杂质，一般串联在机油泵和主油道之间；机油细滤器过滤和清除机油中细小杂质，一般与主油道并联在油路中。

机油粗滤器一般属于全流式滤清器，串联在机油泵和主油道之间，机油全经过滤清器过滤后流入主油道，滤去机油中的金属磨屑、机械杂质和机油中的氧化胶质，如图 4-13(a) 所示。图 4-13(b) 所示为马自达轿车发动机润滑系全流式过滤方式。

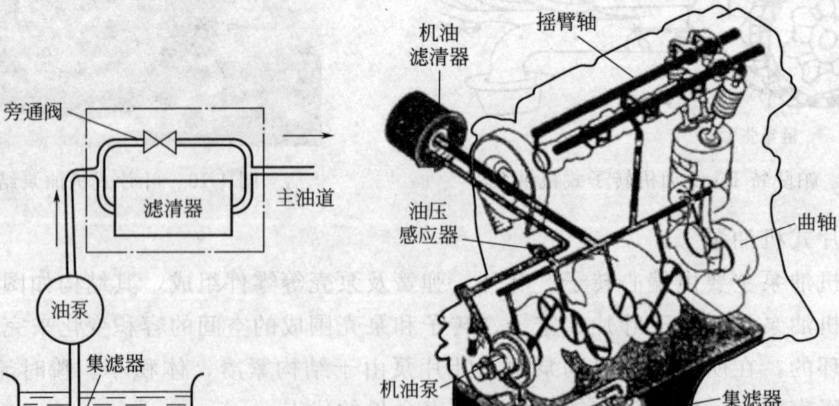

(a) 全流式过滤方式　　(b) 马自达轿车发动机润滑系全流式过滤方式

图 4-13　全流式过滤方式

粗滤器根据滤清元件（滤芯）的不同，分金属片缝隙式和纸质式两种。金属片缝隙式粗滤器由于质量大，结构复杂，制造成本高等缺点，已基本被淘汰，目前国产汽车发动机多采用纸质式粗滤器，纸质式粗滤器具有结构简单、质量轻、滤清效果好、过滤阻力小、成本低等优点。

纸质式粗滤器结构如图 4-14 所示，粗滤器壳体上由上盖和外壳组成，滤芯用经过树脂处理的微孔滤纸制成，滤芯的两端由环形密封圈密封。机油从上盖上的进油孔流入，经过滤芯过滤后，经盖上的出油孔流入主油道。机油从上盖应设有旁通阀，当滤芯堵塞时滤清器进油口的油压会升高，旁通阀打开，机油从进油口直接流向出油口而不经过滤芯，从而防止油道内缺油。

机油细滤器采用分流式，与主油道并联，其作用是用以清除机油中直径在 0.01～0.03mm 的细小杂质。机油泵压出的机油一部分经滤清器过滤后流回油底壳，另一部分则不经过滤清器过滤而直接流入主油道。机油细滤器有过滤式和离心式两种，过滤式细滤器存在过滤能力和通过能力的矛盾，为此现大多采用离心式，例如 EQ6100-1 型汽车发动机采用了离心式机油细滤器。

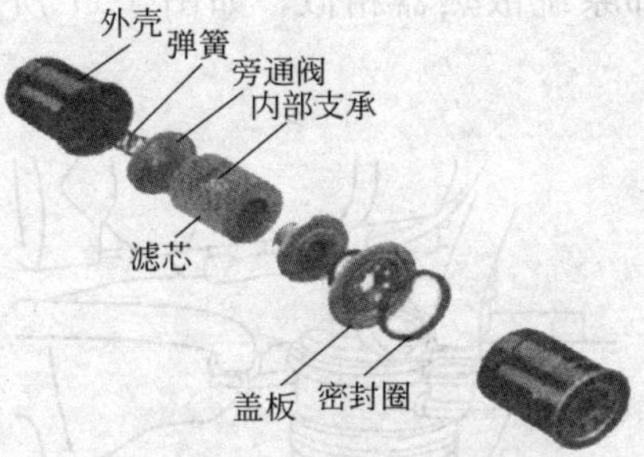

图 4-14　纸质式粗滤器结构

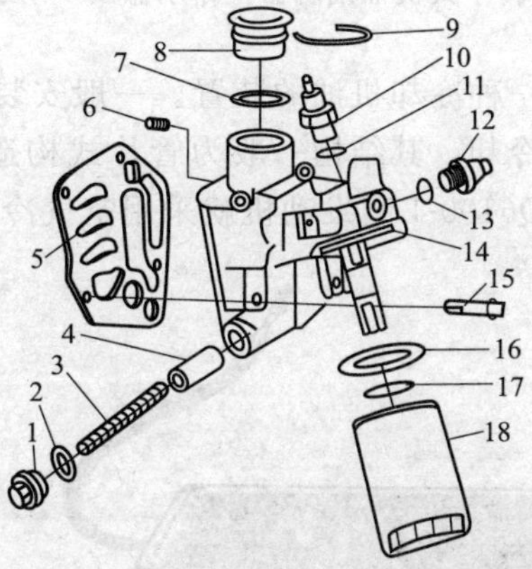

图 4-15　桑塔纳 2000 轿车 AJR 发动机机油滤清器分解图

1—螺塞；2,11—密封圈；3—弹簧（用于旁通，约 0.4MPa）；4—柱塞（用于安全阀）；5,16—衬垫；6—止回阀（集成在机油滤清器支架内）；7—密封圈；8—盖子；9—夹箍；10—0.25MPa 机油压力开关（棕色绝缘，拧紧力矩为 15N·m）；12—0.08MPa 机油压力开关（白色绝缘，拧紧力矩为 25N·m，拆装后更换）；13—垫圈；14—支架；15—定位销；17—压盘；18—机油滤清器

在桑塔纳 2000GSI 轿车 AJR 发动机中，机油滤清器采用过滤式粗滤器和细滤器并联转载同一壳体内，如图 4-15 所示。

离心式机油细滤器工作原理如图 4-16 所示，从机油泵来的机油流至进油口处，当机油压力小于 147kPa 时，进油限压阀关闭，机油不能进入机油细滤器，全部供入主油道。当进油口压力达到 147～196kPa 时，限压阀打开，机油由转子轴中心孔向上经转子轴、转子体上对应的油孔流入转子罩内腔，又从两喷嘴喷出。高压机油从喷嘴喷出时所产生的喷射推力，驱动转自总成连同体内机油作高速旋转，形成强大的离心力，使机油中的机械杂质和胶质甩向转子罩的内壁，洁净的机油不断从喷嘴喷出，并经出油口流回油底壳。转子体上的喷嘴，也是机油限量孔。

有的发动机采用混合式过滤方式，机油一部分经细滤器过滤后流回油底壳，另一部分机油则经装旁通阀的粗滤器过滤后流入主油道。

有的发动机采用并联式过滤方式，滤清器并联在机油泵和机件间的油路中。机油一部分经滤清器过滤后与另一部分未经过滤的机油一起同时流入主油道。

3. 机油散热器

发动机运转时，由于机油黏度随温度的升高而变小，降低了润滑能力。一般来说热负荷不大的发动机没有机油冷却器，而对于高性能、高输出功率的发动机来说确实必不可少。机油散热器作用是保证机油保持在最有利的温度（70～90℃）范围内工作。机油散热器有两种形式：空气冷却式机油散热器和水冷却式机油散热器。

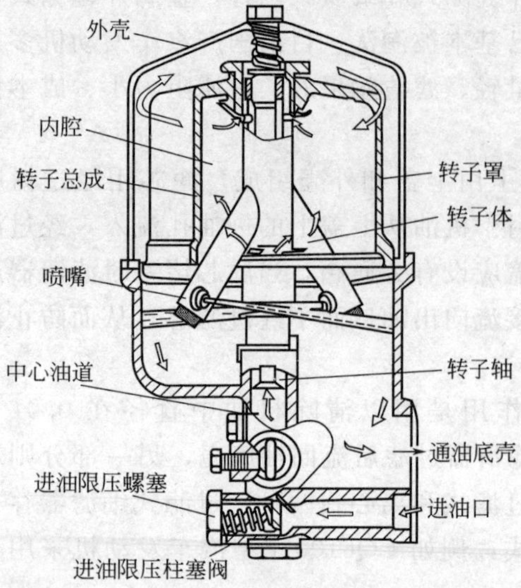

图 4-16　转子式机油细滤器工作示意图

（1）空气冷却式机油散热器

空气冷却式机油散热器是以空气为介质带走机油热量的一种冷却机油的装置。一般安装在发动机冷却水散热器的前面，利用冷却风扇的风力使机油冷却。其结构一般为管片式构造，和一般的冷却系统散热器相似，如图 4-17 所示，东风 EQ6100-1 型发动机就采用空气冷却式机油散热器。

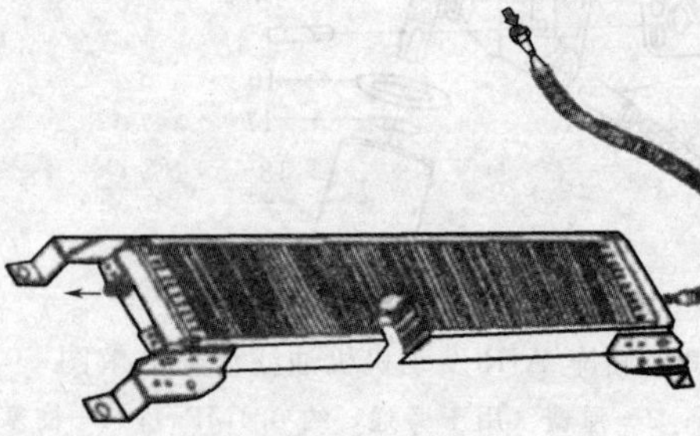
图 4-17　EQ6100-1 型发动机机油散热器

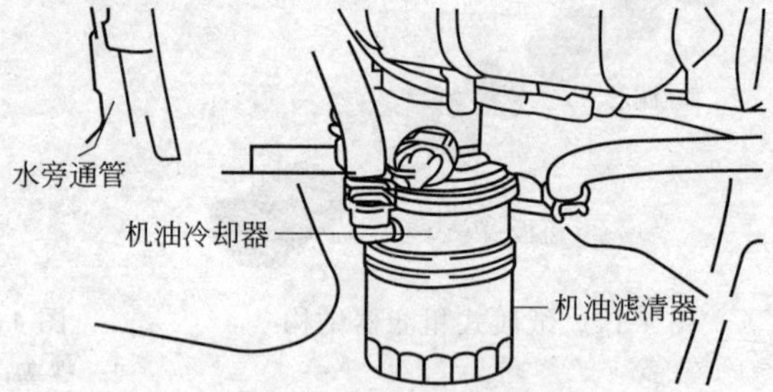

图 4-18　水冷式机油冷却器

（2）水冷却式机油散热器

冷却式机油散热器，又称为机油冷却器，用水为冷却介质冷却机油的一种装置，安装在机油滤清器的上方，从机油泵出来进入机油滤清器的机油在进行过滤的同时也进行冷却，然后流到发动机的主油道至运动零件，在润滑系统中设置的水冷式散热援建，因体积小和温度稳定等优点而被广泛使用，如图 4-18 所示。

主要由带散热片的油管和水冷室组成，一般与机油粗滤器串联，用冷却液的温度来控制机油温度。当油温较高时靠冷却液降温，而在启动暖车时油温较低，则从冷却液吸热迅速提高机油温度。帕萨特 B5 发动机机油散热器与滤清器如图 4-19 所示。

五、曲轴箱通风装置

发动机工作时，会有少量可燃混合气、废气甚至液态燃油经活塞与汽缸壁间的间隙漏入曲轴箱，这些物质会加速机油变质、使机件受到腐蚀或锈蚀、曲轴箱内压力增大破坏发动机的密封，因此必须进行曲轴箱通风，将曲轴箱内气体通过通风管带入大气或进入汽缸重新燃烧，可以减少摩擦零件磨损与腐蚀、延长机油使用期限、防止发动机渗漏。

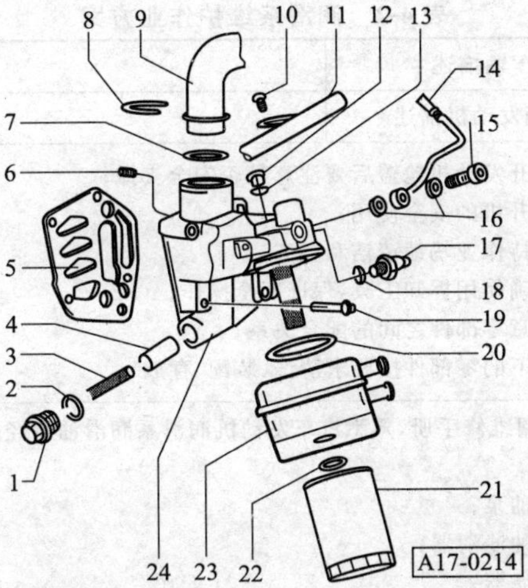

图 4-19 帕萨特 1.8T 发动机机油冷却器与滤清器的分解图

1—密封螺塞（40N·m）；2—密封圈；3—弹簧（用于安全阀，开启压力 4.2bar）；4—柱塞（用于安全阀开启压力 4.2bar）；5—密封垫；6—机油压力保持阀（集成在机油滤清器支架内）；7—O 形环；8—卡箍；9—通风管；10—23N·m；11—下部冷却液管；12—密封螺塞（15N·m）；13—油封；14—机油供油管；15—空心螺栓（30N·m）；16—油封；17—机油压力开关（F1，1.4bar，25N·m）；18—油封；19—16N·m+90°；20—油封；21—机油滤清器；22—25N·m；23—机油冷却器；24—机油滤清器支架（带安全阀 4.2bar）

曲轴箱通风的方式有两种，一是自然通风，利用汽车行驶时产生的气流、冷却风扇的气流作用在通风管处有一定的真空度，将曲轴箱内气体抽出直接排入大气中去，如图 4-20 所示；二是强制通风，利用汽缸中的真空度将漏入曲轴箱内的高温、高压废气及可燃混合气强制导入发动机的进气管或汽缸内，如图 4-21 所示。

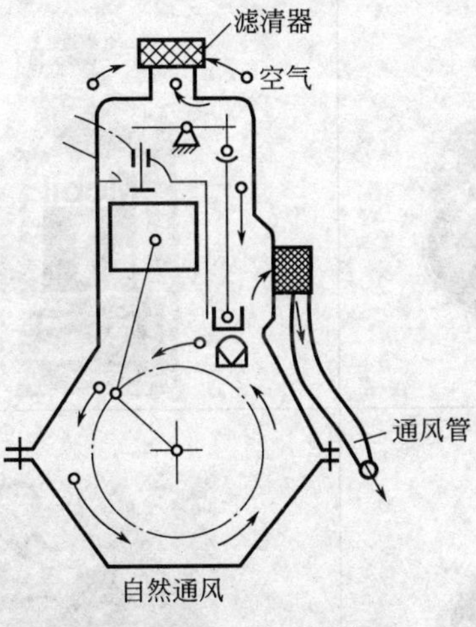

图 4-20 自然通风装置

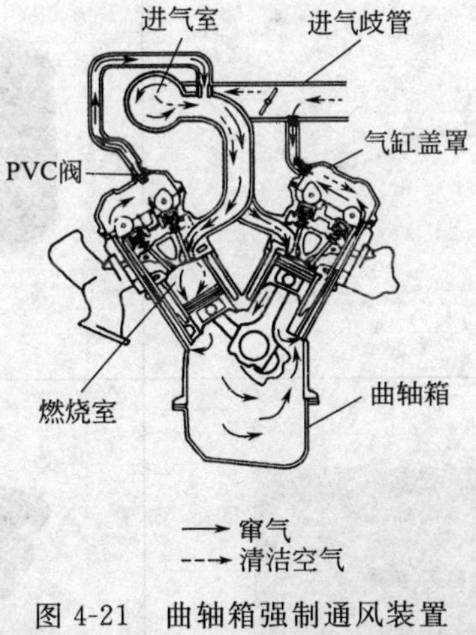

图 4-21 曲轴箱强制通风装置

现代汽车发动机曲轴箱一般都是采用强制通风。这样可以回收使用窜入曲轴箱内的混合气、提高发动机经济性、减少排放污染。

教学活动二 制定作业方案

润滑系统维修方案见表 4-2。

表 4-2　润滑系维护作业方案

<table>
<tr><td rowspan="2">车辆信息描述</td><td>车辆描述</td><td></td></tr>
<tr><td>车辆发动机描述</td><td></td></tr>
<tr><td>注意安全事项</td><td colspan="2">(1)打开发动机舱盖后要注意是否安全支撑；
(2)举升机的安全使用；
(3)保持作业场地清洁和整齐；
(4)正确使用拆卸工具,保证安全操作；
(5)注意零部件之间的配合关系；
(6)拆下的零部件按要求清洗、装配、存放</td></tr>
<tr><td>作业步骤</td><td colspan="2">1. 查阅维修手册,熟悉汽车发动机润滑系润滑油流经路线图,并在车上找出润滑系统组成元件：
(1)机油泵；
(2)机油滤清器；
(3)集滤器；
(4)机油尺；
(5)放油螺栓；
(6)油底壳
2. 画出汽车发动机润滑系润滑油系统示意图和流经线路图,在教师指导下完成相关作业方案</td></tr>
</table>

教学活动三　自我测试与考核评价

自我测试见表 4-3。

表 4-3　自我测试

<table>
<tr><td colspan="3">说出下面各图中所示物体的名称和作用</td></tr>
<tr><td>1
</td><td>2
</td><td>3
</td></tr>
<tr><td>4
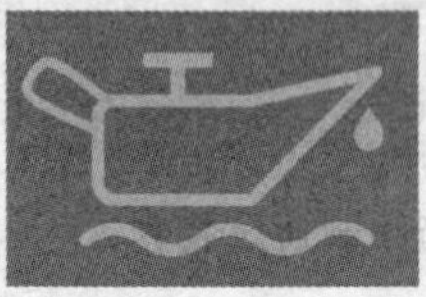</td><td>5
</td><td>6
</td></tr>
</table>

序号	名称及作用
1	
2	
3	

续表

序号	名称及作用
4	
5	
6	
润滑系的作用是： 润滑系的润滑方式有： 润滑系的组成部件主要有：	

考核评价见表 4-4。

表 4-4 考核评价表

班级：______ 姓名：______ 学号：______

项目	自我评价			小组评价			教师评价		
	10-9	8-6	5-1	10-9	8-6	5-1	10-9	8-6	5-1
	占总评 10%			占总评 30%			占总评 60%		
学习活动 1									
学习活动 2									
协作精神									
纪律观念									
表达能力									
工作态度									
安全意识									
任务总体表现									
小计									
总评及教师评语									

任课教师：______ 年 月 日

学习任务二 润滑系主要零部件拆装与检修

教学活动一 认识润滑系主要零部件

一、发动机机油

1. 发动机机油的作用和分类

发动机机油有以下作用：

(1) 减少磨损以延长机械寿命，提高经济效益；

（2）冷却，随时将摩擦热排出机外；

（3）密封，防泄漏、防尘、防串气；

（4）抗腐蚀防锈，保护摩擦表面不受油变质或外来侵蚀；

（5）清净冲洗，把摩擦面积垢清洗排除；

（6）应力分散缓冲，分散负荷和缓和冲击及减震。

机油的黏度多使用 SAE 等级别标识，国际上广泛采用美国 SAE（美国汽车工程师协会）黏度分类法和 API（American Petroleum Institute，美国石油协会）使用分类法，分为单级机油和多级机油两类，单级机油只能一年中冬天或夏天使用，分为冬季用油 6 种（0W、5W、10W、15W、20W、25W）和夏季用油 4 种（20、30、40、50）；多级机油可以在全年中使用包括冬夏通用油有 16 种（5W-20、5W-30、5W-40、5W-50、10W-20、10W-30、10W-40、10W-50、15W-20、15W-30、15W-40、15W-50、20W-20、20W-30、20W-40、20W-50）。其中，W 前面的数字越小说明低温黏度越低，发动机冷启动时的保护能力越好；W 后面的数字则是机油耐高温性的指标，数字越大高温保护性能越好。

API 等级代表发动机机油质量的等级，分为汽油机机油（S 系列）和柴油机机油（C 系列）。汽油机机油分为 SA、SB、SC、SD、SE、SF、SG、SH、SJ、SL、SM；柴油机机油分为 CA、CB、CC、CD、CE、CF 等。级号越靠后，使用性能越好，使用的机型越新或强化程度越高。其中，SA、SB、SC 和 CA 等级别的机油，除非汽车制造厂特别推荐，否则将不再使用。中国的机油分类法参照采用 ISO 分类方法，按机油的性能和使用场合分为汽油机油（SC、SD、SE、SF、SC、SH 6 个级别）、柴油机油（CC、CD、CE、CF 4 个级别）、二冲程汽油机油（ERA 、ERB、ERC、ERD 4 个级别）。

2. 发动机机油的性能

发动机机油应具有如下性能。

（1）良好的润滑性

在各种条件下，发动机机油都应当具有降低摩擦、减缓磨损和防止金属烧结的性能。

（2）良好的低温操作性

发动机在低温条件下应当容易启动和可靠供油，这要求机油具有适当的黏度。

（3）良好的黏温性

油品的黏度随温度的变化程度小。

（4）良好的清洁分散性

发动机机油须能抑制积炭、漆膜和油泥生成，或将这些沉淀物清除，为此须加入清洁分散添加剂。

（5）良好的抗氧化性

当机油在使用与储存过程中，会与空气中的氧气接触而发生氧化作用，机油的颜色变暗，黏度增加，酸性增大，并产生胶状沉积物，机油应当具有抵抗这种氧化反应的性能。

（6）良好的抗腐性

机油在使用过程中不可避免地被氧化而生成各种有机酸，对金属零件有腐蚀作用。机油应当具有抵抗腐蚀性物质对金属腐蚀的能力。

（7）良好的抗泡沫性

机油在润滑系中快速循环和飞溅，容易产生泡沫，抑制泡沫生成的方法是在机油内添加泡沫抑制剂。

3. 发动机机油选用注意事项

(1) 根据汽车出厂说明书指定的质量等级选用

一般汽车厂商为方便用户更换指定级别机油，一般指定用油规格比出厂装车用油低一个级别。例如，高档车的出厂装车油如果是 SL 级别，则指定用油就是 SJ 级别。而中低档车出厂装车油如果是 SJ 级别，指定用油就是 SH 级别。

(2) 根据地区、季节、气温选用不同黏度级别的机油

当发动机处于低温时，机油黏度较高，若选用的机油较稠，便会给启动马达、电瓶等增加额外的损耗；但若机油过稀，在高温工作下则难以形成足够的保护膜而引起润滑不足，导致机件加大磨损。因此温度低的地区选用黏度低的润滑油，反之则选用黏度高的润滑油。

(3) 根据车辆的负荷、转速及各种工况选用相应的润滑油

新发动机走合期应选用低黏度的机油。因为新发动机机件配合紧，要求把磨合的金属屑冲刷下来，所以新车走合期应选用适当低黏度的机油。经常重负荷、高速运行以及经常长距离行驶的汽车应选用黏度较高的机油。汽车用久了，发动机各部件间隙大了，应考虑适当增加机油黏度。高压缩比发动机必须选择黏度高的机油。

(4) 电控发动机对机油的要求

电控汽车均安装了三元催化转化器，要求必须使用低含磷量的机油。如果机油中的磷含量过高，会使三元催化转化失效，排放的废气就无法降到最低。机油中的磷含量低于 0.12%才能保证三元催化转化器的工作正常进行。

(5) 更换周期

一般汽车所用机油的更换周期为 5000km 或半年，但因每辆车发动机状况、所用机油和使用环境不同，其更换周期也应因实际而定。

(6) 慎用机油添加剂

每一系列品牌机油都有一定的标准要求，应当根据说明慎用机油添加剂。

二、润滑系的维护

1. 清洗润滑系

更换润滑油时，放掉废旧机油后通常还留有一些残留，曲轴箱壁面上、活塞环槽中、润滑油道内还会粘附一层胶质、积垢、油泥等杂质，曲轴箱底部也会有一些有害沉积物，这些有害物质只有通过清洗才能被清除干净。如果不进行润滑系清洗，会减少新机油的使用寿命，而且时间一长，与机油接触的机件表面和油道中的沉积物会逐渐增厚，使油道变细、堵塞，引起故障。清洗步骤如下。

(1) 在发动机静态状态下，趁热把曲轴箱和机油粗滤清器的机油和沉淀物全部放完，然后拧紧油底壳放油螺栓和粗滤器盖子。

(2) 从加机油口向曲轴箱加注规格容量 60%～80%的清洗油（或经过滤清的优质轻柴油)，然后使发动机怠速运转 2～3min。

(3) 清洗完毕后，放尽清洗油。

(4) 重新装上新滤芯，按规定加注新机油。

2. 润滑系的维护工作

(1) 要选用合格的润滑油，必须按说明书中的要求加注润滑油，加注的机油内不允许混入水、灰尘和杂质等。

（2）要经常检查曲轴箱油面高度，并保持油面高度在标准范围之内。机油油面低于下限标记时，不许启动发动机。

（3）检查机油质量，用手捻搓机油尺上的机油，检查其黏度及有无汽油或水泡，含水的机油是否呈灰色。若发现润滑油变质变色、油底壳沉积物过多或油中混入水、燃油，应及时更换。

（4）在汽车运转中，应经常注意油压、油温和油压警报指示灯，发现不良现象时应及时停车检查，并排除故障。

（5）经常进行曲轴箱通风装置的维护、检修工作，确保油底壳内油质良好。

（6）定期对润滑油道或润滑系进行清洗，并按规定要求更换机油滤芯或滤清器。

（7）按车型规定的机油更换周期，结合机油品质情况及时更换机油。

（8）当更换不同牌号、不同厂家的机油时，须清洗整个润滑系，以防不同牌号的机油混合使用引起变质。

（9）应严格执行冬夏交替季节性换油制度。

（10）注意观察并记载机油消耗量，机油消耗异常应及时查找出原因。

3. 机油油位的检查（以帕萨特 1.8T ANQ 发动机为例）

（1）启动发动机，至机油温度高于60℃时，将发动机熄火，并使汽车停在水平路面上。等待数分钟，待机油回流至油底壳后方可进行下面步骤。

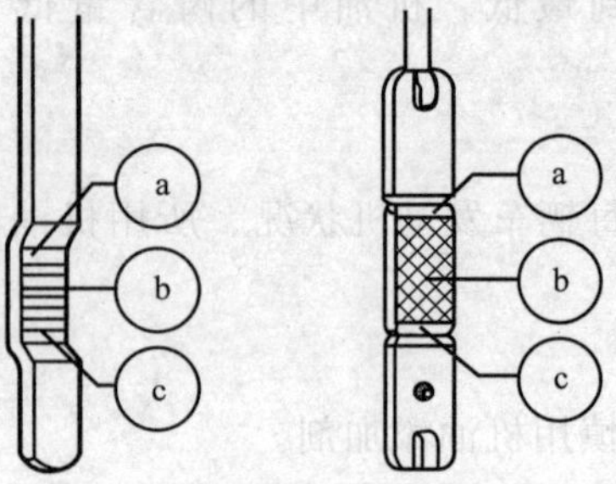

图 4-22　机油标尺

a、b、c—机油油位标记

（2）拨出机油标尺，用干净布擦净标尺后重新插入。再次拨出机油标尺，读取油位。机油标尺上的油位标记如图 4-22 所示，其中 a 表示不可加机油；b 表示可加注机油，加注后油位可达 a 区；c 表示必须加注机油，使油位达区域 b 某一位置即可。

4. 机油的更换

更换机油应按照车辆说明书要求加注合适牌号的机油。机油的更换方法：

（1）启动发动机，使机油变热；

（2）举升车辆，并锁紧保险，拧出发动机放油螺栓，放出机油；

（3）使用新的放油螺栓垫片，安装好放油螺栓；

（4）加注推荐品牌的机油（有些车型需要进行润滑系统清洗工作）；

（5）待机油面上升至油尺上的规定高度后，运转发动机数分钟，检查有无机油渗漏现象，最后检查机油高度并适量补加。

5. 机油滤清器的更换

更换机油时必须更换机油滤清器。机油滤清器的更换步骤如下。

（1）使用机油滤清器专用套筒、接杆、扭力扳手旋松机油滤清器。

（2）用手旋下滤清器并放入废件回收桶中（用手旋下滤清器后，要垂直下落，不要歪斜，防止滤清器内的机油散落到身上或地面）。

（3）在新的滤清器内加注新鲜机油至其容量的 3/4 后，在密封圈上均匀涂抹一薄层机油（加注一定量的机油，目的是减少发动机启动期间建立润滑系统正常油压的时间，防止出现机件干摩擦；在密封圈上涂抹一薄层干净机油，可以起到辅助密封的作用）。

（4）用手竖直举起滤清器，将滤清器旋入其座上并用力拧紧。

(5) 使用机油滤清器专用套筒、接杆、扭力扳手转动滤清器3/4圈后按规定扭矩将其紧固。

(6) 使用棉纱擦净滤清器及其座上的机油。

6. 机油压力开关的检查

机油压力开关安装在汽缸体的润滑道上，通过配线与机油压力指示灯相连。点火开关接通时，机油压力指示灯即点亮，发动机启动后，应立即熄灭，否则说明润滑系机油压力不正常。机油压力不正常时，应立即进行修理，首先检查机油量、机油品质及机油渗漏情况，如均正常，则应检查机油压力开关。然后断开机油压力连接导线，检查机油压力开关正极端子与车体接地端子之间的导通情况，发动机熄火后应为导通；发动机运转时应不通，如机油压力开关正常，则应检查机油压力。

例如帕萨特1.8T ANQ发动机机油压力开关的检查如下：断开机油压力连接导线，拧下机油压力开关，并装上机油压力检测仪V. A. G1342（见图4-23），将机油压力开关2装到V. A. G1342上，检测仪棕色导线1接地（－）。将二极管测试灯连接到机油压力开关及蓄电池正极（＋）。测试灯应不亮。若测试灯亮，则须更换机油压力开关。启动发动机，压力达120～160kPa时测试灯应亮，若测试灯不亮，则须更换机油压力开关。

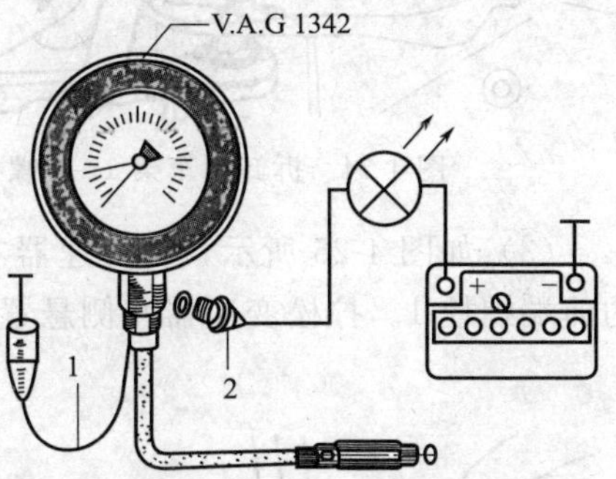

图4-23　检测机油压力开关和机油压力

1—棕色导线；2—机油压力开关

7. 机油压力的检查

(1) 停熄发动机，装上外接转速表。

(2) 拆下机油压力开关，并在其螺纹孔中通过专用机油压力表接头安装机油压力表。

(3) 启动发动机，机油压力表如无压力显示，则应立即停止发动机，检查机油泵是否工作及集滤器是否堵塞。

(4) 若机油压力表有显示，则继续运转发动机，待发动机达到正常温度（冷却风扇至少运转两次，相当于机油温度为80℃）后，检查机油压力表上的压力值，应符合要求。若机油压力不符合要求，则应进一步检查机油泵的技术状况及限压阀的调整情况。例如帕萨特1.8T ANQ发动机怠速时机油压力为100～250kPa，3000r/min时机油压力300～500kPa，若未达到上述规定值，应更换带限压阀的滤清器支座或机油泵。

三、润滑系检修

1. 机油滤清器的检修

检查集滤器滤网是否堵塞，若有堵塞应用柴油或煤油清洗干净后用压缩空气吹干；有破损则应更换集滤器。按照更换周期更换粗滤器，发现外壳破损、漏油现象时也应更换粗滤器。

2. 机油泵的拆卸与检修

机油泵是润滑系中的重要部件，它的技术状况直接影响润滑系的正常工作。机油泵经长期工作受到磨损时，将造成泵油压力降低和泵油量减少及其他机械故障。ANQ发动机机油泵的拆装检修步骤如下。

(1) 拆下油底壳。

(2) 用装配吊架 V. A. G1202A 顶起副车架。首先拆下副车架前端紧固螺栓 2 和 3（左、右侧），然后拧下螺栓 4，如图 4-24 所示。

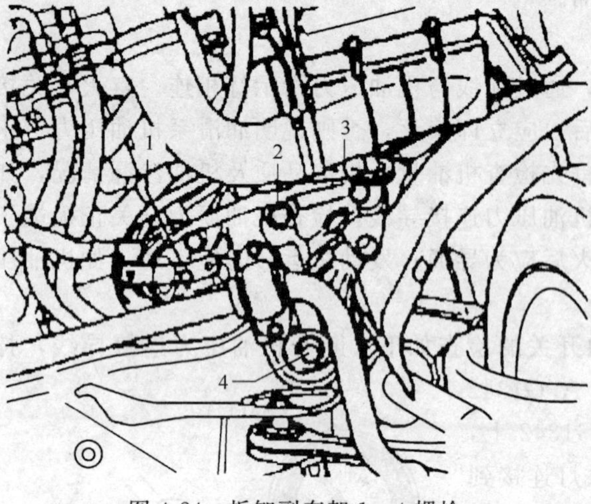

图 4-24 拆卸副车架 1～4 螺栓

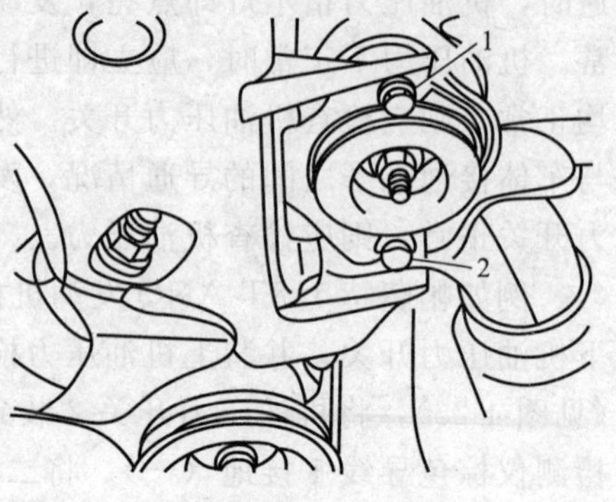

图 4-25 拧松变速器右侧悬置的 1、2 螺栓

(3) 如图 4-25 所示，将变速器右侧悬置的后侧螺栓 2 拧松几圈；拧下变速器右侧悬置的前端螺栓 1。拧松变速器左侧悬置的螺母，如图 4-26 所示，直至其与螺栓端部平齐。

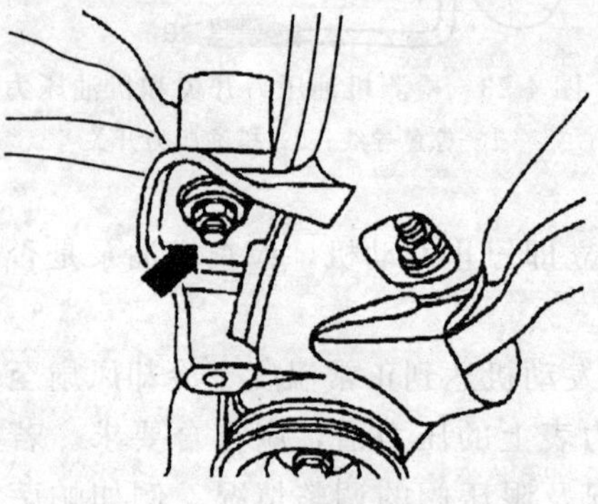

图 4-26 拧松变速器左侧悬置的螺栓

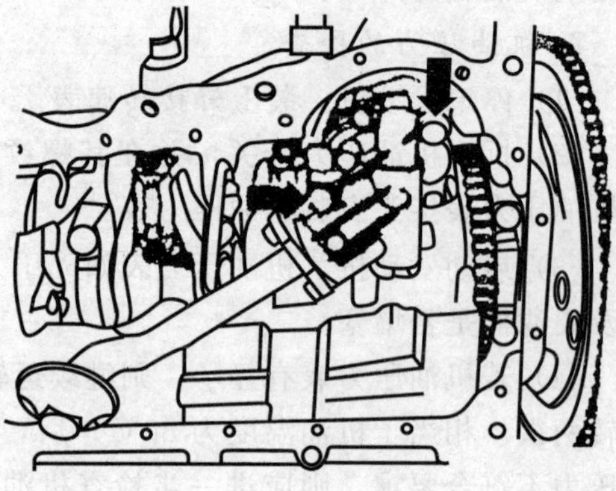

图 4-27 拆卸机油泵

(4) 利用装配吊架慢慢降下副车架，撤出装配吊架。

(5) 向下摆动防侧倾稳定杆，松开图 4-27 箭头所示的螺栓。向下压副车架，拆下机油泵。

齿轮式机油泵的拆卸顺序：泵盖→衬垫→从动齿轮→从动轴→主动齿轮→主动轴。

齿轮式机油泵的装配顺序：主动轴→主动齿轮→从动轴→从动齿轮→衬垫→泵盖。

转子式机油泵的拆卸顺序：泵盖→衬垫→内转子→外转子。

转子式机油泵的装配顺序：外转子→内转子→衬垫→泵盖。

如图 4-28 所示，检查机油泵齿间齿隙，新泵的齿隙应为 0.05mm，齿隙的磨损极限为 0.20mm。

如图 4-29 所示，检查机油泵轴向间隙，轴向间隙磨损极限为 0.15mm。

机油泵的安装按与拆卸相反的顺序进行。安装时注意机油泵与缸体连接螺栓的拧紧力矩为 25N·m。

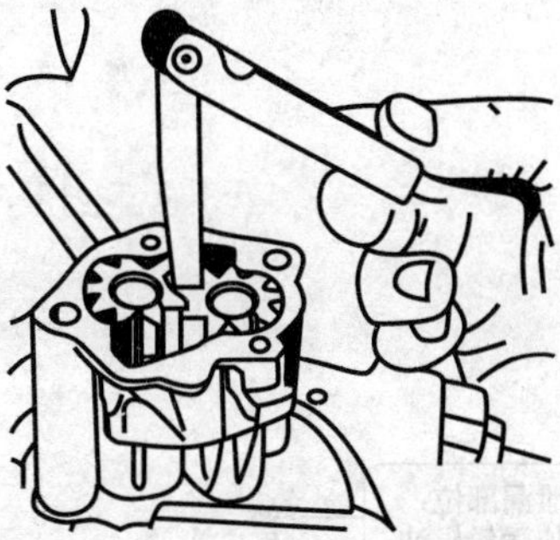

图 4-28 检查机油泵齿间齿隙

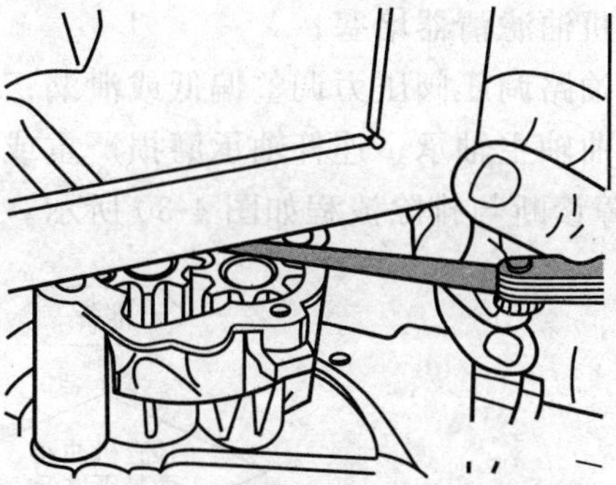

图 4-29 检查机油泵轴向间隙

四、润滑系典型故障诊断与排除

1. 机油变质过快

故障现象：车辆行驶不足12000km，机油出现了脏、变色、变稀，机械杂质增多等现象，取样检查时，机油颜色变黑，用手指捻搓，失去黏性并有杂质，机油呈乳浊状且有泡沫。

故障原因：

① 活塞与汽缸壁间间隙过大，活塞环密封不严造成漏气，废气漏入曲轴箱内与机油长时间接触，使机油变质加快；

② 曲轴箱通风不良；

③ 发动机冷却不良或机油压力过低，造成摩擦表面温度过高，由此传给机油，使得机油温度过高，加速了机油的氧化变质；

④ 机油滤清器过脏堵塞，造成润滑油短路；

⑤ 汽缸垫或汽缸体损坏，造成冷却液进入曲轴箱，使机油变质；

⑥ 发动机工作不良，未燃烧的燃料流入曲轴箱，造成机油黏度下降。

故障诊断与排除方法如下。

① 拔出机油标尺，将数滴机油滴在中性滤纸上，观察其扩散后的油迹。若油迹中心黑色较重且有很多杂质，说明机油含有较多的尘土及金属微粒和氧化物等。应检查机油压力是否偏低，发动机是否经常处于高温，活塞与汽缸壁的间隙是否过大，曲轴箱通风装置工作是否良好等。

② 若机油已经乳化，说明机油中掺进了水分。则应拆下火花塞或喷油器，检查表面是有水珠。若有水珠，说明有水分进入汽缸内参与燃烧，应检查汽缸垫是否损坏，水套与燃烧室是否相通，汽缸套上的密封垫是否漏水等。

③ 若机油变质的同时，伴随机油压力过低，则应检查机油滤清器是否堵塞，机油滤清器旁通的弹簧是否过软，机油泵的供油能力是否下降等。

2. 机油压力过低

故障现象：发动机工作时，机油压力报警灯闪烁，机油压力表显示低于标准压力。

故障原因：

① 机油压力传感器、线路故障；

② 机油压力表失准；

③ 机油变质（燃油油路有漏油现象，机油被燃油稀释或机油因长时间未更换而变质）；

④ 机油泵磨损，造成供油压力不足；

⑤ 机油压力油路有泄漏部位；

⑥ 机油滤清器堵塞；

⑦ 油路调压阀压力调整偏低或泄漏；

⑧ 曲轴主轴承、连杆轴承磨损严重或轴承盖松动。

故障诊断与排除流程如图 4-30 所示。

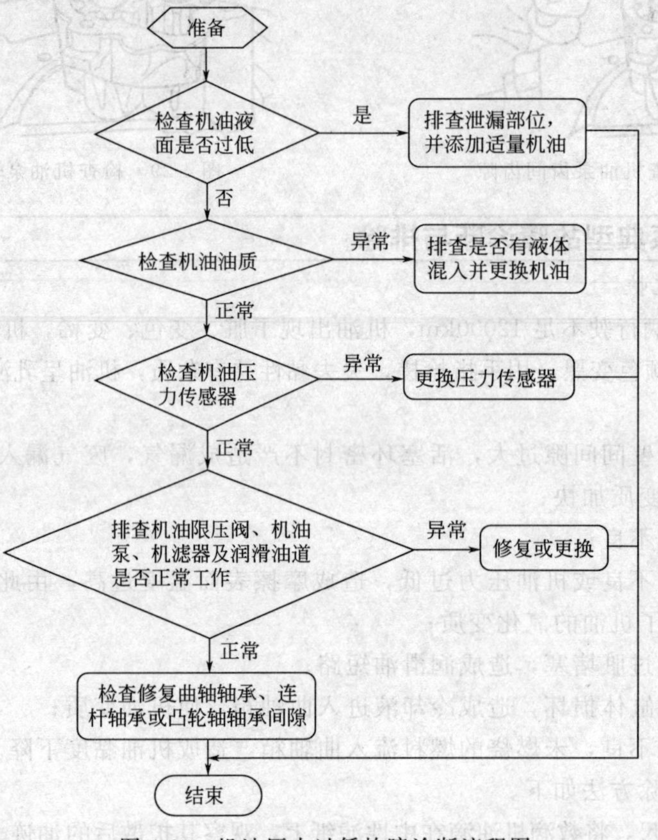

图 4-30 机油压力过低故障诊断流程图

3. 机油压力过高

故障现象：发动机怠速时机油压力表显示高于正常压力（机油压力表指示在 196kPa 以上或机油报警灯亮）。

故障原因：

① 机油压力传感器线路或元件故障；

② 机油黏度偏高，机油变质和机油滤清器堵塞；

③ 限压阀压力调整偏离或限压阀发卡；

④ 油道堵塞或曲轴主轴承、连杆轴承等间隙过小。

故障诊断与排除流程如图 4-31 所示。

4. 机油消耗过大

故障现象：发动机工作时排气管冒蓝烟；机油消耗量超过（0.1～0.5）L/100km；发动机工作时有“爆震”现象和漏油现象。

故障原因：

① 发动机气门油封损坏和活塞、活塞环及汽缸套磨损过度；

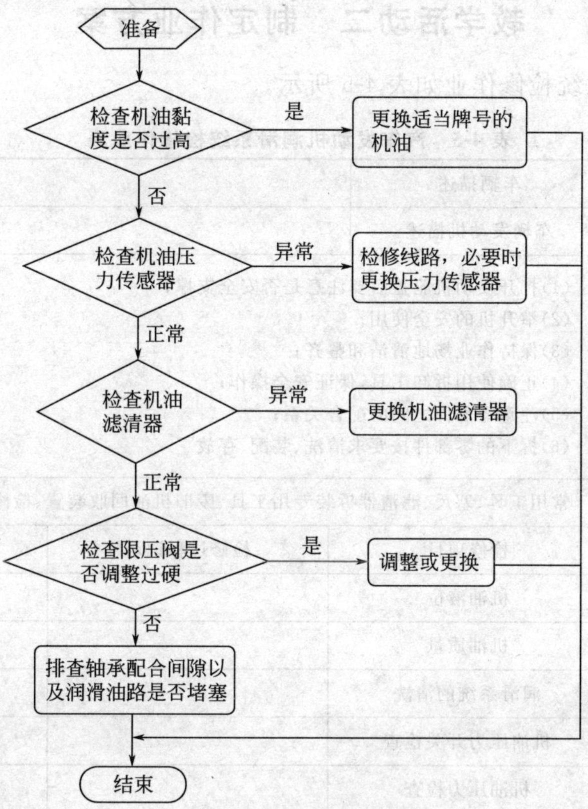

图 4-31　机油压力过高故障诊断流程图

② 发动机曲轴前油封或后油封损坏；

③ 发动机汽缸垫损坏或汽缸盖螺丝松动，造成油路渗漏。

故障诊断与排除流程如图 4-32 所示。

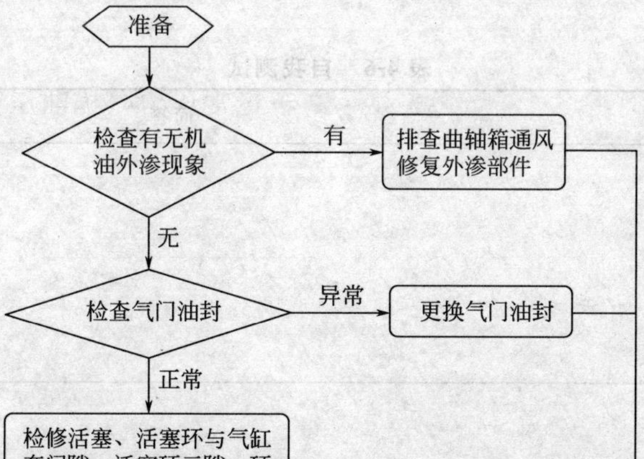

图 4-32　机油消耗量过多故障诊断流程图

教学活动二　制定作业方案

汽车发动机润滑系统检修作业如表 4-5 所示。

表 4-5　汽车发动机润滑系统检修作业表

车辆信息描述	车辆描述		
	车辆发动机描述		
注意安全事项	(1)打开发动机舱盖后要注意是否安全支撑； (2)举升机的安全使用； (3)保持作业场地清洁和整齐； (4)正确使用拆卸工具,保证安全操作； (5)注意零部件之间的配合关系； (6)拆下的零部件按要求清洗、装配、存放		
检修设备、用品	常用工具、塞尺、滤清器拆装专用工具、废旧机油回收装置、检修过程记录表等		
检修作业方案	检修项目	检修过程记录	结果
	机油液位		
	机油质量		
	润滑系统的清洗		
	机油压力开关检查		
	机油压力检查		
	机油的更换		
	机油泵的拆卸与检修		

教学活动三　自我测试与考核评价

自我测试见表 4-6。

表 4-6　自我测试

问题	简答
润滑系统在使用和维护过程中应注意些什么?	
如何确定机油更换周期?	

考核评价见表 4-7。

表 4-7　考核评价表

班级：______________　姓名：______________　学号：______________

项目	自我评价			小组评价			教师评价		
	10-9	8-6	5-1	10-9	8-6	5-1	10-9	8-6	5-1
	占总评 10%			占总评 30%			占总评 60%		
学习活动 1									
学习活动 2									
协作精神									
纪律观念									
表达能力									
工作态度									
安全意识									
任务总体表现									
小计									
总评及教师评语									

任课教师：______________　　　　　　　　年　月　日

项目五　冷却系的检修

本项目的总体描述见表 5-1。

表 5-1　项目总体描述

项目名称	冷却系的检修		
教学安排	第二学期	基准学时	16 学时
案例			
一辆桑塔纳 2000 轿车行驶 50000km，出现水温报警灯闪亮、水温表读数高、发动机无力等现象，在修理厂检查后发现某处水管漏水导致发动机缺水，引起水温偏高			
工作分析			
工作对象： 1. 维修工单； 2. 与维修接待员、车间主管和质检员的沟通； 3. 专用工具、维修材料及配件的领用； 4. 维修资料借阅、查阅与应用； 5. 待维修车辆； 6. 维修人员	1. 工具、材料、设备与资料 (1)冰点测试仪、冷却系压力检测仪等； (2)举升机、单臂吊等； (3)冷却液； (4)维修手册(发动机部分)、维修工单、检验标准等 2. 工作方法 (1)小组讨论； (2)制订完成维修工单作业项目的工作计划； (3)确定必要的专用工具和诊断设备； (4)确定所需的维修材料和汽车配件； (5)填写维修作业工单； (6)自检、互检或质检员检验发动机维修质量 3. 劳动组织方式 (1)教师向各小组安排维修任务； (2)确定作业项目后到工具室领取工具及配件； (3)合作形式完成作业内容； (4)确定维修项目后到材料和备件仓库领取材料及备件； (5)从资料室领取维修手册，作业后归还； (6)完工自检后将车交质检员或车间主管检验； (7)返工一般由原任务接受人或小组进行		工作要求： 1. 组内成员之间进行熟练的专业沟通； 2. 从满足客户要求及经济、安全、环保的角度确定维修作业计划； 3. 冷却系统检查、拆卸、安装、检测和维护等工作标准规范； 4. 对已完成的工作进行记录存档，评价和总结； 5. 自觉保持安全作业及“5S”的工作要求
职业能力要求			
1. 能通过查阅相关维修技术资料等方式获取发动机冷却系统的基本信息； 2. 能按照维修技术标准进行规范操作； 3. 能够熟练使用工具拆检冷却系，能进行发动机温度异常的故障原因分析和初步故障诊断； 4. 能进行发动机冷却系统的维护与检修			
专业技术学习内容			
1. 查看冷却系各部件位置； 2. 描述冷却系大小循环路线图； 3. 冷却液冰点检查与更换； 4. 冷却液压力测试； 5. 冷却系各零部件拆装； 6. 冷却系维护			

学习任务一　冷却系的维护

教学活动一　认识冷却系

一、冷却系概述

冷却系的作用是使发动机保持在适宜的温度范围内工作，低温下尽可能快地使发动机达到正常工作温度，高温下使发动机得到适度冷却，同时冷却系统还为暖风系统提供热源。水冷式发动机冷却液正常工作温度在80～105℃，冷却过度会使发动机温度过低，导致可燃混合气燃烧热量损失过多，发动机功率下降，润滑油黏度大，内摩擦阻力增大，消耗功率大，燃油不易汽化，燃油消耗增加，冷凝在汽缸壁上的燃油流到曲轴箱中稀释润滑油，机件磨损加剧。冷却不足可导致汽缸和进气管温度过高，燃烧不正常，发动机功率减小，润滑油变稀失去润滑性，加剧磨损，各机件因高温而膨胀变形，破坏了正常的啮合间隙，产生卡死现象等。

冷却系按照冷却介质的不同可以分为水冷却系和风冷却系，如图5-1所示。下面主要介绍水冷却系。

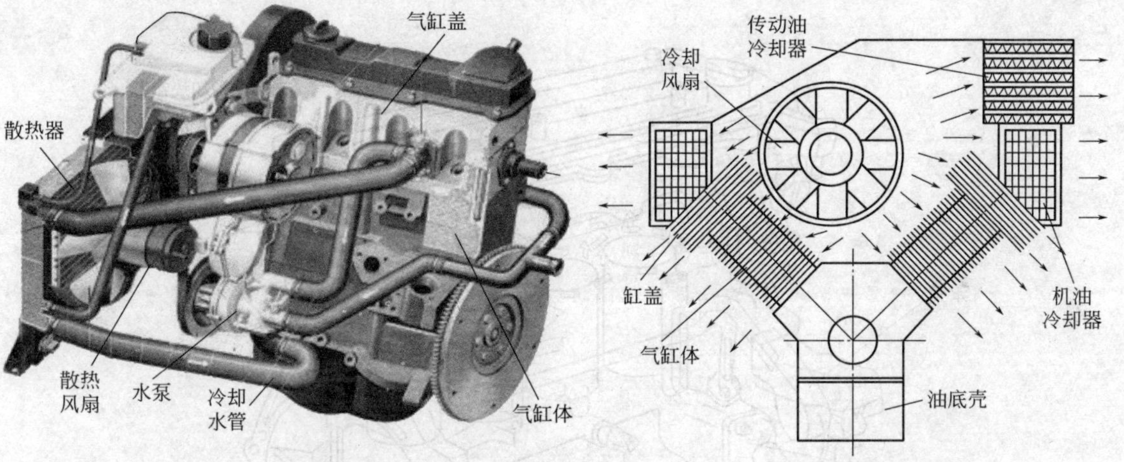

图5-1　冷却系

水冷却系是以水作为冷却介质，把从发动机受热零件吸收的热量散发到大气中去。目前汽车发动机上采用的大都是强制循环式水冷系，利用水泵强制进行循环流动。

图5-2所示为桑塔纳车用发动机冷却系示意图（带暖风系统）。其水冷系由散热器、水泵、风扇、冷却水套、冷却液、节温器、风扇控制机构、膨胀水箱、温度指示器及报警灯等组成。有部分汽车在前进气格栅装有百叶窗。

典型发动机冷却系统冷却液流经路线如图5-3所示。

冷却液在冷却系内的循环流动路线有两条：一条为大循环，另一条为小循环。所谓大循环是水温高时冷却液经过散热器而进行的循环流动；小循环就是水温低时冷却液不经过散热器而进行的循环流动。

通常利用节温器控制通过散热器的冷却液的流量，根据发动机负荷大小和水温的高低自

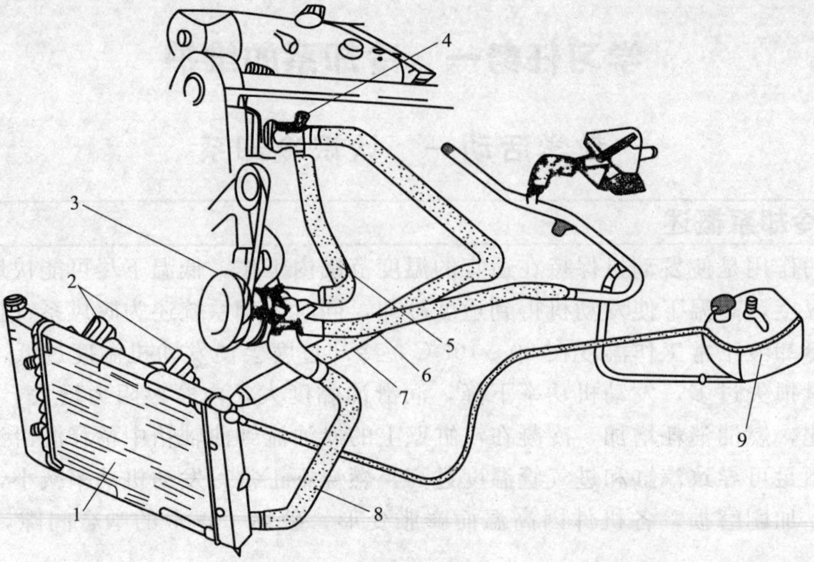

图 5-2　桑塔纳轿车用发动机冷却系示意图

1—散热器；2—风扇；3—水泵和节温器；4—机体进水口（进入汽缸体、汽缸盖水套）；5—旁通水管；6—暖气回水进水泵水管；7—机体冷却液出口与散热器进水口接管；8—散热器出水管；9—膨胀水箱

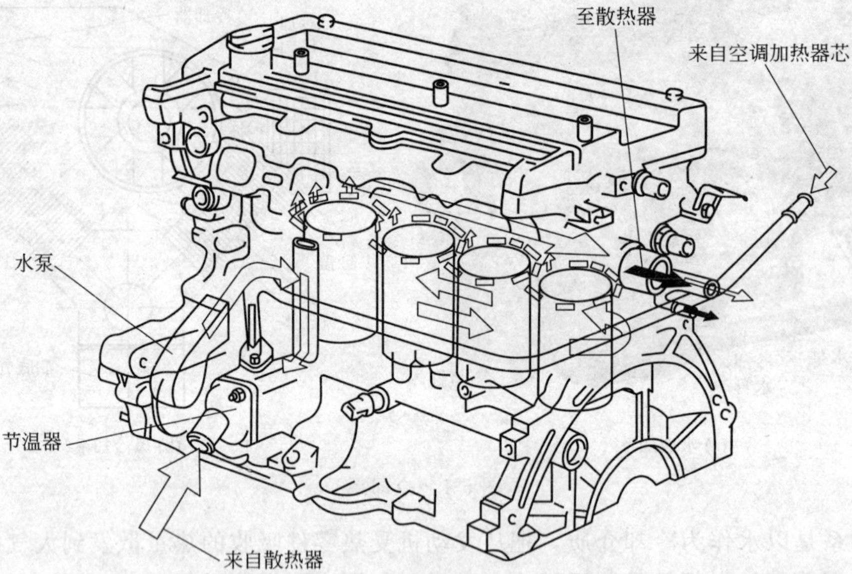

图 5-3　冷却系统冷却液的流经路线

动改变水的循环流动路线，调节冷却系的冷却强度。节温器安装在汽缸盖出水口的冷却液大小循环路线如图 5-4 所示，当冷却液温度低于 76℃时，节温器阀门关闭冷却液通往散热器的通道，同时打开通往水泵的旁通管，水套内的水只能由旁通孔经旁通管进入水泵，又被水泵压入发动机水套，此时冷却液只在水套与水泵之间进行小循环，从而防止发动机过冷；当发动机水温高于 80℃时，节温器阀门打开通往散热器的通道，同时关闭通往水泵的旁通管，冷却液全部流经散热器，形成大循环；当发动机的水温在 76～80℃范围内，通往散热器的通道和通往水泵的旁通管均处于半开闭状态，此时大、小循环同时存在。

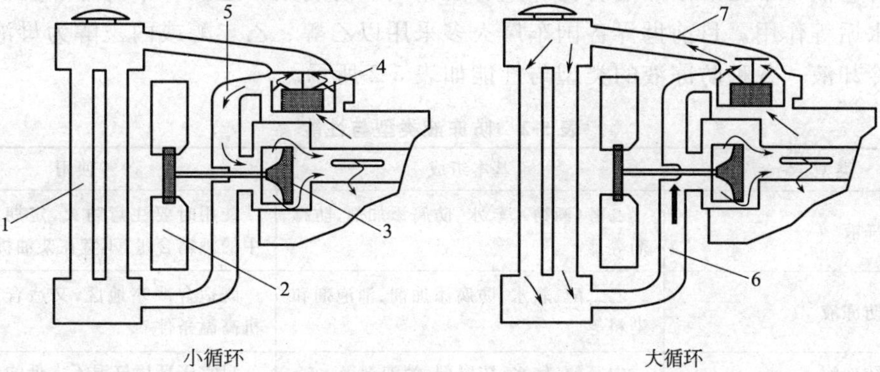

图 5-4　冷却液大小循环路线

1—散热器；2—风扇；3—水泵；4—节温器；5—小循环水管；6—下水管；7—上水管

ANQ 发动机冷却系统示意图如图 5-5 所示，节温器安装在机体上的水泵进口处，节温器阀门大约在 87℃时开启，在 102℃时节温器全开，开启行程至少为 8mm，小循环为常开。

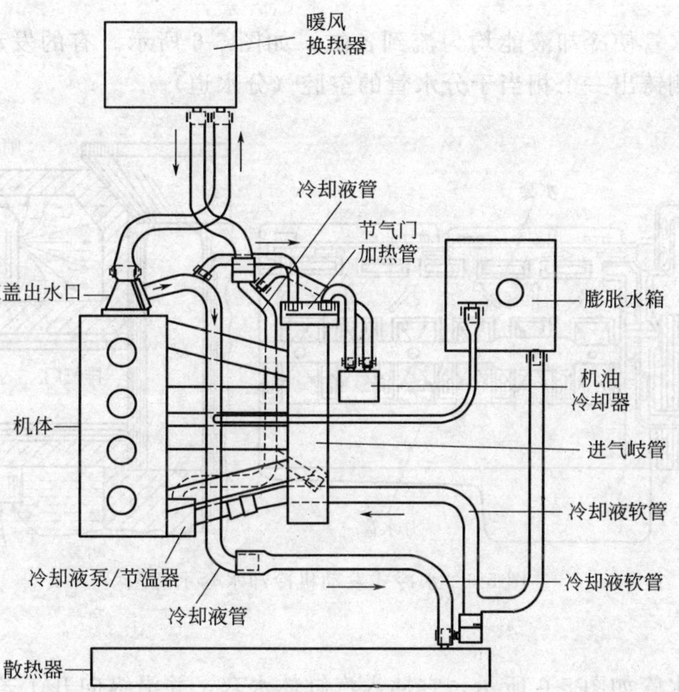

图 5-5　ANQ 发动机冷却系统示意图

冷却液大循环路线：水泵→缸体水套→缸盖水套→散热器→节温器→水泵；

冷却液小循环路线：水泵→缸体水套→缸盖水套→节温器→水泵。

目前发动机上采用的冷却液多为冷却水和防冻液。冷却水指清洁的软水，即含矿物质少的水，如雨水、雪水、自来水等。然而清澈的泉水含有大量的矿物质，如果加入发动机的冷却系统中，就会产生大量的水垢，影响冷却系统正常作用的发挥。硬水软化的常用方法是在 1L 水中加入 0.5～1.5g 碳酸钠或 0.5～0.8g 氢氧化钠。在寒冷的冬天，由于冷却水低温易结冰的特性，容易使冷却水管冻裂，因此，添加冷却水的发动机会在晚上将冷却水放掉，以免结冻。防冻液中常见的添加剂有抑沸剂、阻垢剂、防腐剂，达到冬季防冻、夏季防沸，防腐蚀、防水垢等作用。目前世界各国车厂大多采用以乙醇、乙二醇或丙三醇为母液的汽车防冻液作为冷却液，各种防冻液的类型与性能如表 5-2 所示。

表 5-2　防冻液类型与性能

类型	基本组成	使用
乙醇型防冻液	乙醇(酒精)、软水、防腐添加剂、防霉剂等	使用时要注意防火，定期测定防冻液中的酒精含量，不宜在柴油机中使用
乙二醇型防冻液	乙二醇、软水、防腐添加剂、消泡剂和染料等	既适合严寒地区，又适合高负荷发动机高温条件
丙三醇型防冻液	丙三醇、软水、防腐剂、消泡剂等	只宜于环境气温不太低的地区
二甲基亚砜型防冻液	二甲基亚砜、软水	适合严寒地区

二、发动机水套

水冷式发动机汽缸体和汽缸盖的双层壁所形成的空间称为水套，用以充满冷却液。

1. 分水管

水套中的分水管使冷却液能均匀流到各缸，如图 5-6 所示。有的发动机不单设分水管，而是在水套的一侧铸出一个相当于分水管的空腔（分水道）。

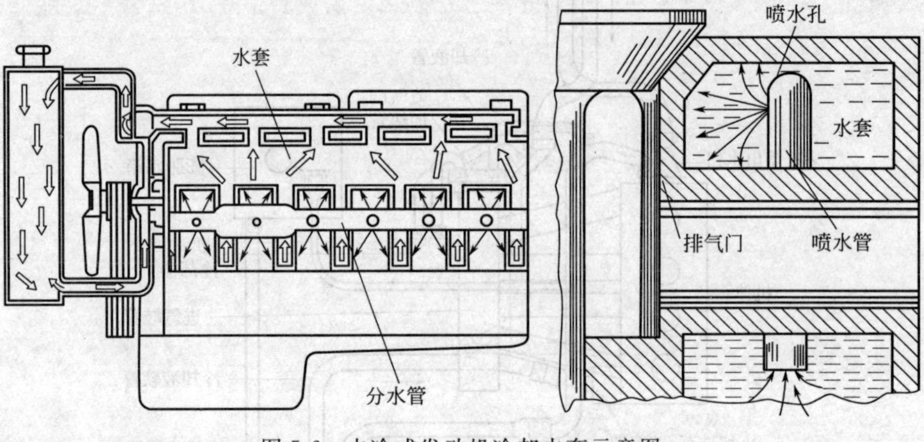

图 5-6　水冷式发动机冷却水套示意图

2. 喷水管

水套中的喷水管如图 5-6 所示，它插入汽缸体水套，并沿纵向开了若干个出水孔。离水泵越远处，出水孔越大，使冷却液流速较低的发动机后部的汽缸得到足够的冷却。

三、散热器

散热器又称水箱，作用是将冷却液在水套中吸收的热量散发至外界大气，使水温下降，其主要由散热器盖、上贮水室、散热器芯和下贮水室组成，安装在发动机前的车架横梁上，如图 5-7 所示。为了将散热器传出的热量尽快带走，在散热器后面装有风扇。上贮水室顶部有加水口和散热器盖，下贮水室设有放水开关，上、下贮水室的进出水管分别用橡胶软管与汽缸盖的出水管与水泵的进水管相连。散热器芯由许多水管和散热片组成，一般用黄铜或铝制成，材料导热性好。

按照散热器中冷却液流动的方向可将散热器分为纵流式和横流式。纵流式散热器如图 5-8(a) 所示，冷却液由进水室自上而下地流过散热器芯进入出水室。横流式散热器如图 5-8(b) 所示，左右两端分别为进、出水室。

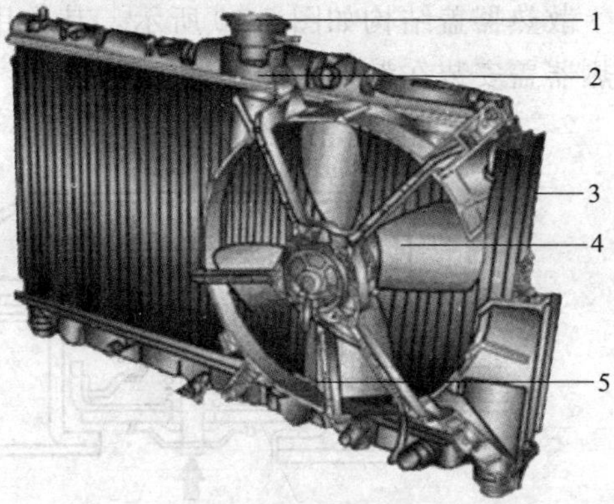

图 5-7　散热器的结构

1—散热器盖；2—上贮水室；3—散热器芯；4—风扇；5—下贮水室

散热器芯的构造常用的有管片式和管带式。管片式如图 5-9(a) 所示，由若干扁形或圆形冷却管组成，空气吹过扁形冷却管和散热片，使管内流动的水得到冷却。管片式散热器结构强度好，耐高压，制造工艺较复杂，成本高。管带式如图 5-9(b) 所示，由若干扁平冷却管组成，水管与散热器相间排列，在散热器带上常开有形似百叶窗的孔，以破坏气流在散热器表面上的附面层，提高散热能力。管带式散热器散热能力强，制造工艺简单，成本低，多为轿车发动机采用。

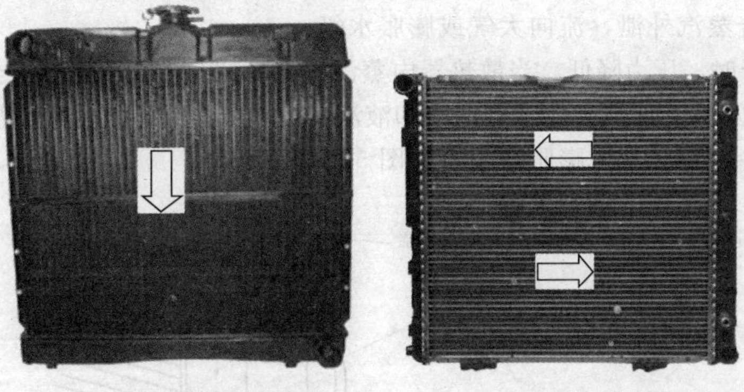

(a) 纵流式散热器　　(b) 横流式散热器

图 5-8　散热器类型

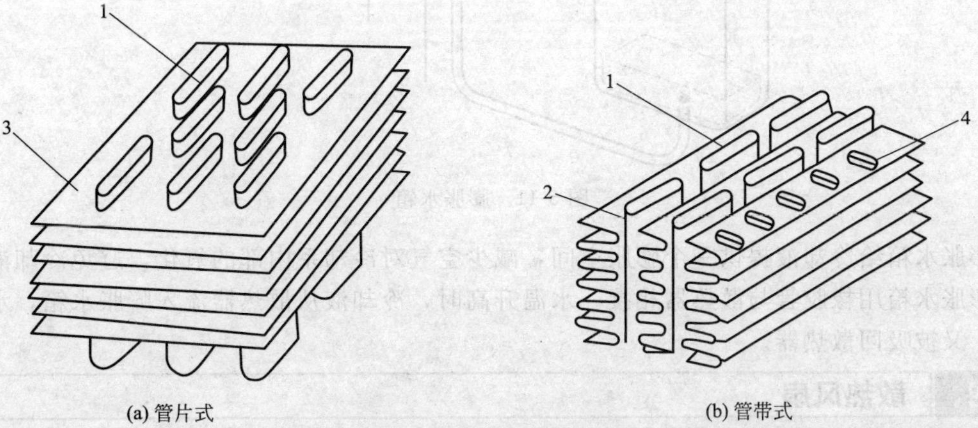

(a) 管片式　　(b) 管带式

图 5-9　散热器芯构造

1—冷却管；2—散热带；3—散热片；4—缝孔

散热器盖结构如图 5-10 所示，其作用是自动调节冷却系统的工作压力，提高冷却效果。散热器盖安装在散热器冷却液加注口处，其工作原理如下。

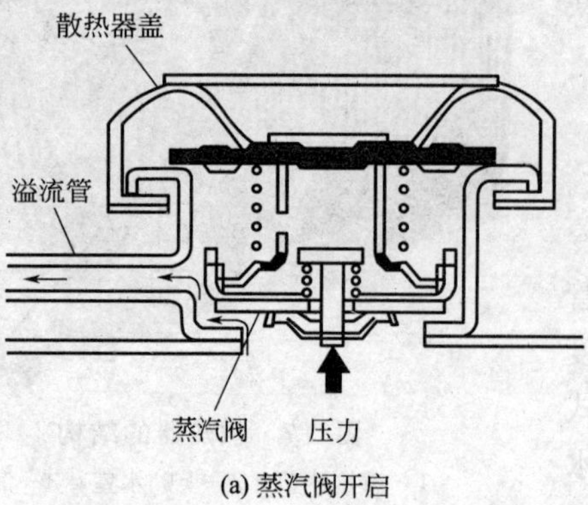

图 5-10 散热器盖结构与工作原理

（1）水温正常时，空气阀和蒸汽阀关闭，防止水蒸气逸出，并使冷却系统内压力稍高于大气压力，从而提高冷却液的沸点。

（2）水温升高时，液体膨胀，压力升高，当散热器内蒸汽压力达到 126～137kPa 时，蒸汽阀打开，部分蒸汽外泄，流向大气或膨胀水箱。

（3）水温下降时，压力降低，当散热器内蒸汽压力降到 99～87kPa 时，空气阀被大气压力压开，部分空气被吸入，来自膨胀水箱的冷却液流向散热器，以防散热器及芯管被大气压瘪。

汽车封闭式冷却系多带一膨胀水箱，如图 5-11 所示。

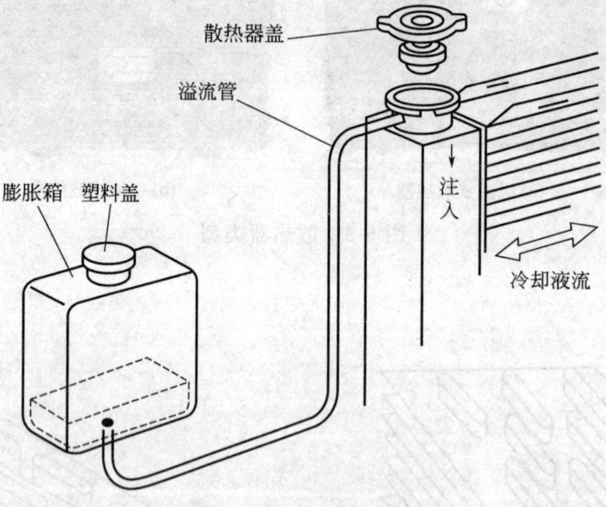

图 5-11 膨胀水箱

膨胀水箱给冷却液提供一个膨胀空间，减少空气对冷却系内部的氧化，避免冷却液的流失。膨胀水箱用橡胶管与散热器相接。水温升高时，冷却液从散热器流入膨胀水箱，水温降低后，又被吸回散热器。

四、散热风扇

散热风扇旋转时对空气产生吸力，并使之沿轴向流动，空气流由前向后穿过散热器芯并吹向发动机表面，使流经散热器芯的冷却液加速冷却，吸收并带走发动机表面的热量，从而加大冷却强度。风扇有叶尖前弯风扇、尖窄根宽风扇和尼龙压铸整体风扇三种形式，如图5-12所示，叶片多用薄钢板压制而成，叶片间夹角一般不相等。叶片与其旋转平面成30°～45°的安装斜角。

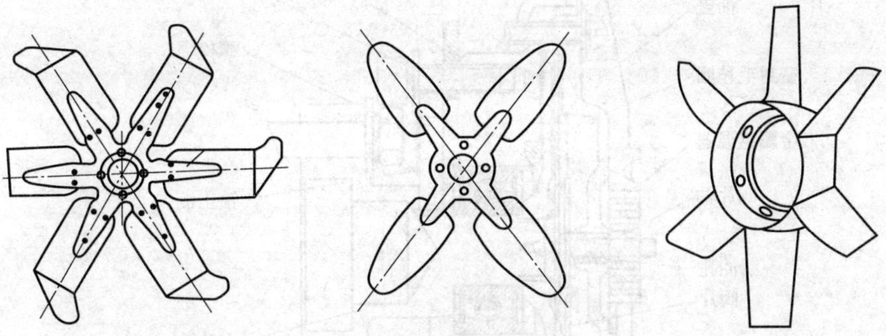

图 5-12　风扇的三种形式

图5-13所示为风扇的V带张紧装置。

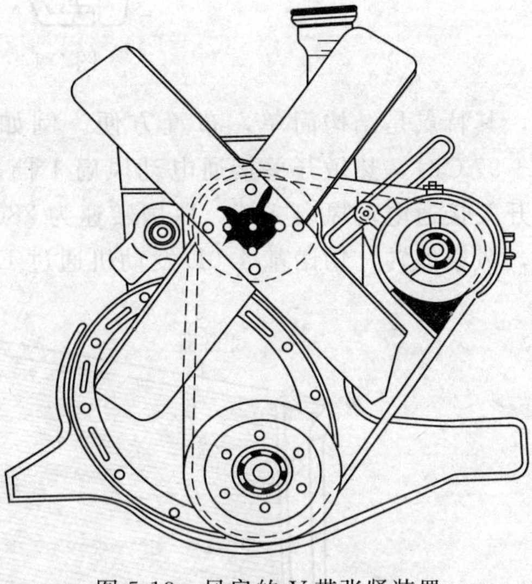

图 5-13　风扇的V带张紧装置

对于由发动机曲轴驱动的风扇，一般配有风扇离合器，当发动机温度超过一定值时，离合器处于接合状态，风扇转速提高；当发动机温度下降后，风扇离合器又回到分离状态。风扇离合器主要有硅油式、电磁式和机械式，其中多采用硅油式。电磁式离合器的壳由传动带轮带动运转，当冷却液温度低于某一值时，温控开关断开，衔铁在弹簧的作用下使离合器分离，当发动机冷却液温度高于某一值时，温控开关接通，线圈通电，使电磁壳体吸住衔铁，将摩擦片压紧，离合器处于接合状态，风扇转动。硅油风扇离合器如图5-14所示，其主动轴与水泵轴连接，固定在风扇带轮上由曲轴驱动，主动板铆接在主动轴的端部，随主动轴一起旋转；从动板、前盖、壳体连成一体，靠轴承支撑在主动轴上；风扇则安装在壳体上。前盖与从动板间空腔为储油腔，储有高黏度硅油（油面低于轴心线）；壳体与从动板间空腔为工作腔；从动板上有进油孔、回油孔、泄油孔。进油孔由阀片的旋转实现打开与关闭，阀片的转动靠离合器前端的螺旋状双金属感温器控制，感温器外端固定在前盖上，内端卡在阀片轴前端的槽内。硅油从储油腔流入工作腔时，主动板通过硅油带动从动板、壳体旋转，风扇运转。

发动机温度低时，进油孔关闭，工作腔内无油，风扇离合器分离，风扇空转，转速慢；发动机温度升高时，进油孔开，硅油从贮油腔进入工作腔，使风扇离合器接合，于是风扇和水泵轴一起转动，硅油被甩向外缘，经回油孔流回储油腔，再经进油孔流回工作腔形成循环回路。

现在的轿车多采用电动风扇，如图5-15所示。电动机由温控热敏电阻开关或者ECU控

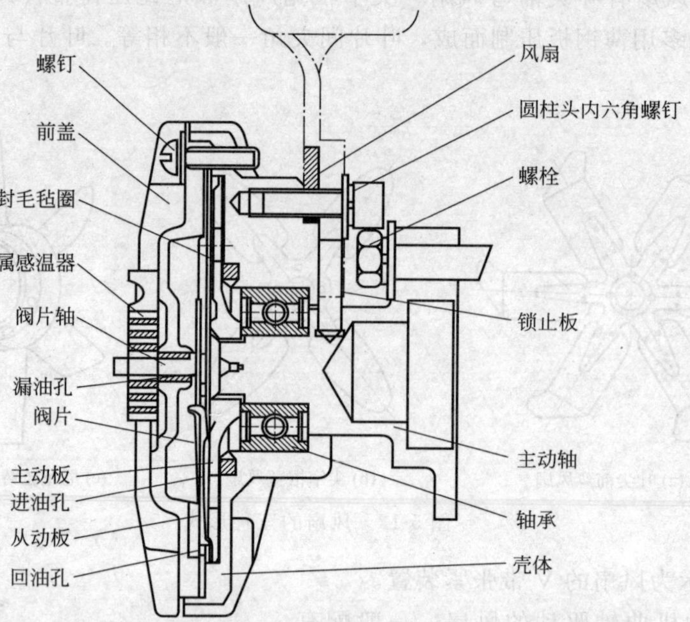

图 5-14 硅油风扇离合器

制，其特点是结构简单，布置方便。例如捷达、桑塔纳等轿车电动风扇为两挡：温度在92～97℃时，热敏开关接通电动风扇 1 挡，风扇转速为 2300r/min；温度 99～105℃时，热敏开关接通电动风扇 2 挡，风扇转速为 2800r/min；温度降到 84～91℃时，热敏开关切断电源，风扇停转。切诺基 4.0L 发动机通过 ECU 采集冷却液温度，对电动风扇进行控制。

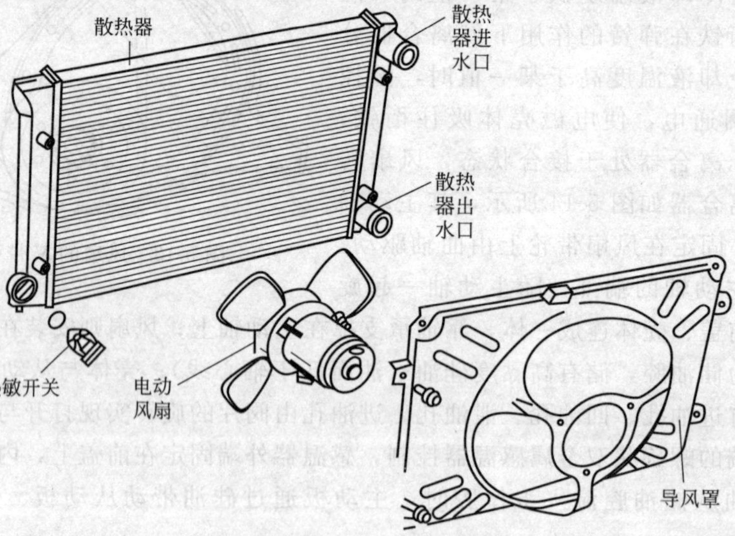

图 5-15 电动风扇

有的电动风扇装有水温开关和空调压力开关，当水温或空调压力超过规定值时，开关打开或闭合，控制风扇电机工作。

五、水泵

水泵一般位于发动机前部，由曲轴驱动，其功用是使冷却液在冷却系中循环流动，保证发动机的冷却。汽车上广泛使用离心式水泵，如图 5-16 所示，它由水泵体、水泵盖、叶轮、水泵轴、轴承、水封等组成，结构紧凑、泵水量大，在发生故障停止工作时不妨碍冷却液在冷却系内部自然循环。

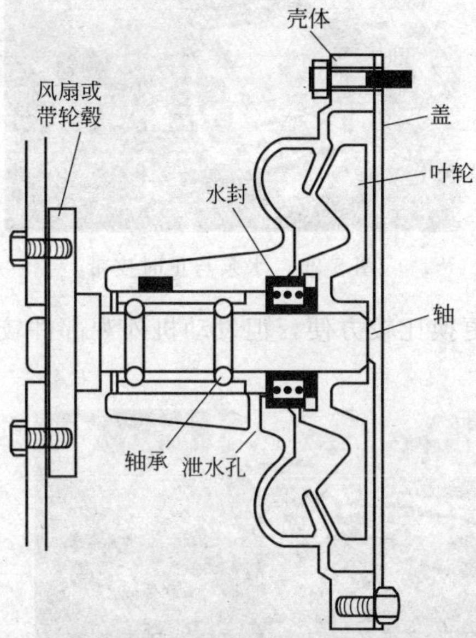

图 5-16　离心泵结构示意图

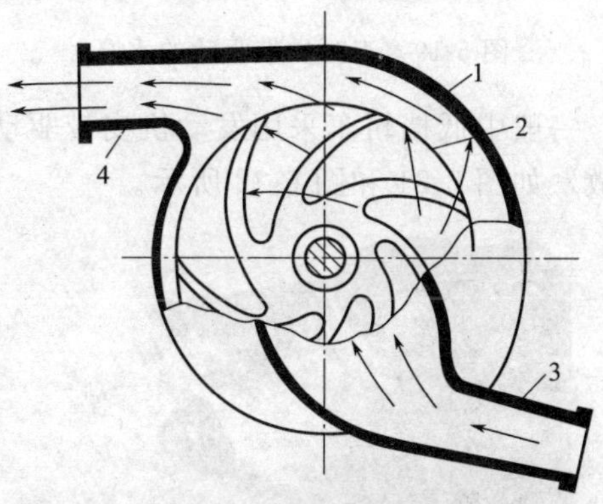

图 5-17　离心泵工作原理示意图

1—水泵壳体；2—叶轮；3—进水管；4—出水管

离心式水泵工作原理如图 5-17 所示。水泵轴转动，叶轮旋转，冷却液由进水管到叶轮中心，叶轮转动产生离心力，冷却液被甩向叶轮边缘，然后经出水口进入汽缸体水套中去；与此同时，叶轮的中心部分形成低压，散热器中的冷却液又从进水管泵入叶轮中心，如此循环不息，冷却液便在水泵的作用下循环流动。

有些发动机（如 AJR、ANQ、F23A3 等）水泵的壳体直接铸造在汽缸体上，而其他零件装成一个总成，用 O 形密封圈与汽缸体上的泵壳密封，通过轴承座上的螺栓固定在汽缸体上，其叶轮为塑料（或钢板）的闭式叶轮，如图 5-18 所示。

有的水泵通过发动机正时皮带驱动，结构紧凑，但更换水泵时步骤比较复杂，此种水泵

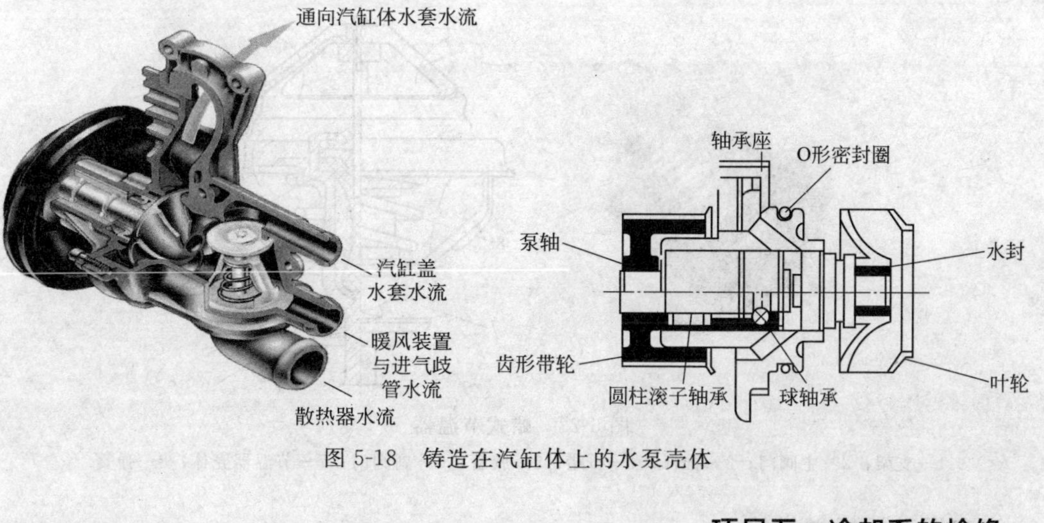

图 5-18　铸造在汽缸体上的水泵壳体

多见于中高档发动机中，如图 5-19 和图 5-20 所示。

图 5-19　正时皮带驱动的水泵

图 5-20　水泵与正时皮带

一般中低档轿车采用发动机皮带驱动水泵，水泵更换比较方便，但发动机外观部件较为零散，如图 5-21 和图 5-22 所示。

图 5-21　发动机皮带驱动的水泵

图 5-22　发动机皮带驱动水泵位置

六、节温器

节温器安装在水泵的进水口或者汽缸盖的出水口处。其功用是根据发动机冷却液温度的变化自动调节冷却液的循环路线，以使发动机在最合适的温度下工作。节温器有蜡式和膨胀筒式式两种。目前汽车上广泛采用蜡式节温器，有单阀和双阀式之分。

蜡式节温器利用石蜡受热膨胀来改变冷却液的循环路线及流量，以保证发动机工作的正常温度。双阀式蜡式节温器如图 5-23 所示，常温时，石蜡呈固态，弹簧将主阀门推向上方，使之压在阀座上，主阀门关闭，而副阀门随着主阀门上移，离开阀座即打开；水温升高时，

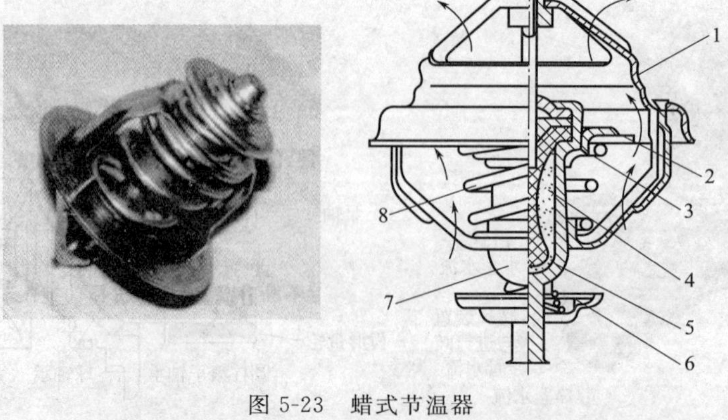

图 5-23　蜡式节温器

1—支架；2—主阀门；3—推杆；4—石蜡；5—胶管；6—副阀门；7—节温器壳体；8—弹簧

石蜡逐渐呈液态，其体积膨胀，迫使胶管收缩，而对推杆锥状端头施加向上的推力，而固定不动的推杆对胶管及节温器外壳产生向下的反推力，克服弹簧预紧力，使主阀门开始打开，副阀门开始关闭。

东风 EQ1090E 型发动机所用的蜡式节温器安装在汽缸盖出水口处，如图 5-24 所示。

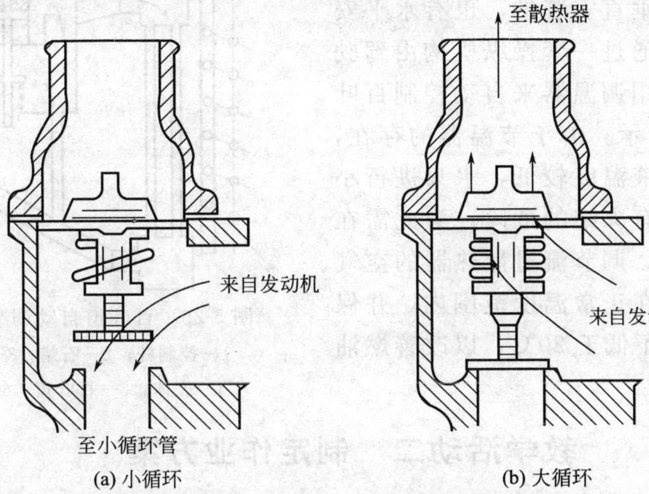

图 5-24　东风 EQ1090E 型发动机蜡式节温器

（1）小循环　冷却液温度低于 76℃时，节温器主阀门关闭，副阀门打开，汽缸盖至散热器的冷却液通道被切断。冷却液由汽缸盖水套流出，经节温器副阀门座、旁通管进入水泵，并经水泵送入汽缸体水套。此时，冷却液不经散热器散热，可使发动机温度迅速提高。

（2）大循环　冷却液温度高于 86℃时，节温器主阀门全开，副阀门全闭，冷却液由汽缸盖水套流出，经节温器主阀门座，沿出水管进入散热器冷却，可使发动机温度降低。

冷却液温度高于 76℃低于 86℃时，节温器主阀门开始打开，副阀门开始关闭，一部分冷却液由汽缸盖水套流出，经节温器副阀门座、旁通管进入水泵，并经水泵送入汽缸体水套。并以部分冷却液经散热器散热，进行冷却。

单阀式蜡式节温器安装在冷却液出水口处，无论冷却液温度如何，冷却液都进行小循环，工作原理如图 5-25 所示。

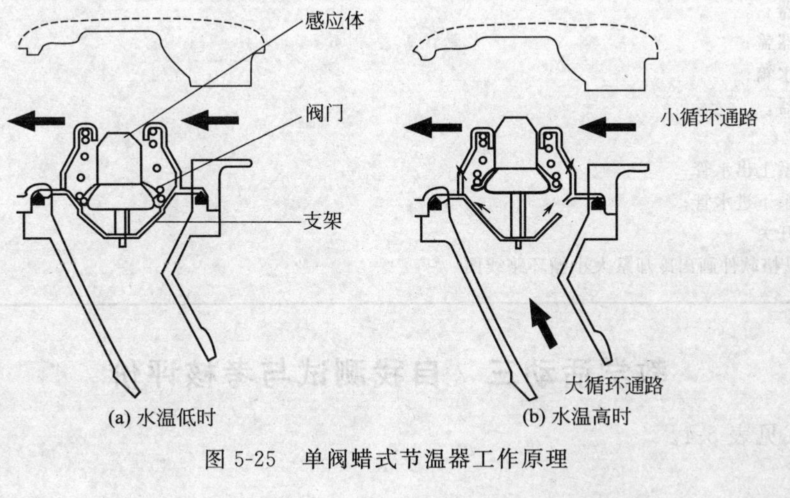

图 5-25　单阀蜡式节温器工作原理

七、百叶窗

百叶窗通过调节流经散热器的空气量来调节冷却系的冷却强度，使发动机在适宜的温度下工作。百叶窗由许多片活动挡板组成的，安装在散热器前面，有垂直安装的，也有水平安装的。百叶窗的开度通过一套操纵机构由驾驶员控制，有些汽车采用调温器来自动控制百叶窗开度，如图 5-26 所示。由于节温器的存在，在严寒环境下，冷却液温度较低，水只进行小循环，水在散热器内有冻结的危险，为此需在散热器前安装百叶窗，调节流过散热器的空气流量，使发动机保持在正常温度范围内，并保持机罩内的正常温度不低于 20℃，以改善燃油的汽化条件。

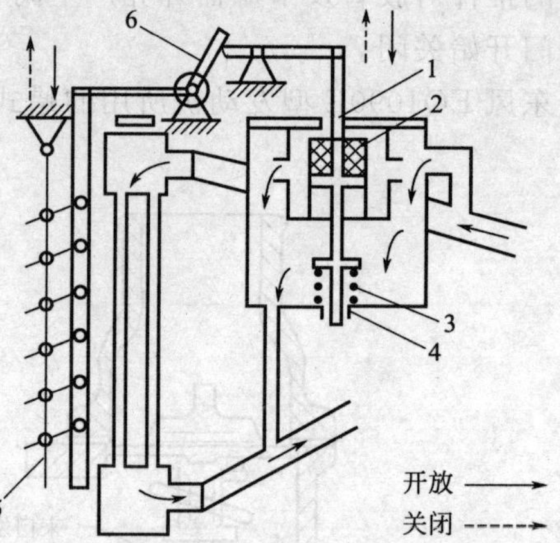

图 5-26　百叶窗自动调节装置示意图

1—控制杆；2—石蜡；3—回位弹簧；4—壳体；5—百叶窗；6—传动机构

教学活动二　制定作业方案

制定冷却系统维护方案，如表 5-3 所示。

表 5-3　冷却系维护作业方案

车辆信息描述	车辆描述	
	车辆发动机描述	
注意安全事项	(1)注意人身和机件的安全，做到先了解后动手，操作时工具和地板必须保持清洁； (2)打开发动机舱盖后要注意是否安全支撑； (3)热车时检修冷却系统切记不要轻易打开散热器盖，以免灼伤，务必按照规范步骤打开； (4)检修冷却系统时不要随便乱拔车上插接器； (5)就车检查冷却系统时要注意风扇是否旋转和排气管温度，以免不注意使人受伤； (6)检查过程中如果要动车，务必通知发动机舱中正在检修的人员，以免发生安全事故	
作业计划	1. 在桑塔纳 2000 轿车、帕萨特 ANQ 发动机台架、丰田 8A 发动机台架上找出以下冷却系统组成零部件，并说明其作用： (1)散热器； (2)散热器盖； (3)膨胀水箱； (4)节温器； (5)水泵； (6)冷却系上出水管； (7)冷却系下进水管； (8)放水开关 2. 利用景格软件画出冷却系大小循环路线图	

教学活动三　自我测试与考核评价

自我测试见表 5-4。

表 5-4　自我测试

在车上找出下面各图中的元件安装位置并简述其作用

7

8

9

序号	安装位置	作用
1		
2		
3		
4		
5		
6		
7		
8		
9		

冷却系作用是根据发动机工况和负荷对发动机温度进行适度调整，发动机冷却液适宜的工作温度一般为______，温度过高，使得发动机______效率下降，影响发动机功率输出；温度过低，使可燃混合气燃烧热量损失______，发动机功率______，查阅维修手册，桑塔纳 2000 AJR 发动机达到最佳运行状态时，冷却液温度约为______℃

考核评价见表 5-5。

表 5-5　考核评价表

班级：______________　姓名：______________　学号：______________

项目	自我评价			小组评价			教师评价		
	10-9	8-6	5-1	10-9	8-6	5-1	10-9	8-6	5-1
	占总评 10%			占总评 30%			占总评 60%		
学习活动 1									
学习活动 2									

续表

项目	自我评价			小组评价			教师评价		
	10-9	8-6	5-1	10-9	8-6	5-1	10-9	8-6	5-1
	占总评 10%			占总评 30%			占总评 60%		
协作精神									
纪律观念									
表达能力									
工作态度									
安全意识									
任务总体表现									
小计									
总评及教师评语									

任课教师：________　　　　　　　　年　月　日

学习任务二　冷却系主要零部件拆装与检修

教学活动一　冷却系拆装检修概述

一、冷却液的检查

冷却液应透明、无异味、无沉淀。如果发现外观浑浊，气味异常，有悬浮物时，说明冷却液已经变质，应立即更换。

检查散热器盖或散热器加注口的周围是否有锈迹，冷却液是否有杂质等脏污，若有则应更换冷却液。

冷却液体颜色较为鲜艳，目的是有泄漏时可以更清楚地观察到，观察膨胀水箱中冷却液的液面高度，其液位应处于最大位和最小位之间，如图 5-27 所示，否则应添加冷却液或纯净水，切记不能添加矿泉水。如发现一定时间内冷却液减少，此时应检查冷却系统是否有泄漏，若有则对渗漏处进行维修，恢复正常后添加冷却液。

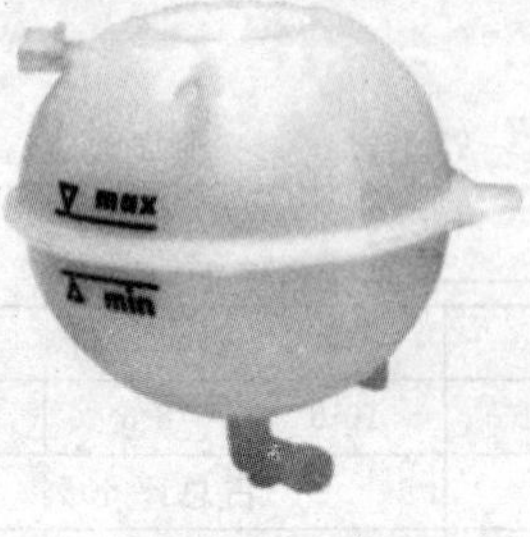

图 5-27　膨胀壶

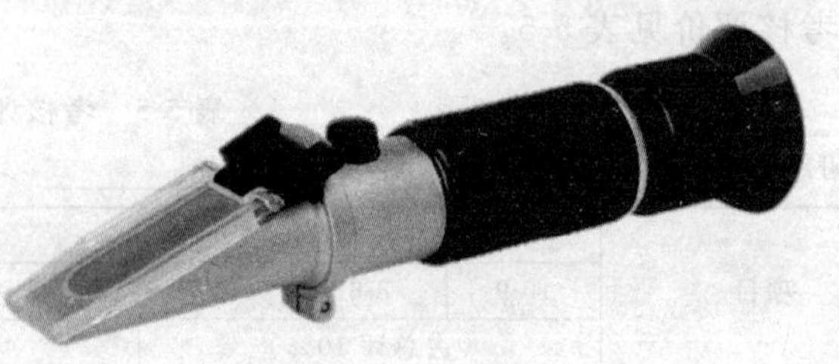

图 5-28　冰点测试仪

注意：发动机处于热状态时，切记不要直接打开散热器盖，以免热水喷出烫伤。必须等发动机冷却后，用抹布裹着打开散热器盖，如果散热器内还有残余压力，打开时会听到排气的声音，应注意防护。

采用冰点测试仪（见图 5-28）来检查冷却液的冰点，从而检查冷却液的防冻能力。防冻液冰点量程为－60～0℃之间。

选用冷却液时需注意以下几方面。

(1) 要坚持常年使用冷却液，注意冷却液使用的连续性。

(2) 要根据汽车使用地区的气温，选用不同冰点的冷却液，冷却液的冰点至少要比该地区最低温度低 10℃左右。优先选用乙二醇型防冻液，对于极寒地区，建议选用二甲基亚砜-水型防冻液。冷却液的选择应参照该车型制造厂的规定，例如 ANQ 发动机只能使用符合 TLVW774D 标准的 G012A8D 冷却液添加剂，识别标记为红色，推荐混合比如表 5-6 所示。

表 5-6　ANQ 发动机冷却液推荐的混合比

防冻能力	防冻添加剂比例	G012A8D	水
－25℃	40%	30L	40L
－35℃	50%	35L	35L

(3) 不同类型的冷却液不能混用，以免引起化学反应，生成沉淀、结垢和腐蚀，降低使用效果。改用不同品牌的冷却液之前，务必先进行冷却系统冲洗。

(4) 在使用后，若因冷却系统渗漏引起散热器液面降低，应及时补充同一品牌冷却液，若液面降低系水蒸发所致，则应向冷却系添加软水，否则冷却液的冰点会升高；当冷却液中有悬浮物、沉淀物或发臭时，说明冷却液已变质失去功效，应及时全部更换冷却液。

(5) 冷却液中所使用的添加剂均为有毒物质，切勿接触，不得置于阳光照射、潮湿严寒或超过 60℃的地方，严禁吞食，若发生意外应及时就医。

(6) 加注冷却液时，不能让冷却液溅在车漆上和高温状态下的发动机零件上，以免损伤漆膜和引起燃烧。

(7) 每日首次启动前要检查冷却液液面和泄漏情况。

(8) 如更换了散热器、热交换器、缸盖、缸垫，则不可再用旧冷却液。

二、冷却系统的泄漏检查

首先直观检查容易泄漏的地方，如水管连接处、水管、散热器、缸盖和缸体等，一般冷却液泄漏的地方都有明显的锈色水痕迹。若目测较难发现渗漏时，可使用手持压力测试仪，如图 5-29 所示，对冷却系统的渗漏进行简单快速的检测。

拆下散热器盖，将测试仪安装在加注口上，对冷却系统施加 120～180kPa 的压力，观察显示压力看能否保持，如不能则应进行修复或更换。为了方便检查，可事先在冷却液中加入荧光粉。加压时应重点检查以下部位：加热器水管，散热器水管，散热器，空调加热器芯，汽缸盖，汽缸体或汽缸盖的堵头。

以帕萨特 ANQ 发动机为例，其膨胀水箱略高于散热器，散热器盖安装在膨胀水箱上，如图 5-30 所示。检查时发动机处于正常工作温度，应预热，打开膨胀罐时会溢出蒸汽，应用抹布盖住罐盖，慢慢打开，安装手持压力测试仪到膨胀罐上，用检测仪上的手动泵产生约

1.0bar 的压力，如压力下降，查找并排除泄漏处。

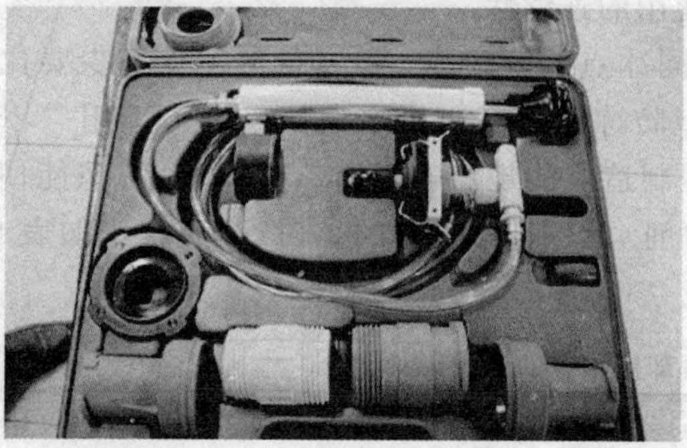

图 5-29　手持压力测试仪

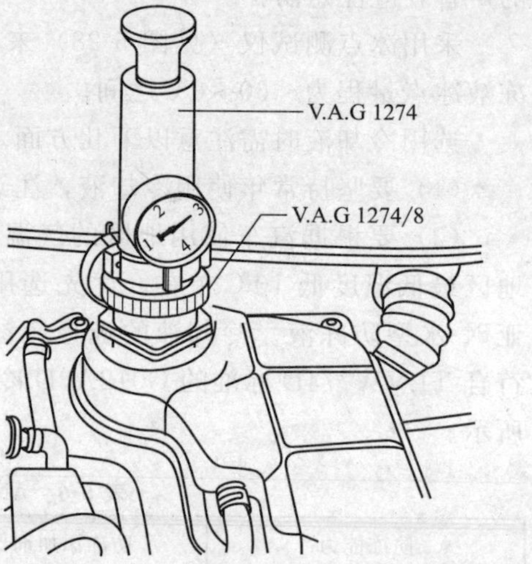

图 5-30　ANQ 发动机冷却系密封性检测

三、散热器的检修

1. 散热器的更换（以桑塔纳 2000 轿车 AJR 发动机为例）

（1）将集液盘至于发动机下，逆时针拧下散热器排放螺塞，放掉发动机冷却液（如需要，可将辅助软管接到开口处）。

（2）拉下冷却液软管卡箍，拆下散热器冷却液软管。

（3）拔下位于冷却风扇罩壳上的热敏开关插头，为防止损坏冷凝器及制冷剂管路，不要压迫、扭曲及弯曲制冷剂管路。

（4）将双冷却风扇连同罩壳一起拆下。

（5）拆下散热器。

（6）散热器的安装与拆卸顺序进行。

（7）给散热器加注冷却液，并排出空气。

2. 散热器的清洗

散热器的清洗如图 5-31 所示，拆下散热器，用清水冲洗或用压缩空气吹干净其外部尘埃等，然后置于苛性钠水容器内进行煮洗，温度保持在 80～90℃约 30min 后拿出用清水冲洗，可将水加压（水压约为大气压的 3～4 倍），从散热器的出水口导入，同时加入压缩空气，让水和压缩空气从散热器的进水口流出。如果内部积垢严重，应先用通条进行疏通，然后再清洗。

3. 检查散热器盖

拆下后，用发动机冷却液弄湿它的密封件，并将散热器盖安装在专用检测仪上，施加压力，记录空气阀开启压力、蒸汽阀开启压力，检查是否在规定的范围内；膨胀箱应无渗漏、箱盖密封良好，通气孔畅通，否则就会破坏冷却液的回流，必须立即更换。以 ANQ 发动机为例，检查散热器盖安全阀（蒸汽阀），如图 5-32 所示。

将工具 V. A. G1274 及 V. A. G1274/9 装在膨胀罐盖上，操纵手动真空泵，使压力上升到约 1.6bar。在 1.4～1.6bar 时，安全阀应打开。

图 5-31　散热器的清洗

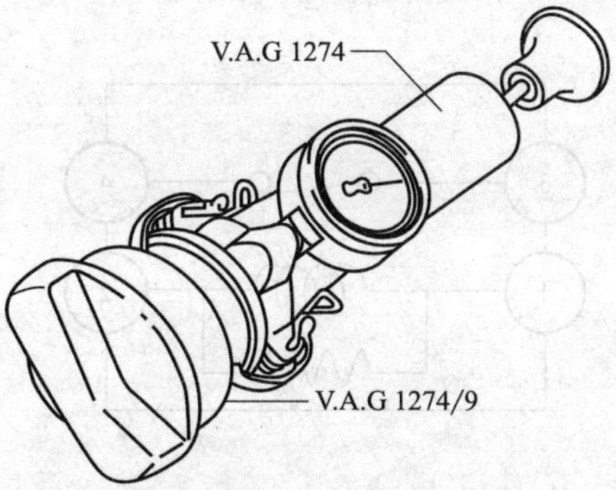

图 5-32　散热器盖安全阀的检测

四、风扇的检修

1. 风扇叶片的检修

风扇连接板强度不足或其他原因造成风扇叶片向前弯曲或扭转变形，会破坏风扇叶片原设计的角度，影响通过散热器的空气流速和流量，降低散热器的冷却能力，甚至打坏散热器，加速水泵轴承、水封的损坏，还会大幅度增大风扇的噪声。

2. 硅油风扇离合器的检修

发动机低温状态下，熄火后用手扳动风扇，风扇可转动，则风扇离合器正常；当冷却液温度达到 80℃时，熄火后用手扳动风扇，若扳不动，可以认为硅油风扇离合器工作正常，否则应予以更换。一般主动板、从动板、壳体不易损坏，主要检查有无硅油的渗漏，若有，更换衬垫、密封垫等；检查双金属片感温器，在 65℃左右应受热变形，当温度降至 45℃时不应发生变形，否则应换用新感温器。注意硅油一定要加注，一般为 22mL。

3. 电动风扇热敏开关的检修

发动机在较热状态时，即使已熄火，风扇仍可能转动。如果冷却液温度很高但风扇不转，应检查保险丝是否熔断，若保险丝良好，则应停机检查温控开关和风扇电动机，必要时更换有关部件。以桑塔纳 2000 轿车 AJR 发动机为例简述电动风扇热敏开关的检修，该发动机电动风扇是由热敏开关控制的，如图 5-33 所示。

拔下热敏开关插头，将两插片直接接通。此时若风扇仍不转，表明电动冷却风扇损坏，应予更换；若两插片接通后风扇转动，表明热敏开关损坏，应更换热敏开关（热敏开关应以 25N·m 的力矩拧紧）。

图 5-33　热敏开关的检查

用万用表检查热敏开关，将热敏开关拆下并放入水中，然后逐渐加热并用万用表电阻挡测量热敏开关接线端与外壳间的电阻。当水温达 93～98℃时，万用表指针应指示热敏开关导通；当水温下降至 88～93℃时，万用表指示热敏开关应断开（电阻为无穷大）。否则表明热敏开关损坏，应更换新件。

4. 冷却风扇继电器的检修

冷却风扇继电器的检修如图 5-34 所示。

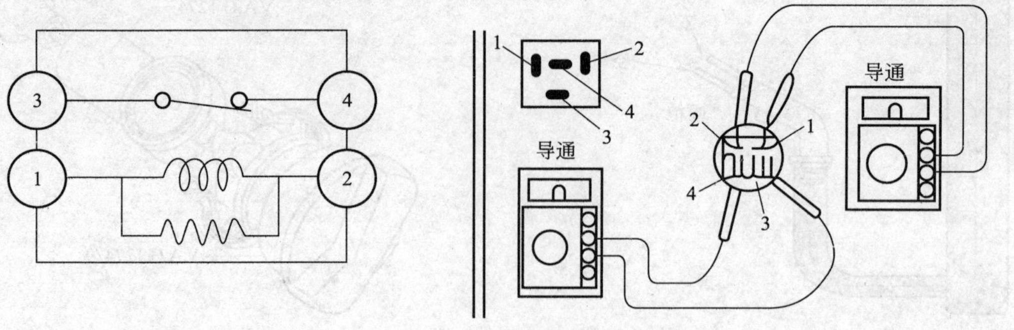

图 5-34 风扇继电器原理图及检查

(1) 断电状态下拔下风扇继电器。

(2) 用万用表的欧姆挡检查风扇继电器的导通性，通过查阅维修资料，若不符合标准，应更换风扇继电器（导通时，阻值小于 1Ω，不导通时，阻值为无穷大）。

(3) 重新安装风扇继电器。

五、 水泵的拆检及维护

1. 水泵的更换

以帕萨特轿车发动机为例，其水泵及节温器的结构与拆装方法如图 5-35 所示。

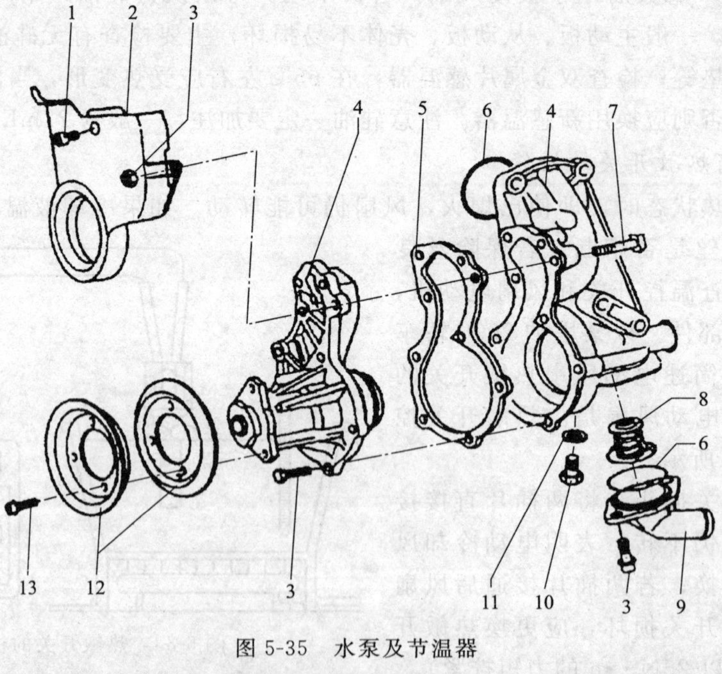

图 5-35 水泵及节温器

1—螺栓（20N·m）；2—齿形皮带护罩（下部）；3—螺母（10N·m）；4—冷却液泵；5—衬垫；6—O 形密封圈；7—锤头螺栓；8—节温器；9—管接头；10—放水螺塞（30N·m）；11—油封；12—皮带轮；13—螺栓（25N·m）

(1) 冷却液泵的拆卸

① 查取车载收音机防盗密码。关闭点火开关，断开蓄电池接地线。排放冷却液，拆卸

多楔皮带。拆卸风扇（带皮带轮）、V形皮带，没有必要拆卸空调压缩机多楔皮带及扭矩反应器支架。

② 拆卸发电机线束。

③ 从发电机、叶片泵及风扇支座上拆下进气歧管支架、汽缸体支柱、扭矩反应器支座的支架，从支座上拆下多楔皮带张紧装置及发电机。

④ 拧下V形皮带及叶片泵多楔皮带轮的紧固螺栓，用一销子插入叶片泵皮带轮，将其保持在原位。从支座上拧下叶片泵固定在车身上，从冷却液泵及节温器上断开冷却液软管。

⑤ 拧下发电机、叶片泵及风扇支座的后固螺栓1～6。从齿形皮带护罩上拧下冷却液泵紧固螺栓，拆下冷却液泵。从冷却液泵壳体上拆下轴承盖。

(2) 冷却液泵的安装

冷却液泵的安装按与拆卸相反的顺序进行。安装时应清洗壳体两端的密封面，更换衬垫及O形密封圈，将锤头螺栓插入冷却液泵的孔中，将发电机、叶片泵及风扇的支座连同冷却液泵一起装到缸体上，然后按数字由小到大的顺序拧紧螺栓。最后安装风扇、多楔皮带及V形皮带，加注冷却液。有关的拧紧力矩详见维修手册。

2. 水泵的检修

水泵常见的损伤有壳体的渗漏、破裂，水泵轴的弯曲，磨损，水泵叶轮叶片的破裂，水封垫圈与橡木垫圈的磨损，水泵轴与轴承的磨损，轴承与轴承座孔的磨损。

(1) 水泵壳体

如果水泵壳体破裂，可在裂纹两端各钻直径为2.5mm的孔，沿裂纹开V形口，采用铸铁焊条乙炔焊时，须在焊前对壳体件预热；也可以用铸铁焊条采用电焊。

(2) 轴承座孔

轴承座孔经常由于压入、压出轴承使座孔产生磨损。修理时，往往采用压配合镶入衬套的方法进行修复。

(3) 水泵叶轮

水泵叶轮片破裂，通常用堆焊法进行修复。

(4) 水泵轴

水泵轴一般用中碳钢制造，轴颈工作时经常发生磨损，轴颈磨损一般采用镀铬、镀铁法进行修复。

3. 水泵装合后的试验

首先用手转动V带轮，泵轴应无阻滞现象，叶轮与泵壳应无碰击声响。然后装于水泵试验台上进行试验。当水泵轴以1000r/min的速度转时，每分钟的排水量不应低于规定的数值，在10min的试验中不应出现有金属摩擦声和漏水现象。

六、节温器的拆装与检查

1. 就车检查

(1) 发动机刚启动时的检查

打开散热器盖，若散热器内冷却液平静，则表明节温器工作正常。这是因为在水温低于70℃时，节温器主阀门关闭，当水温高于80℃时，主阀门渐渐打开，水箱内循环开始工作。若水温表指示在70℃以下，水箱进水管处有水流动且水温微热，则表明节温器主阀门关闭不严，使冷却液过早进入大循环。

（2）水温升高后的检查

发动机工作初期，水温上升很快，当水温上升到 80℃后，升温速度减慢，则表明节温器工作正常；反之，水温一直升高很快，且内压达到一定程度时，沸水突然溢出，则表明是主阀门因阻滞而突然打开的原因。水温表指示在 70～80℃时，打开水箱盖及放水开关，用手感其水温，若都烫手，说明节温器正常；若加水口处水温低，且水箱上水室进水管处无水流出或流水甚微，说明节温器主阀门无法打开。

2．拆下检查

一般是将节温器卸下放在装有热水的容器中，如图 5-36 所示，注意不要让节温器接触容器底部。测试时慢慢将水加热，加热过程中注意节温器打开时温度，正常情况下，当温度升高时，节温器开度会越来越大，直到开启最大。检测开启时温度，开启至最大时温度及阀门开启升程，将测量结果与标准值进行比较。若在测试过程中节温器存在不开启、提前开启、推迟开启或开启升程达不到维修手册数据要求，都要求更换节温器（注意：不同车型节温器工作温度有所不同，通常节温器上标有阀门开启温度）。

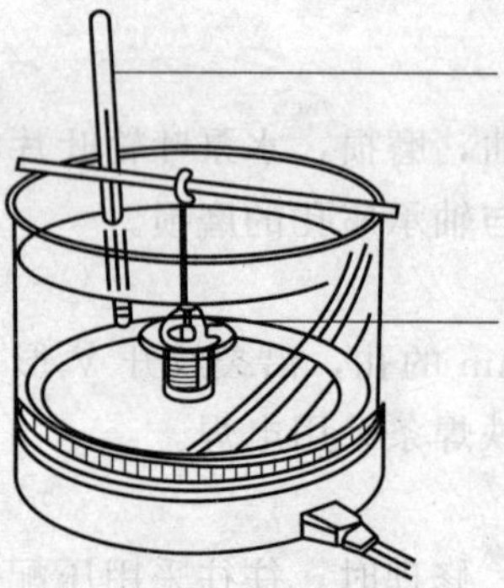

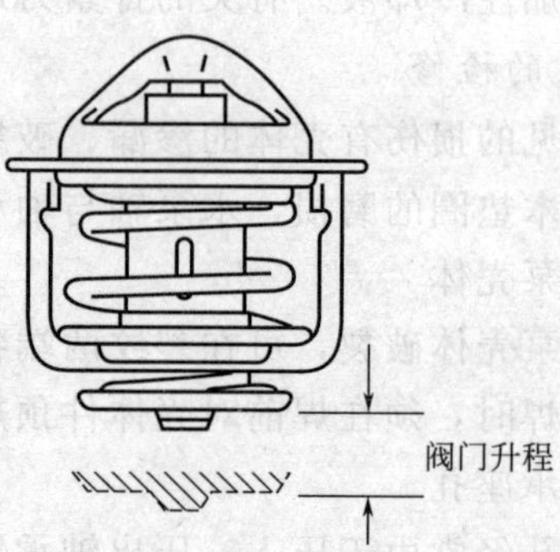

图 5-36　检查节温器

3．节温器的更换（以帕萨特轿车 AWL 发动机为例）

（1）节温器的拆卸

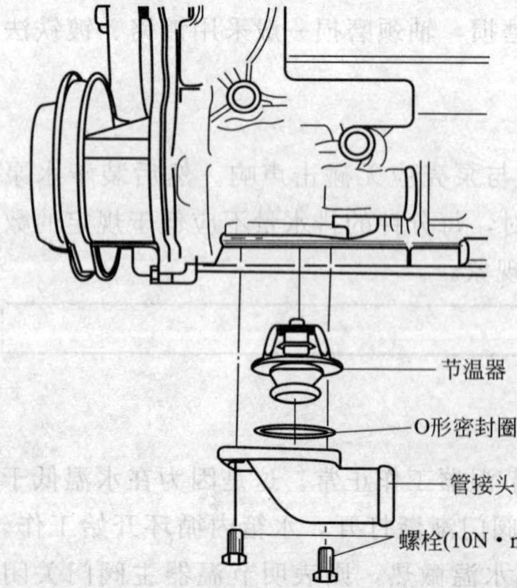

图 5-37　拆卸节温器

如图 5-37 所示，排放冷却液，拆下水泵后，拧下螺栓、管接头、O 形密封圈及节温器。

（2）节温器的检查

将节温器放在水中加热，开启温度应为约 87℃；全开温度应为约 102℃（不可测试）；开启行程至少 8mm。

（3）节温器的安装

清洗和展平 O 形密封圈的密封面，插入节温器，安装水泵等，加注冷却液。管接头与冷却液泵壳体的连接螺栓拧紧力矩为 10N・m。有些发动机要求使用新的 O 形密封圈。注意，发动机绝不允许在拆除节温器的状态下工作。一旦把节温器拆除，发动机冷却液大、小循环同时存在，将造成发动机“热起”时间过长，高温时冷却强度不够而“过热”。

七、冷却液的排放与加注

1. 冷却液的排放

放出的冷却液可以收集在一干净容器内，以便再次使用或处理。冷却液的排放步骤如下。

(1) 打开冷却液膨胀罐。热车时应注意，打开膨胀罐盖时会喷出炽热蒸汽，因此应用布包住盖子，慢慢开启。

(2) 如图 5-38 所示，拆卸隔音罩，将集油器 VW1306 置于发动机下。

(3) 如图 5-39 所示，拆卸底部冷却液软管紧固卡箍，从散热器上拆下冷却液软管。

(4) 如图 5-40 所示，从冷却液泵上拧下放液螺塞。

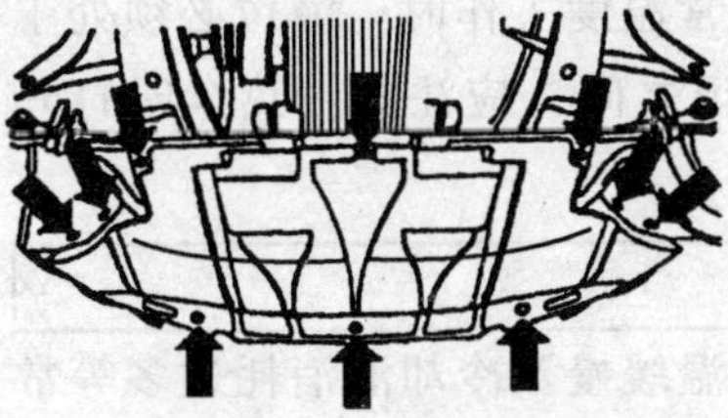

图 5-38 拆卸隔音罩

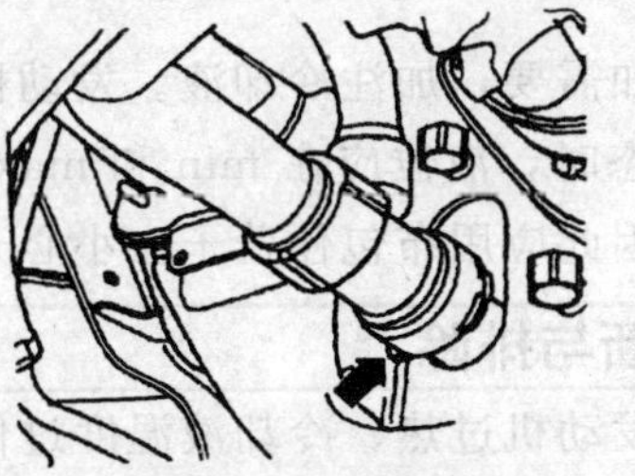

图 5-39 拆卸底部冷却液软管卡箍

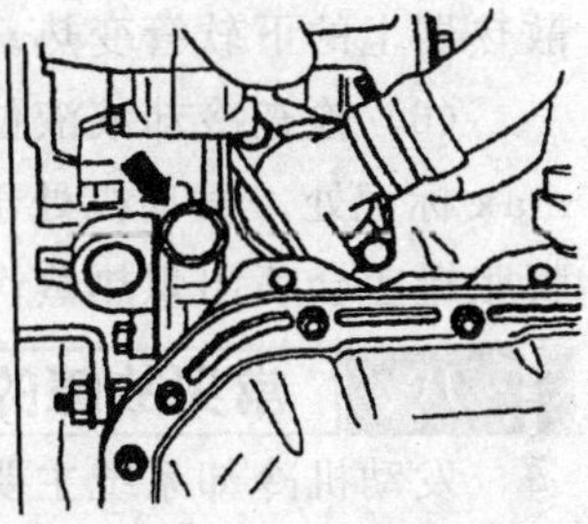

图 5-40 拆下放液螺塞

2. 冷却系统的清洗

(1) 简单清洗

放掉冷却液后，冲洗时加入清洁水，启动发动机运转约 5min 后放出。

(2) 彻底清洗

① 放掉冷却液后，将混有清洗剂的清洗液加入冷却系中。

② 启动发动机，使发动机温度达到正常工作温度并怠速运转 20～30min，然后使发动机停止运转，放出清洗液。

③ 用清洁的水冲洗冷却系 5min 后，将发动机内注满清水，再次启动发动机使其运转 10min 后放出即可。若排出的液体较脏，应继续用清水反复清洗。

3. 冷却液的加注（以帕萨特 1.8T AWL 发动机为例）

加注冷却液时，只能使用符合 TL VW774 D 标准的 G012A8 D 冷却液添加剂（该添加剂为红色），不得使用 G011A8C 添加剂，G011A8C 和 G012 A8D 不可混合在一起，否则将严重损坏发动机。冷却液的加注步骤如下。

(1) 安装底部冷却软管并紧固。更换 O 形密封圈，安装冷却液泵放液螺塞，其拧紧力矩为 30N·m。

(2) 如图 5-41 所示，将管接头 V.A.G1274/8 拧到膨胀罐上，将漏斗 V.A.G1274/10 装到管接头上。若加注时无专用工具，则应拆下膨胀罐并抬高约 100mm。

(3) 松开将防尘套固定在热交换器接头上的卡箍，向后拉防尘套，松开热交换器上的冷却液软管，向后拉软管，直到通气孔不再被接头封住，见图 5-42。

(4) 加注冷却液，直至冷却液软管的通气孔中流出冷却液。将软管推到接头上并紧固，盖上膨胀罐盖。

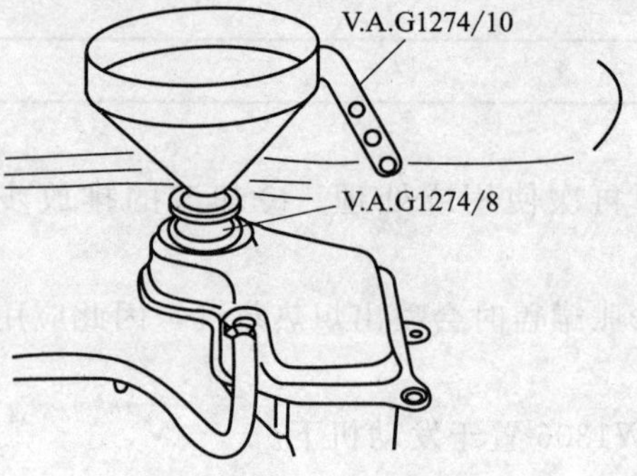

图 5-41　冷却液加注

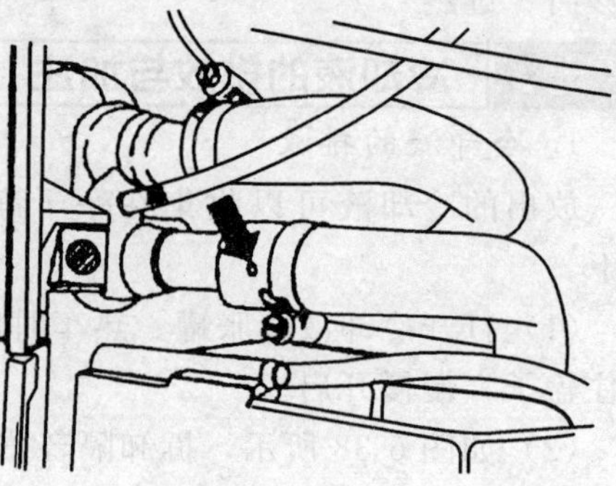

图 5-42　通气孔

(5) 启动发动机，以 2000r/min 的转速运转约 3min，然后让发动机以怠速运转，直至散热器上的下软管变热。

(6) 检查冷却液液位，如需要，加注冷却液。发动机以正常温度工作时，液位必须处于 max 标记处。发动机处于冷态时，液位应在 min 和 max 两标记之间。应注意，热车时打开膨胀罐盖会喷出炽热蒸汽，因此应用布包住盖子，小心开启。

八、常见故障的诊断与排除

发动机冷却系统主要有发动机过热、冷却液温度过低或升温缓慢及冷却液消耗过多等常见故障。

1. 发动机过热

(1) 故障现象

汽车行驶中，冷却液温度在 100℃以上，直至沸腾（俗称“开锅”现象）；汽油机易发生爆燃或早燃。

(2) 可能故障原因

原因主要是冷却系的散热能力下降（主要是冷却系统零部件故障）和发动机产生的热量增加（冷却系统以外零部件故障）。可能原因列举如下：

① 百叶窗开度不足；

② 冷却液不足，管路、接头、水封及水堵等泄露造成冷却液的严重缺损；

③ 风扇不工作或转速过低，导致空气流量不足；

④ 散热器内部由于长时间未清洗造成的水垢过多，内芯管堵塞或散热片变形或损坏；比如由于长时间不更换冷却液引起的散热器内部导流管结垢过多使冷却液循环过少；

⑤ 节温器失效，节温器主阀门不能打开或打开时间过迟，冷却系不能进行大循环；

⑥ 水泵工作性能不良，驱动带打滑或断裂；

⑦ 水套水垢沉积过多，或分水管堵塞，分水不畅；

⑧ 点火时间过迟；

⑨ 混合气过浓或过稀；

⑩ 燃烧室积炭过多；发动机机油量不足，或机油散热器工作不良。

(3) 故障诊断与排除

① 检查百叶窗是否关闭或开度不足（有百叶窗的车型）。

② 检查冷却液量。

③ 检查风扇，风扇皮带是否过松、打滑或断裂，使用硅油风扇离合器的风扇应检查硅油风扇离合器，装用电动风扇的发动机，若发动机冷却液温度高于规定数值时风扇不转，应检查保险丝是否良好，若熔断丝正常，检查热敏开关或风扇电机。

④ 检查散热器、水泵、节温器、缸体水套。检查散热器出水胶管是否被吸瘪，或胶管内壁有脱层堵塞，若胶管被吸瘪应更换新管。如果散热器出水良好，再拆松散热器进水管，启动发动机试验，冷却液应有力排出。否则，说明，水泵或节温器有故障。或进一步拆下节温器试验，若散热器的进水管仍然不排水，则说明水泵有故障，若拆下节温器后，散热器的进水管变得排水有力了，则故障就在节温器，应换用部件。检查散热器各部温度是否均匀，来检查散热器是否堵塞。

⑤ 检查机油油量及黏度。若油量过少，应及时添加；若机油黏度过大，应更换机油。

⑥ 由怠速开始加速，同时用手握住水管，感觉水管中水的流动速度是否能随转速的提高而迅速加快。若不是，说明冷却系统有堵塞或水垢过多影响流速，应对冷却水道进行除垢。

⑦ 分别在怠速、中、高速条件下观察排气烟色。若排出的是黑烟，说明混合气过浓，应进行调整或维修。怠速时急加速，如果发动机转速有短时失速或回火现象，说明发动机混合气过稀。

⑧ 检查汽油机点火正时。

⑨ 若发动机冷却液液位和温度正常，而只是水温表显示异常，则应检查水温表和报警灯电路等。

2. 冷却液温过低

(1) 故障现象

汽车行驶中，冷却液温度表指针经常指在75℃以下（冷却液温度过低）；发动机工作时，冷却液温度表指针长时间达不到90～100℃正常位置（升温缓慢）；发动机动力不足，油耗增加。

(2) 故障原因

① 冷却液温度表或冷却液温度传感器损坏，指示有误。

② 在冬季或寒冷地区行驶时，未关闭百叶窗或未采取车身保温措施。

③ 节温器漏装或阀门粘结不能闭合。

④ 风扇离合器接合太早。

⑤ 热敏开关闭合太早。

(3) 故障诊断与排除

① 检查百叶窗是否关闭自如或是否装保温罩。

② 检查节温器。冷车启动后打开散热器盖，使发动机加速，观察冷却液流速及流量。若冷却液流速很快，流量大，说明节温器常开或未装节温器一直进行大循环，此时应更换或加装节温器。

③ 若水温表指示温度偏低，用温度计测量水温却正常，说明水温传感器或水温表有故障。

④ 检查风扇。冷车启动发动机，此时风扇不应运转。装用电动风扇的车辆，若此时电动风扇运转，说明热敏开关失效，应予以更换。装有风扇离合器的车辆，若此时风扇运转，应检修或更换风扇离合器。

3. 冷却液消耗过多

(1) 故障现象

发动机过热，有漏水现象，冷却液液面下降过快，需经常添加冷却液。

(2) 故障原因

① 冷却系统外部渗漏：散热器损坏，水泵水封不良或叶轮密封垫圈损坏过甚和管路接头损坏、松动等。

② 冷却系统内部渗漏：汽缸垫损坏、缸体缸盖水套破裂、汽缸盖翘曲以及缸盖螺栓松动等。

③ 散热器盖的空气-蒸汽阀失效。

(3) 故障诊断与排除

① 通过目测直观检查外部有无漏水的痕迹，即检查机体、水泵、散热器及各水管连接处有无冷却液渗出，必要时可对冷却系统进行加压检查。

② 通过检查机油是否发白（乳化）。拔出机油尺，观察是否有冷却液泄漏到机油中。若有，应对发动机进行检修。

③ 发动机冷却液温度正常时排气是否冒白烟。如果发动机行驶无力，且排气管排白烟，则应检查发动机汽缸垫是否已被冲坏。若有，应检修发动机。

注意：冷却系修理竣工时，还应进行系统泄漏试验。

教学活动二　制定作业方案

作业方案见表 5-7。

表 5-7　汽车发动机冷却系统检修作业表

<table>
<tr><td rowspan="2">车辆信息描述</td><td>车辆描述</td><td colspan="2"></td></tr>
<tr><td>车辆发动机描述</td><td colspan="2"></td></tr>
<tr><td>注意安全事项</td><td colspan="3">(1)打开发动机舱盖后要注意是否安全支撑；
(2)热车时检修冷却系统切记不要轻易打开散热器盖，以免灼伤，务必按照规范步骤打开；
(3)检修冷却系统时不要随便乱拔车上插接器；
(4)就车检查冷却系统时要注意风扇是否旋转和排气管温度；
(5)检查过程中如果要动车，务必通知发动机舱中正在检修的人员，以免发生安全事故；
(6)对拆卸过的水管接口安装时应用密封胶进行密封，以防冷却液渗漏</td></tr>
<tr><td>检修过程设备、用品</td><td colspan="3">常用工具、散热器压力测试仪、节温器加热测试用具、温度计、密封胶、冷却液、检修过程记录表</td></tr>
<tr><td rowspan="11">检修流程详细步骤</td><td>项目</td><td>检修过程记录</td><td>结果</td></tr>
<tr><td>(1)冷却液质量检查</td><td></td><td></td></tr>
<tr><td>(2)冷却液液面高度检查</td><td></td><td></td></tr>
<tr><td>(3)冷却液冰点检查(防冻能力的检查)</td><td></td><td></td></tr>
<tr><td>(4)冷却系统泄漏检查</td><td></td><td></td></tr>
<tr><td>(5)散热器检修</td><td></td><td></td></tr>
<tr><td>(6)散热器盖检修</td><td></td><td></td></tr>
<tr><td>(7)检查冷却风扇是否正常工作</td><td></td><td></td></tr>
<tr><td>(8)水泵检修</td><td></td><td></td></tr>
<tr><td>(9)检查节温器工作</td><td></td><td></td></tr>
<tr><td>(10)冷却液的更换</td><td></td><td></td></tr>
</table>

教学活动三　自我测试与考核评价

自我测试：讨论图 5-43 中汽车可能发生了什么故障现象，并分析为什么会出现这种现象。

图 5-43　汽车抛锚

考核评价见表 5-8。

表 5-8　考核评价表

班级：________　姓名：________　学号：________

项目	自我评价			小组评价			教师评价		
	10-9	8-6	5-1	10-9	8-6	5-1	10-9	8-6	5-1
	占总评 10%			占总评 30%			占总评 60%		
学习活动 1									
学习活动 2									
协作精神									
纪律观念									
表达能力									
工作态度									
安全意识									
任务总体表现									
小计									
总评及教师评语									

任课教师：________　　年　月　日

项目六　发动机大修

项目总体描述见表 6-1。

表 6-1　项目总体描述

<table>
<tr><td>项目名称</td><td colspan="3">发动机大修</td></tr>
<tr><td>教学安排</td><td>第二学期</td><td>基准学时</td><td>30 学时</td></tr>
<tr><td colspan="4">案例</td></tr>
<tr><td colspan="4">一辆桑塔纳 3000 轿车，已行驶 18 万公里，最近发现总是有冒黑烟、动力不足、油耗增加等现象。经修理厂检测，是由于汽缸压力不足导致，要求对发动机进行大修</td></tr>
<tr><td colspan="4">工作分析</td></tr>
<tr><td>工作对象
1. 维修合同或维修工单的识读；
2. 与维修接待员、车间主管和质检员的沟通；
3. 专用工具、设备、维修材料及配件的领用；
4. 维修资料的借阅、查阅与应用；
5. 发动机总成吊装、拆卸、解体、清洗、装配作业；
6. 维修记录单及工作总结的填写与存档</td><td colspan="2">1. 工具、材料、设备与资料
(1)量具：千分尺、塞尺、磁力表座、游标卡尺等；
(2)专用工具：火花塞套筒、活塞环拆装钳、气门拆装钳、诊断仪等；
(3)设备：举升机、单臂吊等；
(4)材料：机油、润滑脂、清洗液、发动机修理包等；
(5)资料：维修手册(发动机部分)、维修工单、检验标准等
2. 工作方法
(1)与前台人员或车间主管就维修单的内容进行沟通与记录；
(2)制定维修工单作业项目的工作计划，确定维修专用工量具和检修仪器；
(3)按计划对待修发动机进行检修，向前台或车间主管反馈必要的维修增项；
(4)确定发动机检修所需材料和配件的型号与数量；
(5)填写维修工单；
(6)自检、互检或质检员检验发动机维修质量
3. 劳动组织方式
(1)前台或车间主管向各班组安排维修任务；
(2)确定维修项目后到材料和备件仓库领取材料及备件；
(3)从资料室领取维修手册，作业后归还；
(4)独立或合作完成维修作业；
(5)完工自检后将车交质检员或车间主管检验；
(6)返工一般由原任务接受人或小组进行</td><td>工作要求
1. 组内成员之间、员工与完成此项任务涉及的其他部门相关人员之间进行熟练的专业沟通；
2. 从满足客户要求及经济、安全、环保的角度确定维修作业计划；
3. 发动机检查、拆卸、安装、调整、检测和维护等工作标准和规范；
4. 对已完成的工作进行记录与存档，评价与总结；
5. 能安全作业及遵守 5S 的工作要求</td></tr>
<tr><td colspan="4">职业能力要求</td></tr>
<tr><td colspan="4">1. 能规范完成发动机拆解操作；
2. 能熟练地清洗和分类摆放零件；
3. 会使用发动机零件清洗机清洗发动机零件；
4. 能描述发动机装配工艺及规程；
5. 会正确使用量具对发动机进行装配和过程检验，能说出技术要求，同时在作业过程中遵守安全操作规范；
6. 能正确地完成发动装配竣检验和说出其技术要求；
7. 能按要求整理零部件，做好 SS 管理</td></tr>
</table>

专业技术学习内容
1. 规范发动机拆解方法，完成发动机拆解操作； 2. 正确将零件分类摆放； 3. 零件的清洗方式； 4. 发动机零件清洗机的技术原理、使用方法和注意事项； 5. 发动机装配工艺及规程； 6. 发动机装配过程检验项目、方法、技术要求； 7. 完成发动机装配操作

学习任务一　发动机分解及零件清洗

教学活动一　发动机分解概述

一、发动机拆卸

1. 发动机拆卸的一般原则

(1) 拆卸顺序遵循从外到、从上到下的原则。

(2) 拆卸零件遵循先附件后总成、先组件后零件的原则。

(3) 工具使用遵循套筒优先、梅花为辅、开口次之的原则。

(4) 拆卸方向遵循对角交叉、逐步旋松的原则。

(5) 旋松操作遵循拉动为主、推动为辅的原则。

2. 发动机拆卸的注意事项

(1) 拆卸前，应仔细阅读维修手册，熟悉发动机的组成和构造，掌握发动机拆卸的操作步骤。

(2) 拆卸前，要检查相同零件的编号标记，配气相位的对位记号，正时皮带和驱动皮带的旋向记号，旋转组件的装配记号。

(3) 拆卸前，要确定拆卸发动机所需的设备和工具，拆卸时，按维修手册的要求使用专用工具，避免零件变形。

(4) 拆卸下来的螺栓、螺母、垫片等要根据其所在的位置和作用，与拆下的部件放在一起，方便安装时取用。

(5) 发动机零部件分解后，一定用要零件车或零件盘分类放置，避免出现零部件的磕碰划伤等机械磨损，拆下的螺钉或螺母，能装回原位的尽量装回原位，避免损坏或丢失。

(6) 按零件拆卸的先后次序、进行摆放。对于某些表面要求比较高的部件，在放置时要格外小心，确保不被外物划伤或磕到。

3. 发动机拆卸的工艺流程

发动机的构造不同，拆卸的顺序也有所不同。但发动机拆卸的工艺流程大体如下。

(1) 发动机附件的拆卸

将发动机安装到翻转架上，先拆卸进气歧管，再拆卸燃油管分总成，输油管分总成，喷油器总成，点火线圈总成，机油尺分总成，然后拆卸排气歧管隔热罩，歧管撑条，排气歧管，通风软管，水管旁通软管，水管旁通管，进水软管，进水口，节温器等。

(2) 发动机上部的拆卸

拆卸气门室罩盖与正时齿轮盖，然后拆卸汽缸盖罩分总成，汽缸盖罩衬垫，正时齿轮盖分总成，皮带张紧器总成，正时皮带，曲轴皮带轮等，再拆卸进气凸轮轴轴承盖，进气凸轮轴，排气凸轮轴轴承盖，排气凸轮轴，最后按维修手册顺序旋松汽缸盖固定螺栓，拆卸汽缸盖衬垫和汽缸盖，拆卸气门组。

(3) 发动机下部的拆卸

先按维修手册顺序旋松油底壳固定螺栓，拆卸衬垫和油底壳，再拆卸曲轴轴承支架，活塞连杆组，曲轴。

以帕萨特发动机为例，其拆卸顺序如下：

(1) 拆下进气歧管取下垫片；

(2) 拆下排气管取下垫片；

(3) 安装专用工具 3415，拆下皮带轮，拿下皮带护罩；

(4) 压缩液压张紧挺杆，安装锁片，拆下张紧轮，拿下正时皮带；

(5) 拆下张紧器；

(6) 拆下曲轴皮带轮紧固螺栓，使用专用加紧工具，拿下正时带轮。

(7) 拆下气门室盖；

(8) 拆下霍尔传感器外壳、拆下转子部分；

(9) 用专用工具 3366 压住凸轮轴调整器；

(10) 拆下进气凸轮第 3 和第 5 轴承盖；

(11) 拆下排气凸轮第 3 和第 5 轴承盖；

(12) 拆下双轴承盖；

(13) 拆下进气第 1 轴承盖；

(14) 拆下排气第 1 轴承盖；

(15) 拧下凸轮轴调整器紧固螺栓；

(16) 交叉松开进气凸轮轴第 2 和第 4 轴承盖；

(17) 交叉松开排气凸轮轴第 2 和第 4 轴承盖；

(18) 整体拿下带调整器的凸轮轴；

(19) 拆下汽缸盖及汽缸盖垫（交叉对称分 2 次松开）缸盖放置在木板平面上；

(20) 拆下水泵；

(21) 拆下油底壳；

(22) 拆下机油泵链条张紧器；

(23) 拆下机油泵链轮螺栓和链轮、传动链；

(24) 拆下机油泵；

(25) 拆下前、后油封盖；

(26) 拆下活塞连杆组；

(27) 拆下主轴承盖（从两头向中间分 2 次对称松开）；

(28) 取下曲轴，放置在 V 型铁上；

(29) 拆下主轴承；

(30) 拆下活塞环包括两道气环和油环。

二、零件的清洗

零件上的油污、胶质、积炭、水垢等必须彻底清洗掉，以便于零件的检验分类、修理、装配等工作。清洗时不能损伤零件表面和基体，不允许残留腐蚀剂。清洗时通常根据污垢的性质、零件的材质和表面精度等选用不同的清洗方法和规范。清洗零件上的油污常用有机溶剂（汽油、柴油、煤油等）或碱溶液，有机溶剂清洗效果好，操作简便，不影响零件表面，但易燃，成本高。碱溶液有不同配方，一般均加有少量乳化剂和防锈剂，成本低。有色金属的清洗液常用易于水解的碱盐如碳酸钠等配制。使用碱溶液清洗油污一般采用清洗机进行。

燃料在贮存、运输过程中容易发生氧化反应，生成胶状物质。这些胶状物质按其在汽油中的溶解性可分为可溶胶质和不可溶胶质。不可溶胶质又称为沉积物，它和燃料一起加入汽车油箱后，会粘附在燃料滤清器上，堵塞过滤介质，使供油量减少；燃料雾化可溶胶质进入燃烧室和燃油一起燃烧后，就会在进气门、活塞顶部、活塞环槽、燃烧室、火花塞等部位形成许多坚硬的积炭，造成气门关闭不严，发动机性能下降，如加速不顺，怠速不稳，失速、抖动、爆震等一系列故障。

发动机工作时，燃料或窜入燃烧室的润滑油也不可能百分之百燃烧，未燃烧的部分油料在高温和氧的催化作用下形成盐酸和树脂状的胶质粘附在零件表面上，再经过高温作用进一步浓缩成沥青质和油焦质等复杂的混合物，即所谓积炭，如图 6-1 和图 6-2 所示。

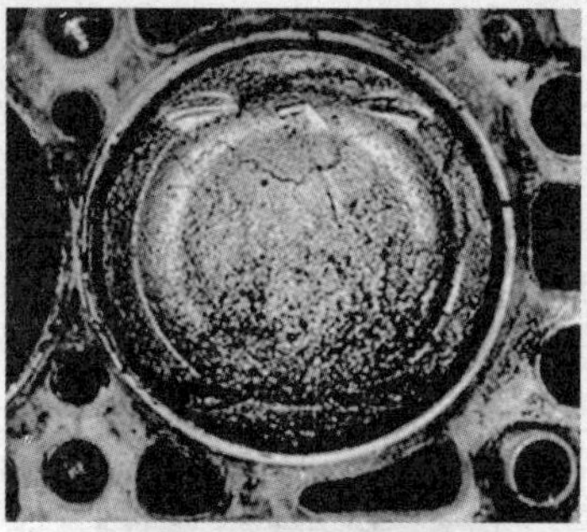

图 6-1 活塞、缸体积炭

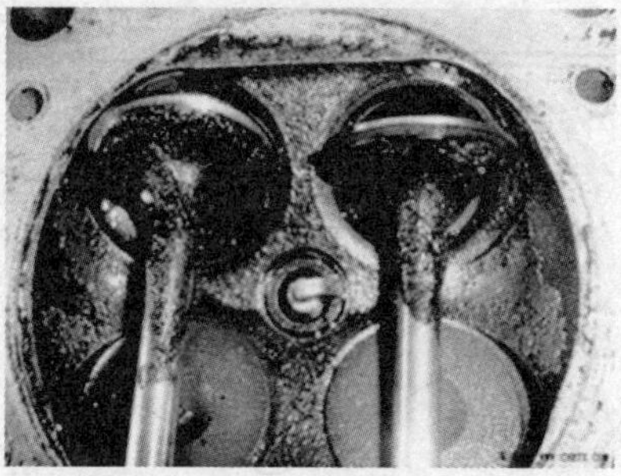

图 6-2 气门积炭

发动机积炭的存在，不仅会减少燃烧室的容积，使燃烧过程中出现许多炙热点，引起混合气先期燃烧，将活塞环粘在活塞环槽中，还能污染发动机润滑系统，堵塞油路和滤油器等。发动机总成拆散后，拆下的零件不可避免地附有油污和积炭，为了便于对零件进行检验及修理，必须进行清洁去除。

1. 人工清洗

(1) 在清洗槽内洗刷缸体，如图 6-3 所示，清洗中应注意劳动保护，尽可能戴上手套、眼镜、围裙，以免产生灼伤等事故。

(2) 用金属丝刷子除去积炭，如图 6-4 所示。在使用动力驱动的金属丝刷清理零件时，务必戴上面罩或眼镜，以免因刷子上金属丝常会从刷子上掉下伤人。清洗时注意不要用力过猛，以免对缸体造成损伤。

(3) 清洗气门导管，要求特别仔细，因为任何积炭或胶质沉积物的残留都将影响气门研磨工作正确进行。气门导管通常用一个手电钻和尺寸合适的尼龙刷或者弹性刮刀清理，同时喷丙酮、香蕉水或化油器清洗剂以溶解沉积物。清洗完毕，可用灯光照射导管的一端，从另一端俯视导管孔，来检查气门导管的清洗质量。

图 6-3　洗刷缸体

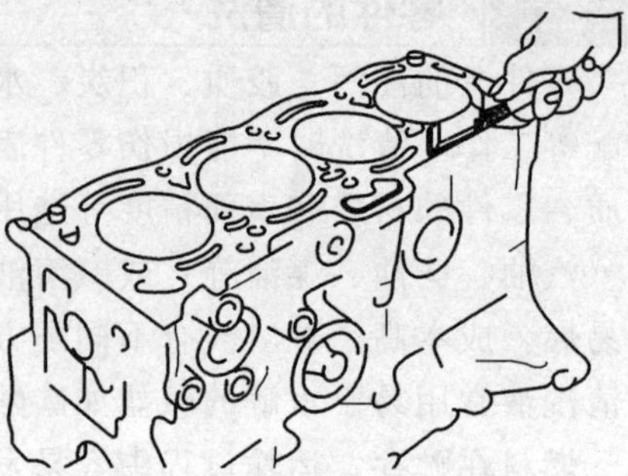

图 6-4　金属丝刷子除去积炭

（4）清洗气门，气门顶部和倒角区表面上的沉积物，可用装在动力磨头上的轮形金属丝刷除去，但应注意气门与气门座圈接触面以及气门杆不能用金属丝刷子去刷，任何微小的擦伤将导致零件毁坏。气门清除积炭的另一种方法是在积炭清洗剂中浸泡，软化后用水冲去。许多修理厂使用玻璃珠球喷丸清理气门，也较有效。

（5）清洗活塞，如图 6-5 所示。现代化车间在清理活塞时采用玻璃珠球喷射法，这是一种快速而彻底的方法，但要注意保护活塞环槽边角，经喷丸处理后，应在清洗液中清洗玻璃珠球的残留物。

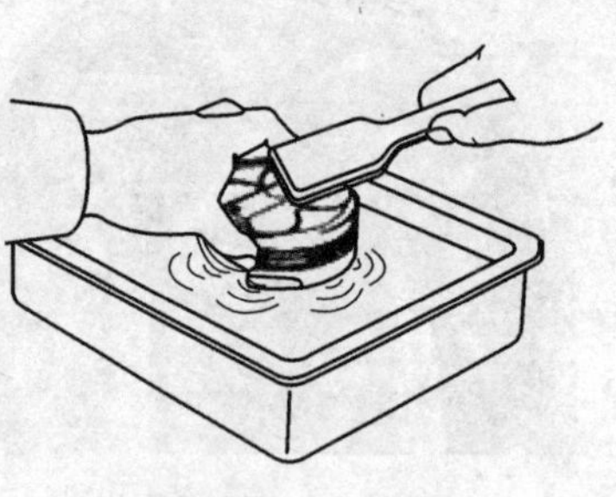

图 6-5　活塞清洗

图 6-6　油道清洗

（6）清洗油道，如图 6-6 所示。油道包括连杆轴承润滑油道、曲轴上的油孔、发动机缸体主油孔、摇臂和摇臂轴的润滑孔、推杆和连杆出油孔，先用手刷和清洗剂洗净，然后用高压空气吹净、吹通。

2. 高压喷射

清洗发动机零件通常采用箱式或立柜式高温高压清洗机。

3. 冷浸泡

化油器清洗剂和积炭清洗剂是最常用的冷浸泡化学剂，它能有效地从零件上清除胶质、油漆、积炭、油泥和其他沉积物。

4. 热浸泡

热浸泡是当前小型汽修厂普遍采用的清洗方法。

5. 蒸汽清洗

蒸汽清洗可清除零件上烤干的脏物、烟灰、润滑油。

6. 玻璃珠球清理

玻璃珠球清理也称玻璃珠球喷丸处理。

7. 热解炉清洗

这是一种干洗设备，主要供修复工作量大的修理厂使用。

8. 超声波清洗

主要用于清洗精密的重要零件。

三、零件的拆卸和摆放的原则

零件的拆卸遵循以下原则：

（1）先装的后拆，后装的先拆，能同时拆的就同时拆；

（2）能不拆的就不拆，尽量避免大拆大卸；

（3）拆卸时要留意观察、记录零件的安装方向、装配记号、耗损状况并做好零件的分类存放，同一总成的部件要放在一起，避免装配时花时间寻找；

（4）细小的零部件要用小盒子装在一起存放。拆下来的螺栓螺母必须分类装好，不要等到装发动机的时候再去找螺栓螺母，以免浪费时间。

零件的摆放遵循以下原则。

（1）每个总成的零件尽量放在一起，并做好记号，如图 6-7 和图 6-8 所示。如活塞总成，外观看起来虽然一样，但每个活塞磨损都不一样，如果调乱装错顺序，将会增加磨损。有些修理厂为了避免错乱，往往在活塞顶部用凿子人为做记号，以确认该活塞与哪个缸配套。

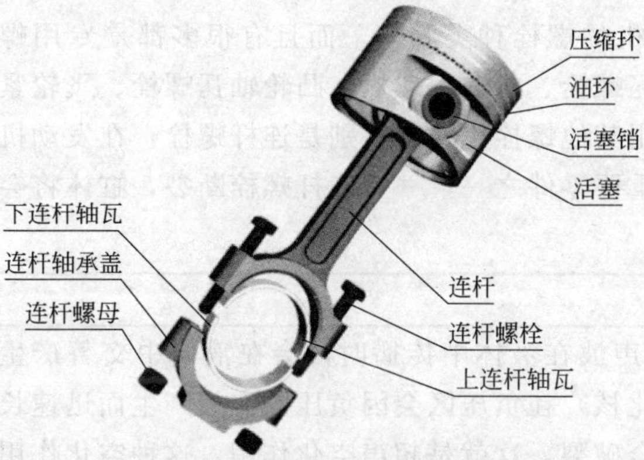

图 6-7　活塞连杆组总成

图 6-8　活塞连杆组摆放

（2）进排气门摇臂与摇臂轴应串在一起存放，清洗时先做好记号，如图 6-9 所示。

图 6-9　气门摇臂与摇臂轴

图 6-10　气门

（3）每缸的进气门和排气门要区分好，做好记号，不能错乱，如图 6-10 所示。注意新车第一次大修时所有气门并无标记，这些标记都是靠人为做的。一般修理人员习惯在气门底部做记号。

（4）凸轮轴瓦与凸轮轴属于精密磨合部件，要做记号分类摆放，如图 6-11 和图 6-12 所示。

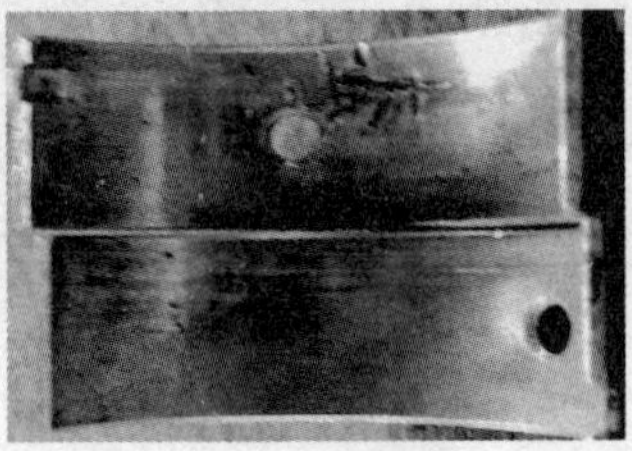

图 6-11　凸轮轴瓦

图 6-12　配气凸轮轴

（5）所有气门锁片、气门弹簧、气门垫片可集中存放，如图 6-13～图 6-15 所示，因为这些零件并不需要分类。

图 6-13　气门锁片

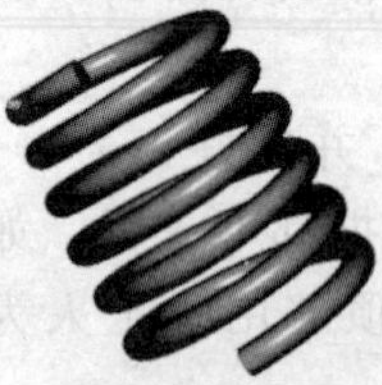

图 6-14　气门弹簧

图 6-15　气门垫片

（6）发动机拆下的螺栓要分类摆放。发动机的螺栓种类繁多，而且有很多都是专用螺栓，不能用普通螺栓代替，如缸盖螺栓、连杆瓦螺栓、曲轴瓦螺栓、凸轮轴瓦螺栓、飞轮紧固螺栓等都属于专用螺栓，不能混淆，也不能用其他螺栓代替。特别是连杆螺栓，在发动机运行中承受很大的交变冲击载荷，是发动机的重要零件之一，一旦连杆螺栓断裂，缸体将会被打穿。

四、超声波清洗

频率高于 20kHz 的声波称为超声波。当超声波在液体中传播时，会在液体中交替产生正压区和负压区，液体中存在的微小气泡（空化核）在负压区会因负压的突然产生而迅速长大，又会在正压区因正压的突然产生而急速闭合破裂，这就是超声空化作用，这种空化作用可以把声场能量集中起来，并在液体的极小空间内伴随着空化泡瞬间崩溃将其高度集中的能量释放出来，达到异乎寻常的高温高压，当被清洗工件浸没于清洗溶液中时，超声波以强大的空化效果作用于工件的内外表面，达到清洗效果。超声波清洗特别适合于复杂多孔、不能用硬物擦洗的光洁表面，利用超声波技术可对各种零部件内外部油污、积炭、胶质等污物充分彻底地清洗。

使用超声波清机清洗零件时，首先在清洗槽内加人清洗液，要求达到预定水位，然后打开电源，不需要清洗计时，按动超声键，超声指示灯长亮，开始超声清洗，超声功率数码管显示当前超声功率值，再次按动超声键，超声清洗结束；需要清洗计时，按动计时键，计时指示灯闪烁，清洗时间数码管显示设定时间值，按动超声键，超声指示灯长亮，开始超声清洗，超声功率数码管显示当前超声功率值，同时清洗时间值以 1min 为单位递减。当清洗时间递减到 0 时，蜂鸣器报警，表示清洗结束。

超声波清机使用注意事项：

（1）超声波清洗槽内在无水状态下严禁开机；

（2）放换清洗液时必须关断电源；

（3）禁止使用腐蚀性强和易燃的溶液作清洗液；

（4）机壳必须接地良好、可靠；

（5）在正常状况下，清洗机连续工作 10～15min 后会自动升温，如用加温方法清洗，则温度不宜超过 70℃，环境温度不得高于 45℃；

（6）严禁带电拆装清洗机，以防触电。

教学活动二　制定作业方案

参考表 6-2，制定分解发动机作业方案。

表 6-2　参考手册

图　例	操　作
	拆下气门室盖分总成： 1. 拆下加油盖； 2. 拆下 4 个螺母、4 个密封垫和气门室
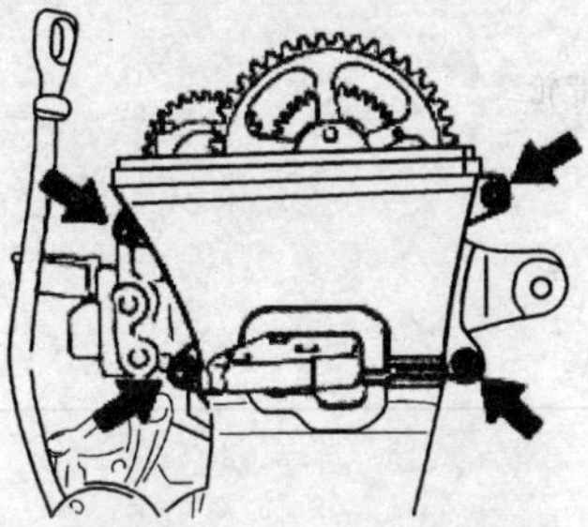	1. 拆下 2 号正时链条和皮带罩； 2. 拆下 4 个螺栓和 2 号正时皮带罩
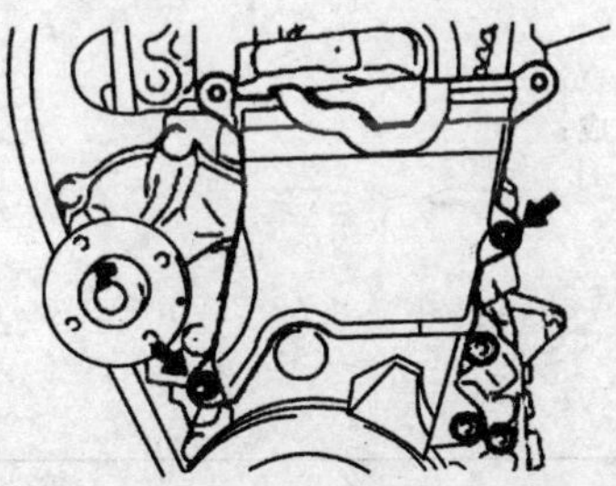	1. 拆下曲轴齿轮和皮带轮罩分总成； 2. 拆下两个螺栓和曲轴齿轮罩
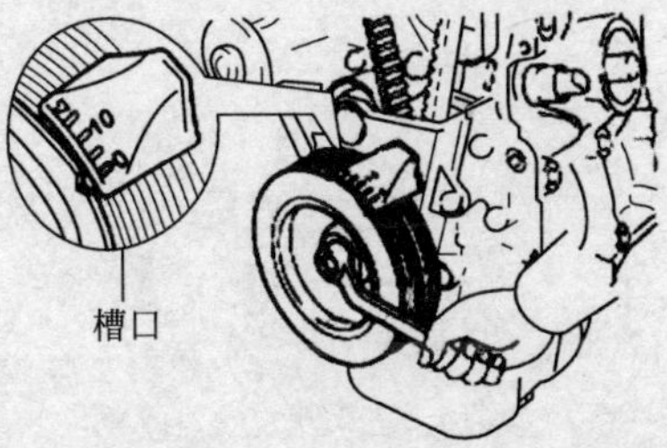	1. 将 1 号汽缸设定在上止点/压缩位置； 2. 转动曲轴皮带轮，将皮带轮槽口对准 1 号正时皮带罩上的正时标记“0”

续表

图　例	操　作
	检查曲轴正时皮带轮的"K"标记与轴承盖的正时标记是否对准，若没有对准，将轴转动一周
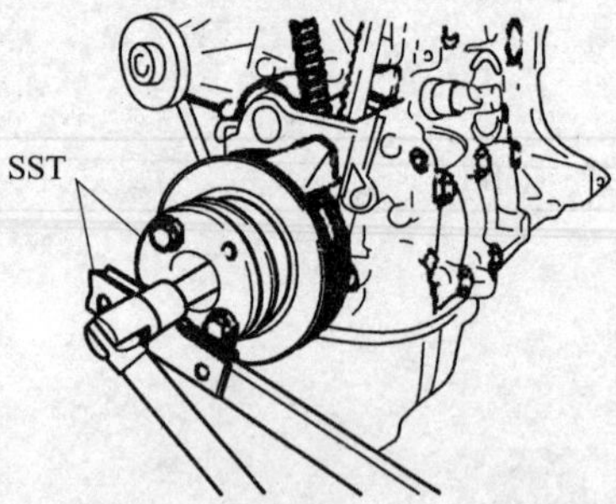	1. 拆下凸轮轴皮带轮； 2. 使用拆卸工具 SST 拆下皮带轮螺栓
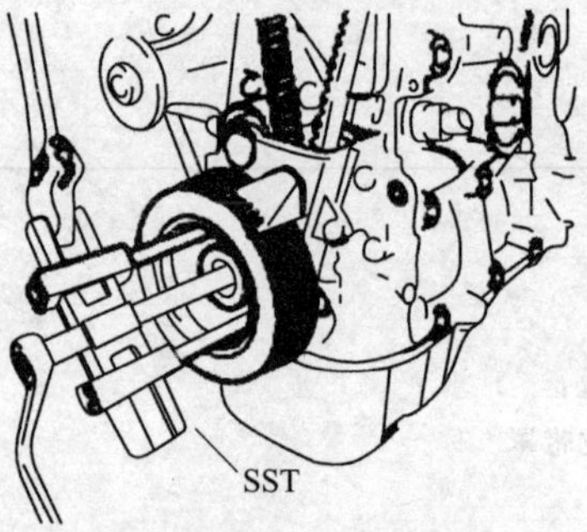	使用拆卸工具 SST 拆下曲轴皮带轮
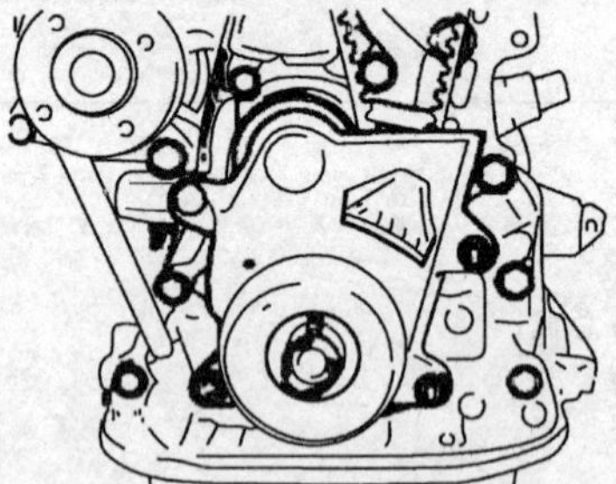	1. 拆下正时链条或皮带罩分总成； 2. 拆下 3 个螺栓和正时皮带罩
	1. 拆下正时皮带导轮； 2. 拆下惰轮张紧弹簧； 3. 旋松张紧轮安装螺栓； 4. 拆下张紧弹簧

续表

图　例	操　作
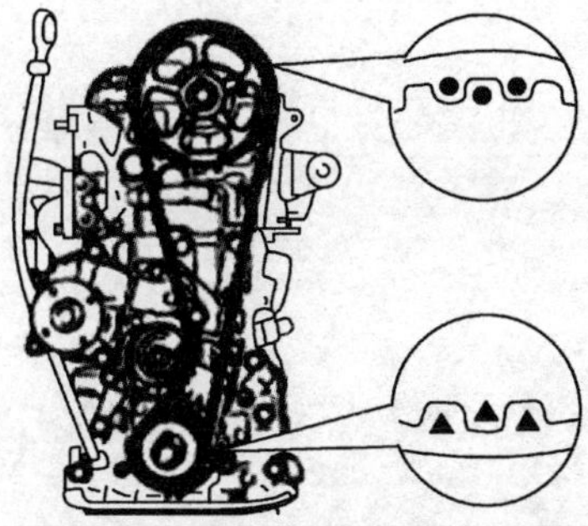	拆下正时皮带
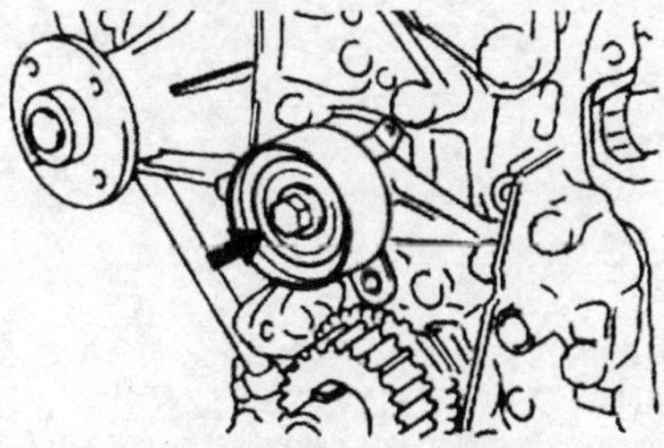	1. 拆下 1 号正时皮带惰轮分总成； 2. 拆下螺栓和 1 号正时皮带惰轮
	拆下曲轴正时皮带轮
	拆下 1 号发电机支架
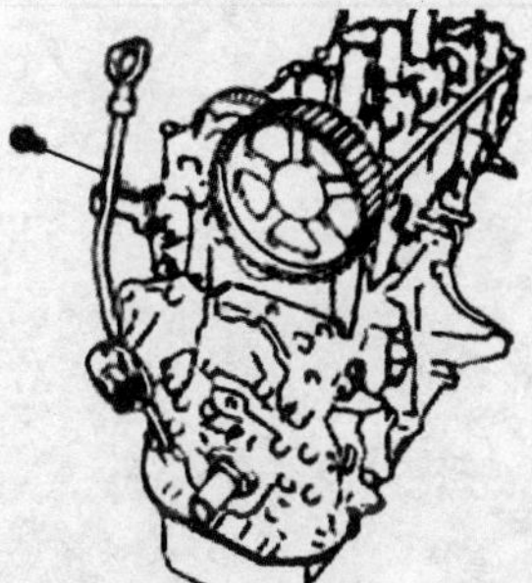	1. 拆下机油尺导管； 2. 拆下 3 个螺栓和机油尺导管； 3. 拆下 O 形圈

续表

图例	操作
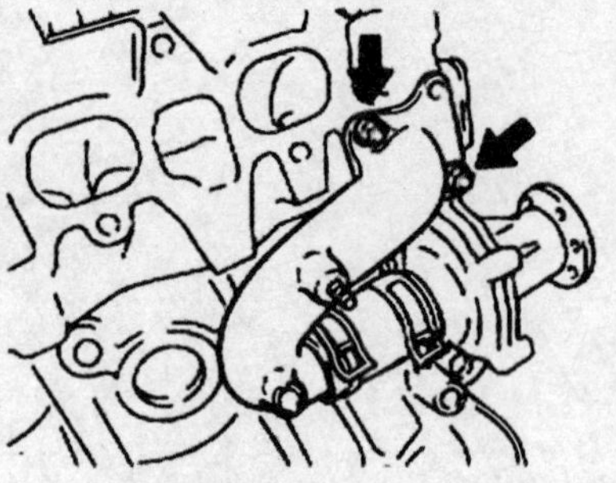	1. 拆下进水管； 2. 拆下两个螺栓； 3. 断开进水软管； 4. 拆下垫片
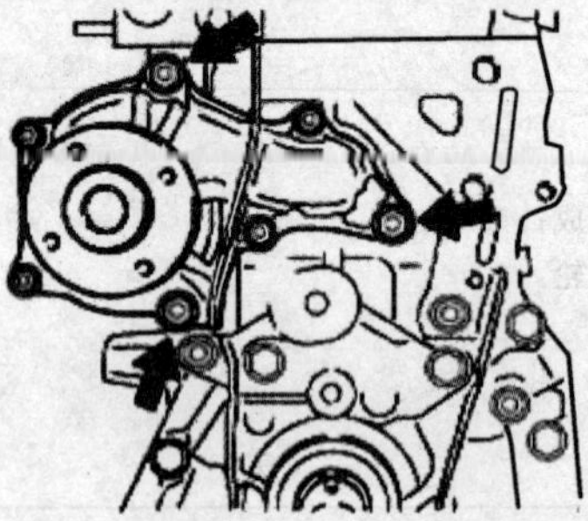	1. 拆下水泵总成； 2. 拆下 3 个螺栓和水泵总成； 3. 拆下 O 形密封圈
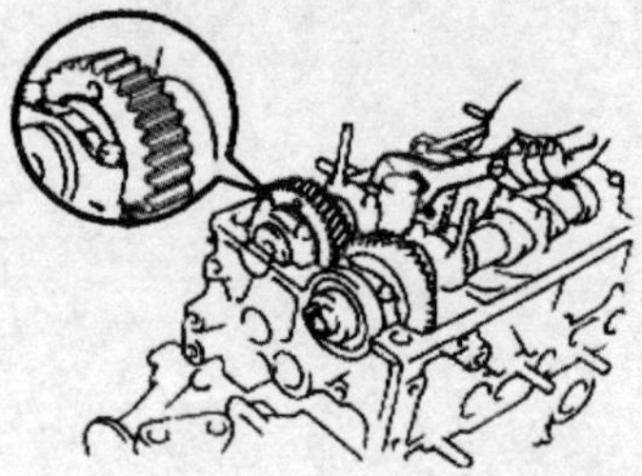	1. 拆下凸轮轴； 2. 转动凸轮轴的六角部分将副齿轮小孔转上来
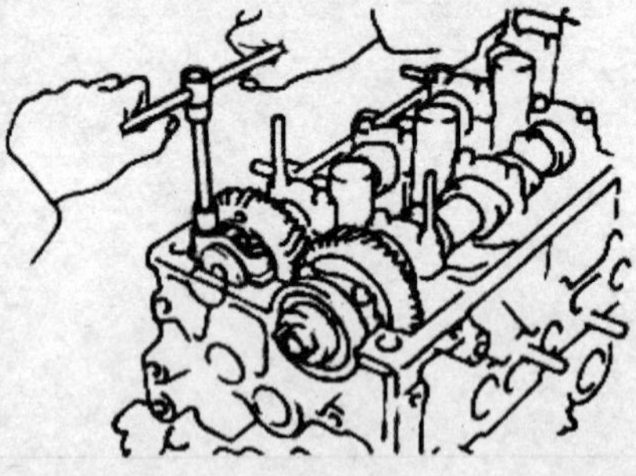	拆下两个螺栓和1号轴承盖
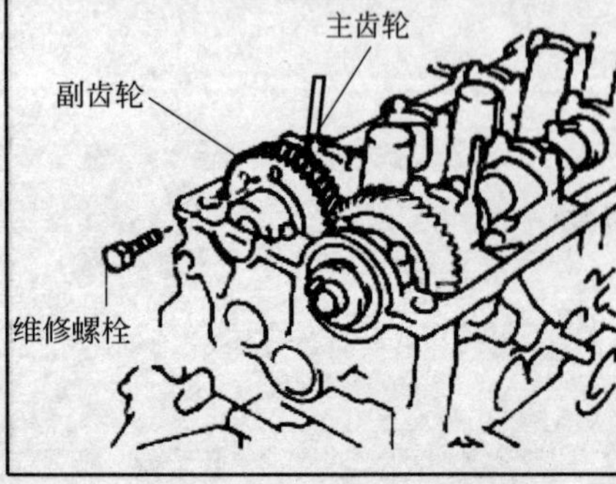	使用维修螺栓固定主、副齿轮

续表

图　　例	操　　作
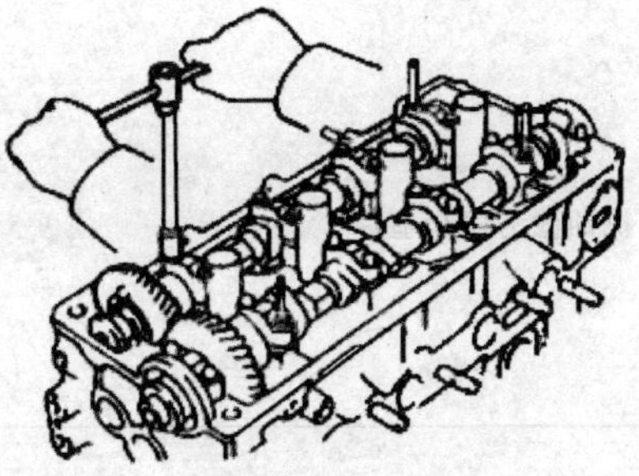	拆下 4 个轴承盖和凸轮轴
	1. 拆下 2 号凸轮轴； 2. 按标出的顺序分几次均匀地旋松 8 个轴承盖螺栓； 3. 拆下 2 个螺栓和 1 号轴承盖； 4. 拆下 2 个螺栓和 4 号轴承盖； 5. 拆下 4 个轴承盖和 2 号凸轮轴
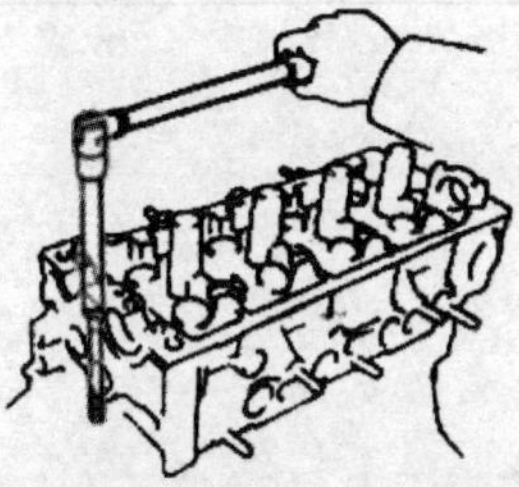 	1. 拆下汽缸盖分总成； 2. 按标出的顺序分几次均匀地旋松 10 个汽缸盖螺栓
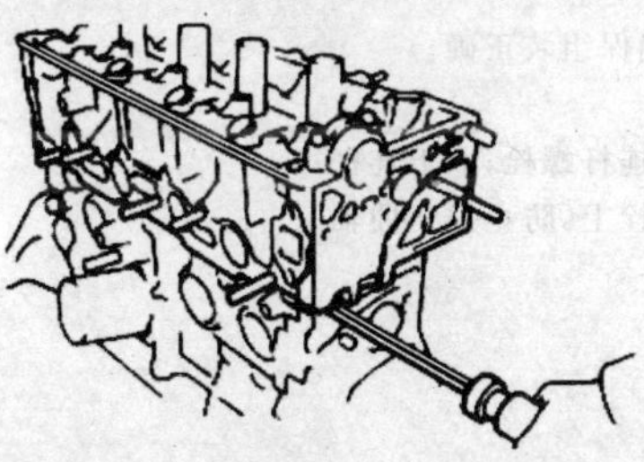	1. 从汽缸体上的定位销处撬起汽缸盖； 2. 将汽缸体放平在长形木块上
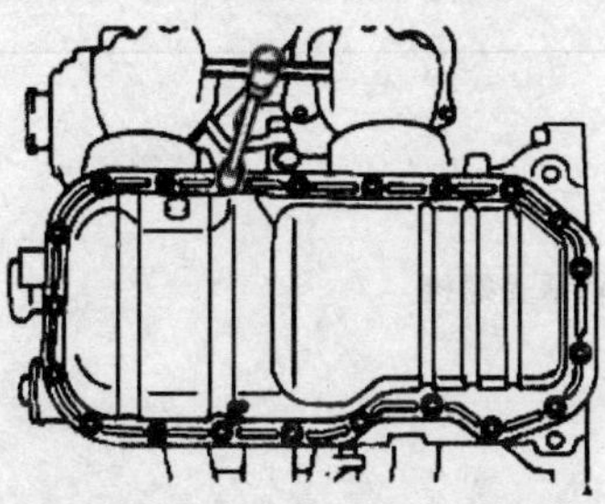	1. 拆下油底壳分总成； 2. 拆下 19 个螺栓和 2 个螺母

续表

图　　例	操　　作
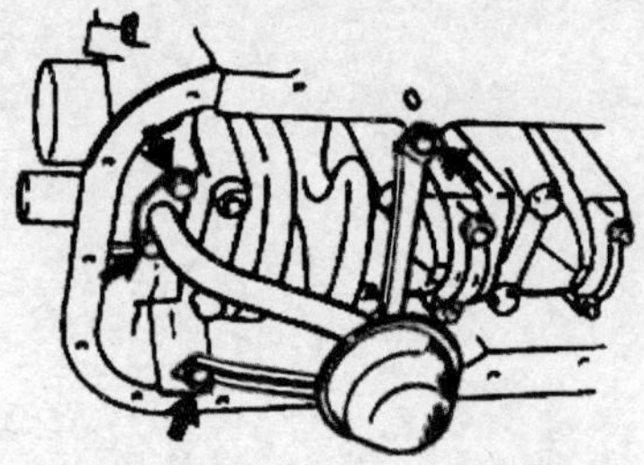	1. 拆下机油滤清器分总成； 2. 拆下 2 个螺栓、2 个螺母、机油滤清器和垫片
	1. 拆下机油泵总成； 2. 从机油泵拆下 7 个螺栓； 3. 用一个塑料锤子轻轻敲击机油泵体，拆下机油泵
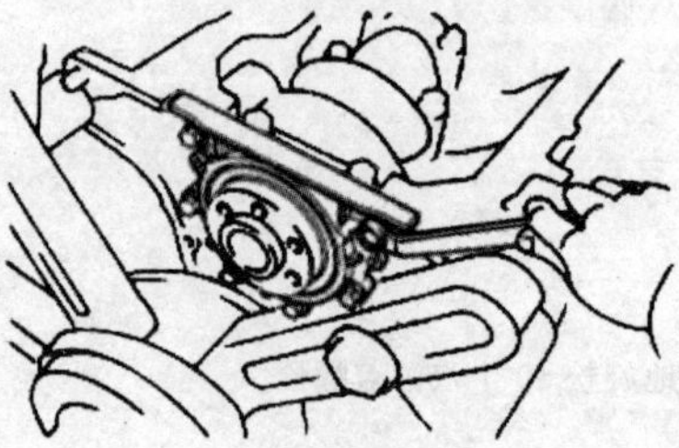	1. 拆下发动机后油封座； 2. 拆下 6 个螺栓、座圈和垫片
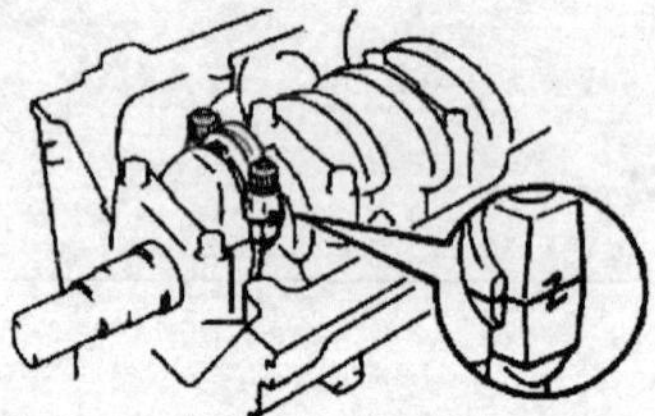 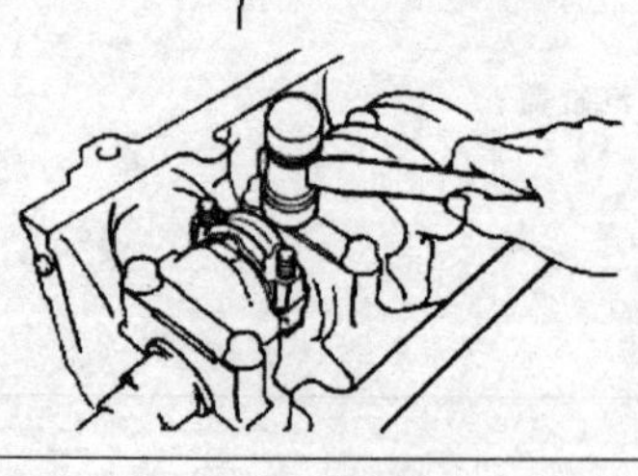	1. 检查连杆盖的配合标记，确保组装正确； 2. 拆下连杆盖螺母； 3. 使用塑料头锤子轻轻敲击连杆螺栓，取下连杆； 4. 用一段短软管套在连杆螺栓上，防止损伤曲轴
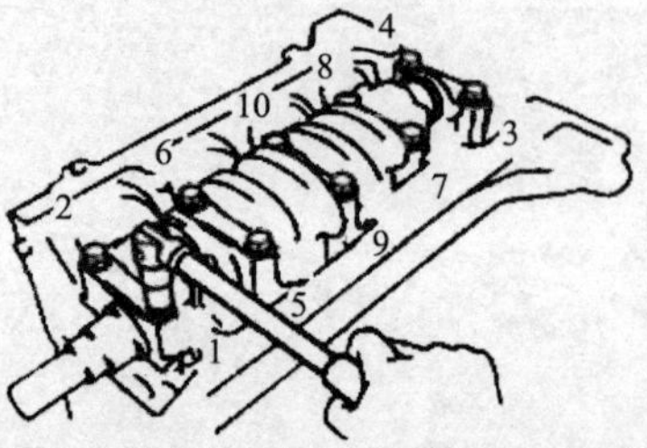	按图示顺序分几次均匀松开主轴承盖螺栓

续表

图　例	操　作
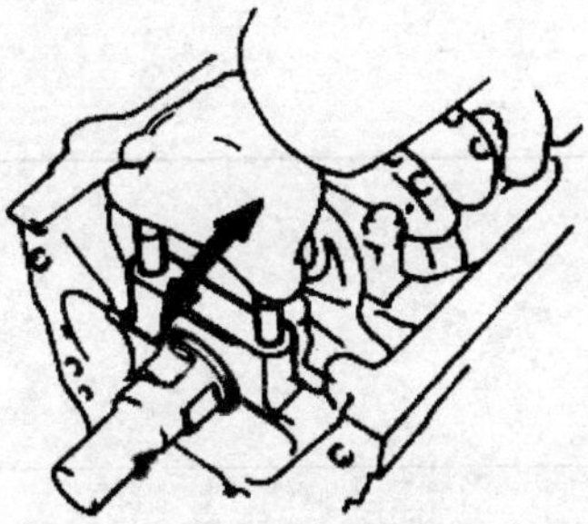	1. 前后撬动拆下主轴承盖和下止推垫片； 2. 把下轴承和主轴承盖放在一起； 3. 按正确的顺序摆放主轴承盖和下止推垫片，抬出曲轴

汽车发动机大修拆解作业方案如表 6-3 所示。

表 6-3　汽车发动机大修拆解作业方案

<table>
<tr><td colspan="2" rowspan="2">车辆信息描述</td><td>车辆描述</td><td colspan="2"></td></tr>
<tr><td>车辆发动机描述</td><td colspan="2"></td></tr>
<tr><td colspan="2">注意安全事项</td><td colspan="3">(1)注意人身和机件的安全，不了解情况的。先了解后动手，特别是注意在车底下工作时的人身安全；
(2)未经许可，不准扳动机件和乱动电器按钮开关；
(3)注意防火；
(4)认真接受实习前的安全知识教育</td></tr>
<tr><td rowspan="3">发动机吊卸</td><td rowspan="2">拆装工具和车辆</td><td>作业要领</td><td>技术标准</td><td>检查记录</td></tr>
<tr><td>1. 熟练地使用拆卸工具；
2. 熟悉该车辆发动机拆装步骤</td><td>1. 一般工具的规范使用；
2. 专用工具的规范使用；
3. 发动机零部件清洗时不能损坏零部件</td><td></td></tr>
<tr><td>作业步骤</td><td colspan="2">1. 拆下进气歧管取下垫片；
2. 拆下排气管取下垫片；
3. 拆下皮带轮，拿下皮带护罩；
4. 压缩液压张紧挺杆，安装锁片，拆下张紧轮，拿下正时皮带；
5. 拆下张紧器；
6. 拆下曲轴皮带轮紧固螺栓，拿下正时带轮。
7. 拆下气门室盖；
8. 拆下进气凸轮轴承盖；
9. 拆下排气凸轮轴承盖；
10. 整体拿下带调整器的凸轮轴；
11. 拆下汽缸盖及汽缸盖垫(交叉对称分 2 次松开)缸盖放置在木板平面上；
12. 拆下水泵；
13. 拆下油底壳；
14. 拆下机油泵链条张紧器；
15. 拆下机油泵链轮螺栓和链轮、传动链；
16. 拆下机油泵；
17. 拆下前、后油封盖；
18. 拆下活塞连杆组；
19. 拆下主轴承盖(从两头向中间分 2 次对称松开)；
20. 取下曲轴，放置在 V 形铁上；
21. 拆下主轴承；
22. 拆下活塞环包括两道气环和油环；
23. 零件清洗</td><td></td></tr>
</table>

教学活动三　自我测试与考核评价

自我测试见表6-4。

表6-4　自我测试

1. 发动机拆卸的一般原则是什么？
2. 发动机上部的拆卸都有哪些部件？
3. 发动机积炭的危害是什么？
4. 发动机积炭的清除方法有哪些？
5. 发动机拆下的零件摆放原则是什么？
6. 超声波清洗技术原理是什么？

考核评价见表6-5。

表6-5　考核评价表

班级：__________　姓名：__________　学号：__________

项目	自我评价			小组评价			教师评价		
	10-9	8-6	5-1	10-9	8-6	5-1	10-9	8-6	5-1
	占总评10%			占总评30%			占总评60%		
学习活动1									
学习活动2									
协作精神									
纪律观念									

续表

项目	自我评价			小组评价			教师评价		
	10-9	8-6	5-1	10-9	8-6	5-1	10-9	8-6	5-1
	占总评 10%			占总评 30%			占总评 60%		
表达能力									
工作态度									
安全意识									
任务总体表现									
小计									
总评及教师评语									

任课教师：________　　　　年　月　日

学习任务二　发动机总成装配

教学活动一　发动机装配流程

一、发动机装配的原则

（1）装配中应对主要零件进行复检，应使其符合技术标准规定的要求。

（2）各相对运动零件的工作表面，装配时应涂机油，以保证零部件开始运动时的润滑。

（3）各部分螺柱和螺母的装配，应注意拧紧的扭矩和顺序。扭矩过大，会使螺柱折断；扭矩过小，达不到装配时的紧度要求。因此，重要部位的螺栓都有规定的扭矩数据。

（4）对于铝质零件，安装前，要用发动机油或防蚀剂涂覆螺纹，以防锈蚀。

（5）各零部件的安装位置和安装方向是有规定的，不可装错。某些零件安装时有规定的位置和方向，这些零件具有特殊的标记、形状、识别号等。安装时如未正确地遵守这些要求，这些零件可能受到损坏，或即使安装上了以后也会出问题。

二、发动机装配的工艺流程

发动机的构造不同，装配的顺序也有所不同。但发动机装配的工艺流程大体如下。

1. 发动机下部的安装

先安装活塞连杆组件，然后进行曲轴飞轮组件安装。将曲轴平稳放入汽缸体，并调整好位置；按顺序拧紧曲轴固定螺栓，安装曲轴后油封，安装机油泵，安装机油集滤器，安装下油底壳。

2. 发动机上部的安装

先安装气门组件，包括安装气门油封、气门和气门锁片、挺柱等，然后安装汽缸盖组件，包括汽缸垫和汽缸盖、凸轮轴、凸轮轴前油封、凸轮轴正时齿轮、气门室罩盖、正时皮带、正时皮带罩盖等。

3. 发动机附件的安装

按照与拆卸相反的顺序进行发动机附件（各进出水管，进、排气管，燃油分配管和喷油器，点火线圈组件，曲轴带轮，发电机等）的安装。

三、帕萨特发动机的装配顺序

以帕萨特轿车为例，其发动机装配顺序见表 6-6。

表 6-6　帕萨特汽车发动机的装配顺序

顺序	操作	技术标准
1	清洁汽缸壁	
2	检测第一道气环的开口间隙	标准间隙：0.20～0.40mm
3	检测第一道气环的侧隙	标准间隙：0.06～0.09mm
4	检测第二道气环的开口间隙	标准标准：0.20～0.40mm
5	检测第二道气环的侧隙	标准间隙：0.05～0.09mm
6	检测油环的开口间隙	标准间隙：0.25～0.50mm
7	检测油环的侧隙	标准间隙：0.03～0.06mm
8	安装活塞环	标准方向：有字的朝上
9	清洁缸体和主轴承	
10	安装主轴承，对瓦面进行润滑	注意顺序不能互换
11	清洁润滑曲轴，放置曲轴	进行转动检查
12	安装主轴承盖	标准顺序：从中间向两边分二次扭紧
		标准力矩：65N·m+90°
		标准检查：曲轴转动检查
13	测量曲轴轴向间隙	标准间隙：0.07～0.23mm
14	测量径向间隙	标准间隙：0.02～0.04mm
15	清洁润滑汽缸壁	
16	清洁润滑活塞，调整气环角度	
17	安装活塞	标准力矩：30N·m+90°
		标准检查：活塞转动检查
18	安装后曲轴油封盖	标准力矩：10N·m
19	安装机油泵	标准力矩：10N·m
20	安装链轮和传动链	标准力矩：22N·m
21	安装机油泵链条张紧器	
22	安装曲轴前端油封	标准力矩：10N·m
23	安装油底壳	标准顺序：从中间到两边对称均匀
24		标准力矩：10N·m
25	安装汽缸垫	
26	安装汽缸盖	标准顺序：从中间向两边交叉对称分二次均匀扭紧
		标准力矩：40N·m+180°

续表

顺序	操作	技术标准
27	将带传动链的凸轮轴和调整器放入缸盖	
28	机油润滑凸轮轴工作面	
29	拧紧凸轮轴调整器(包括 3366)	标准力矩:10N·m
30	交叉拧紧进气凸轮轴第 2 和第 4 个轴承盖	标准力矩:10N·m
31	交叉拧紧排气凸轮轴第 2 和第 4 个轴承盖	标准力矩:10N·m
32	安装拧紧进气凸轮轴第 1 个轴承盖	标准力矩:10N·m
33	安装拧紧排气凸轮轴第 1 个轴承盖	标准力矩:10N·m
34	检查轴承盖上的箭头与轴上的标记是否对齐	
35	检查两标记之间有 16 个链棍	
36	拆下 3366	
37	双轴承盖涂抹密封胶,然后安装	标准力矩:10N·m
38	装上并拧紧进气凸轮轴第 3 和第 5 个轴承盖	标准力矩:10N·m
39	装上并拧紧排气凸轮轴第 3 和第 5 个轴承盖	标准力矩:10N·m
40	安装霍尔传感器转子	标准力矩:25N·m 外壳标准力矩 10N·m
41	安装水泵	
42	安装曲轴正时带轮	标准力矩:90N·m+90°
43	安装张紧轮、张紧器	
44	调试正时,安装正时皮带,调试正时带松紧	
45	安装正时带护罩,安装皮带轮	
46	安装凸轮轴罩盖,安装正时带上护罩	标准力矩 10N·m
47	安装进气歧管	
48	安装垫片、排气管	

教学活动二　制定作业方案

参考表 6-7，制定发动机装配作业方案。

表 6-7　参考手册

图　　例	操　　作
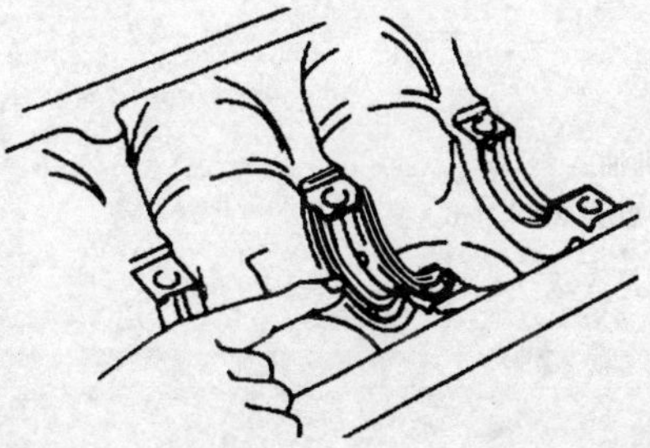	1. 安装曲轴轴承; 2. 安装曲轴止推垫片

图　例	操　作
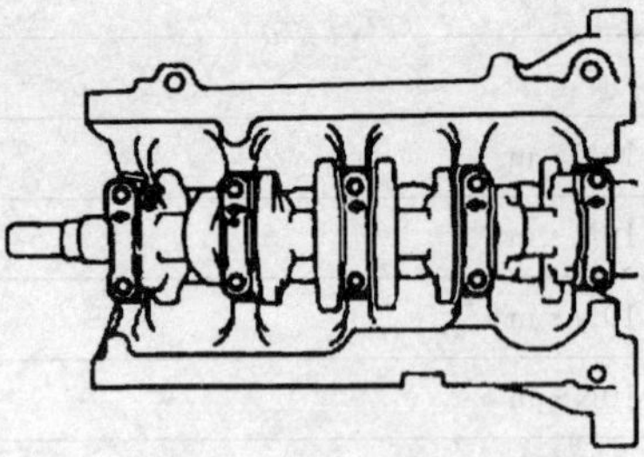	1. 在正确的位置安装 5 个曲轴轴承盖，注意每个轴承盖有代号和向前标记； 2. 在主轴承盖螺栓的螺纹和螺栓头下面涂一层机油
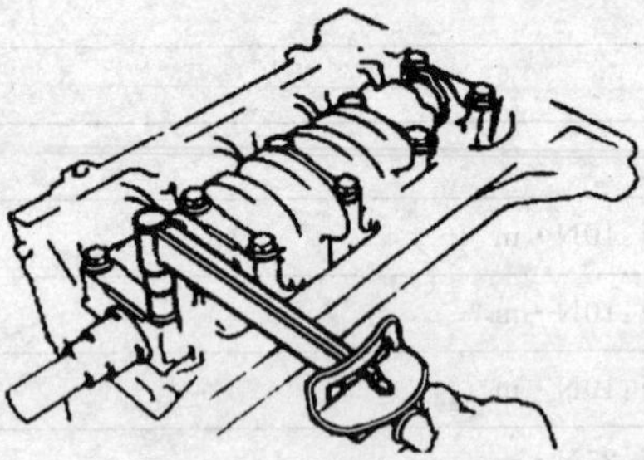	分几次均匀拧紧 10 个主轴承螺栓，扭矩为 60N·m，检查曲轴转动灵活性，检查曲轴止推间隙
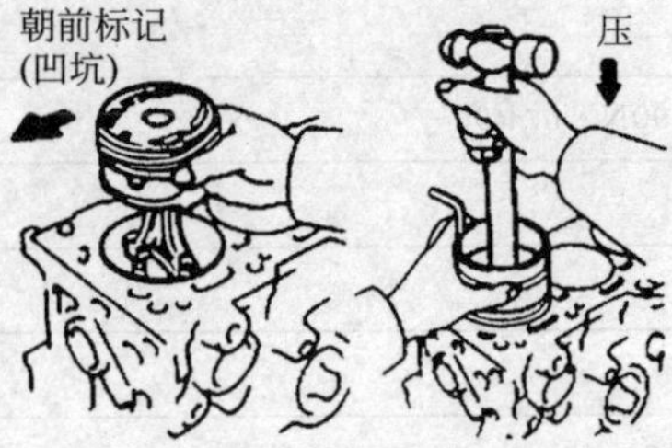	使用活塞环收紧器按正确的位置把活塞和连杆总成推入各自的汽缸，活塞的前标记朝前
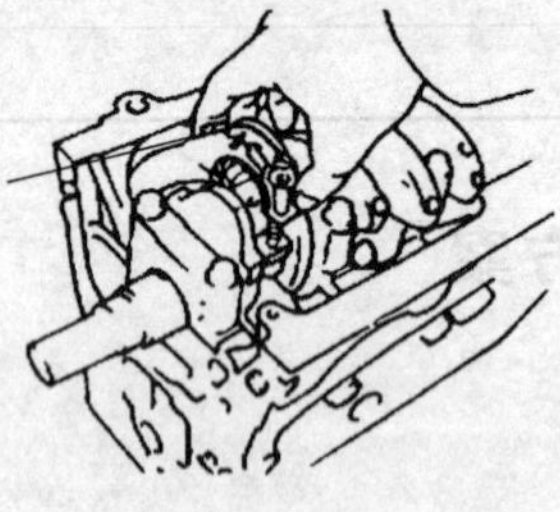	把连杆盖装在连杆上，前标记朝前
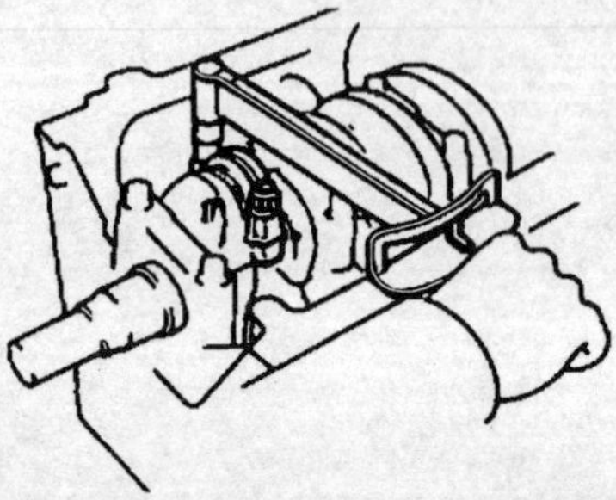	1. 在连杆螺母下方涂一层机油； 2. 分几次交替拧紧螺母，扭矩为 29N·m

续表

图　例	操　作
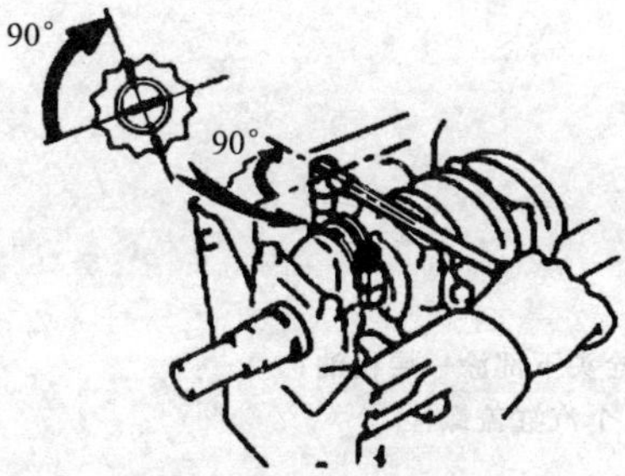	1. 用油漆在螺帽和连杆螺栓上做标记； 2. 将螺母拧紧 90°； 3. 检查曲转动灵活性； 4. 检查连杆止推间隙
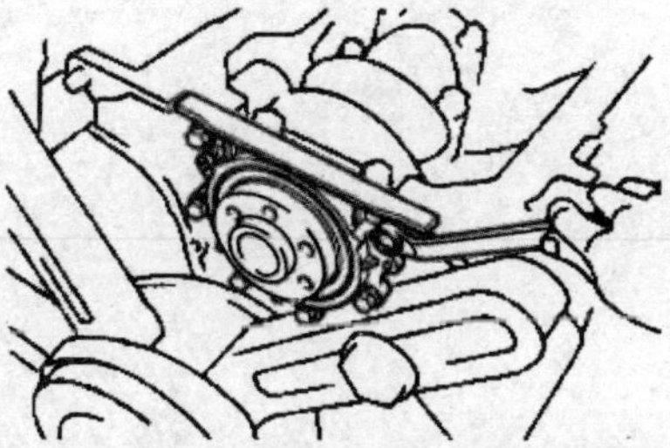	安装发动机后油封座圈
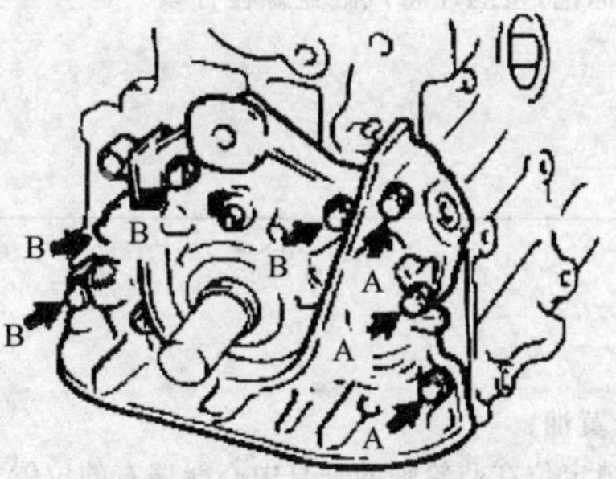	安装机油泵总成，使机油泵的驱动转子的花键齿与油泵侧曲轴的大齿啮合，A 处螺栓扭矩为 35N・m，B 处螺栓扭矩为 25N・m
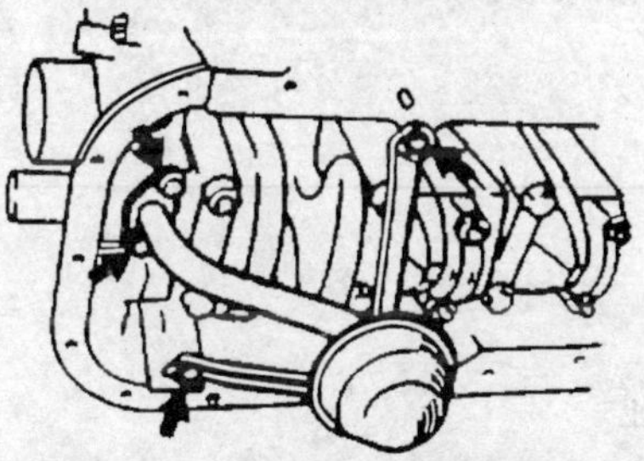	安装机油滤清器分总成
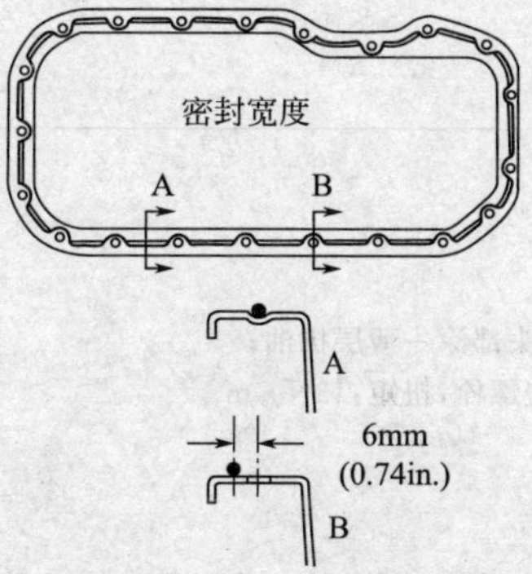	安装油底壳： 1. 清除旧密封材料，小心不要使油底壳和汽缸体接触表面沾油； 2. 将密封填料涂在油底壳上，用 19 个螺栓安装油底壳

图　　例	操　　作
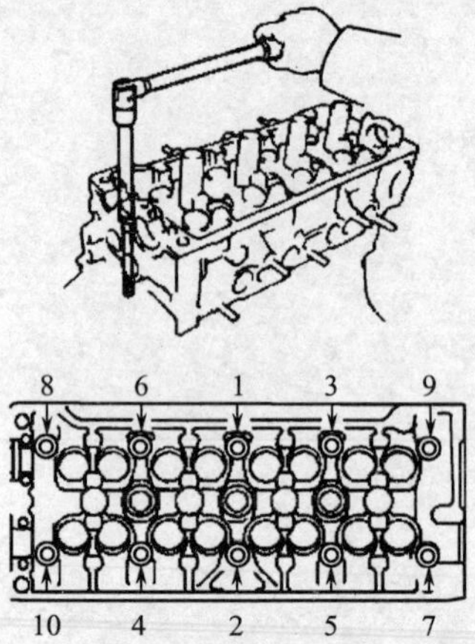	安装汽缸盖分总成： 1. 将汽缸盖螺栓分两步拧紧； 2. 在汽缸盖螺栓的螺纹和螺栓头下部涂一层机油； 3. 按顺序分几次均匀拧紧 10 个汽缸盖螺栓， 扭矩为 29N・m
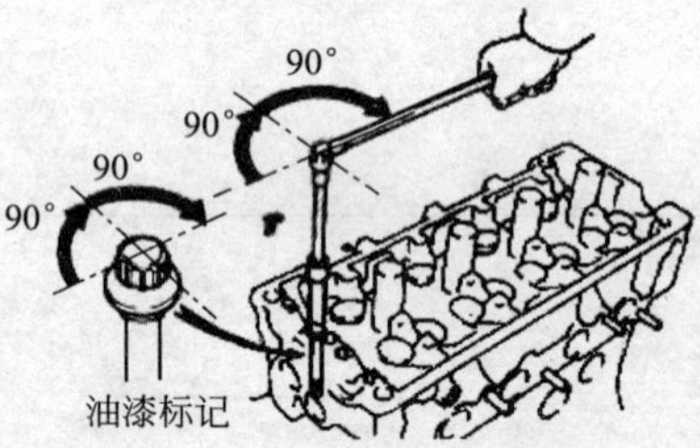	用油漆在汽缸螺栓的前面作标记，按顺序将汽缸盖螺栓拧紧
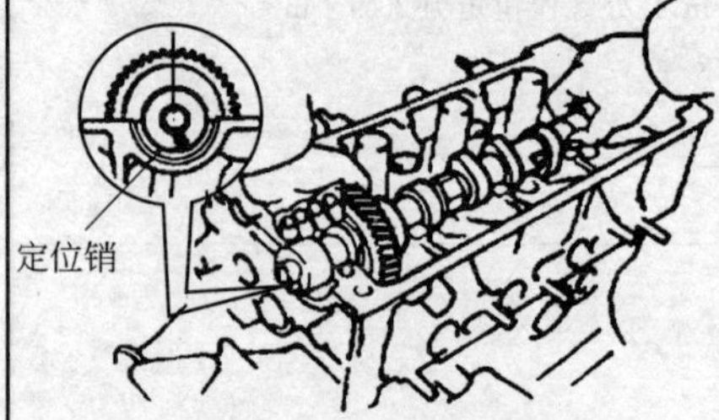	1. 在 2 号凸轮轴的止推位涂黄油； 2. 放置 2 号凸轮轴，使定位销定位在凸轮轴的垂直中心线偏右的位置
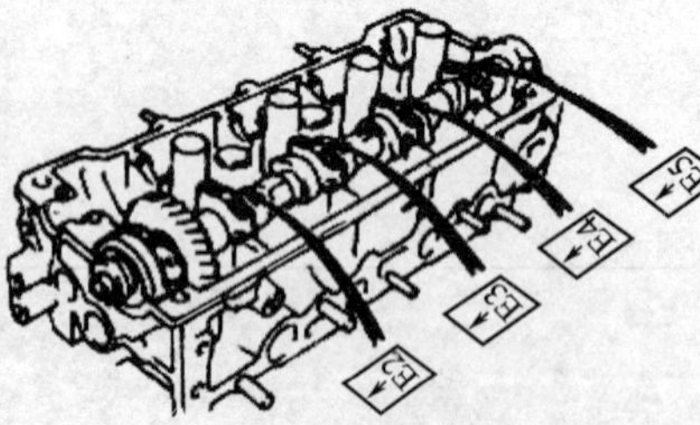	将 5 个轴承盖装在各自位置上
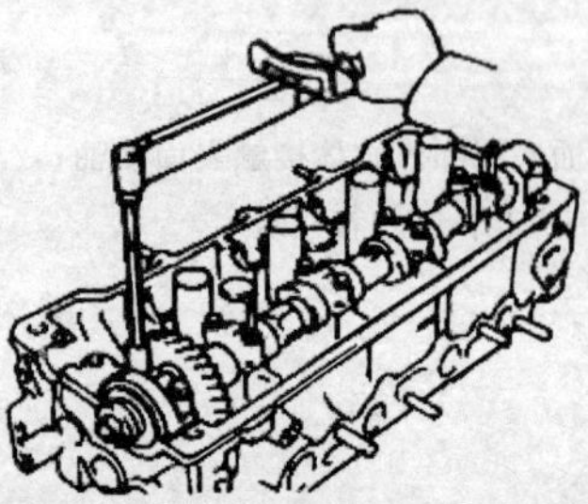	1. 在轴承盖螺栓的螺纹和螺栓头部涂一薄层机油； 2. 分几次均匀拧紧 10 个轴承盖螺栓，扭矩：13N・m

图　　例	操　　作
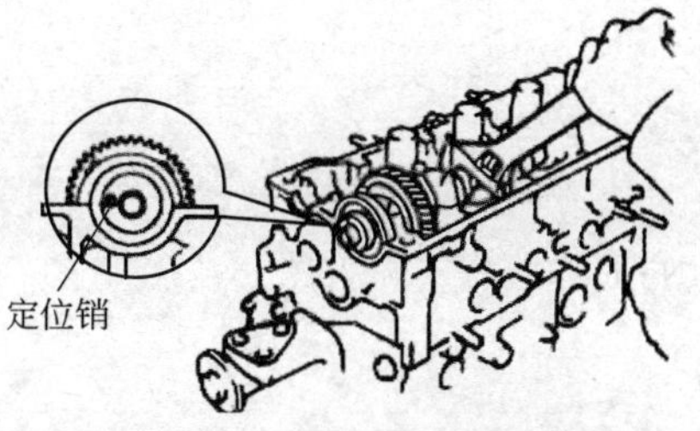	定位 2 号凸轮轴，使定位销位于汽缸盖顶部稍微偏上的位置
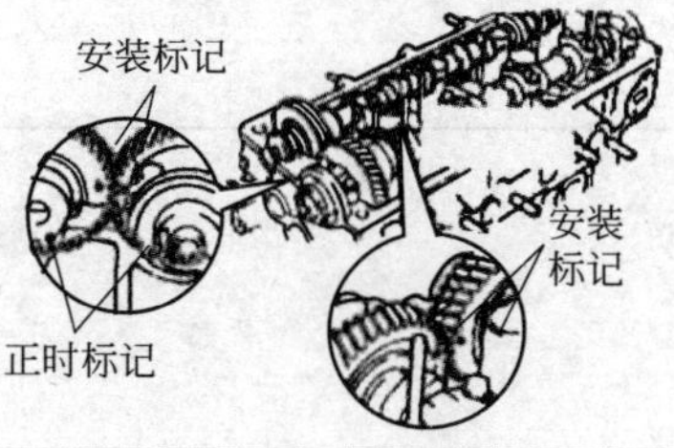	1. 在凸轮轴的止推位涂黄油； 2. 匹配每个凸轮的安装标记，让进气凸轮轴齿轮啮入 2 号凸轮轴齿轮
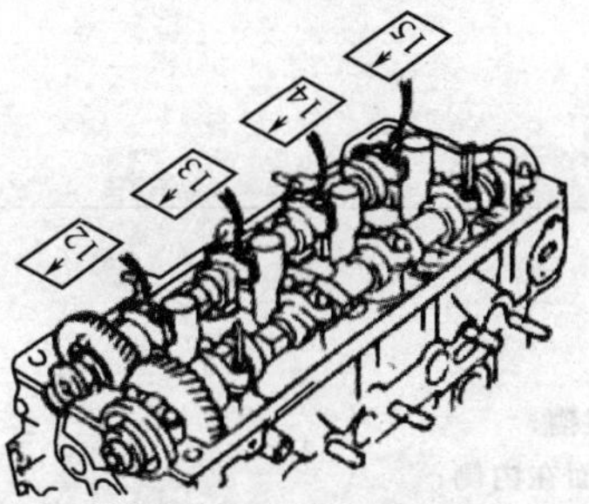	将 4 个轴承盖安装在各自的位置上
	1. 在轴承盖螺栓的螺纹上和螺栓头部涂一层机油； 2. 按图示顺序分几次均匀拧紧 8 个螺栓，扭矩 13N · m
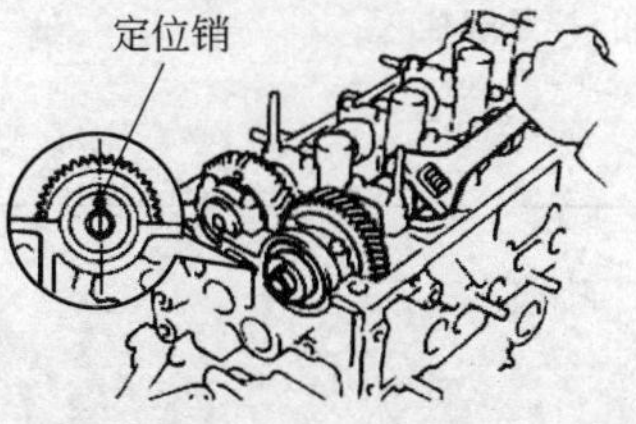	1. 安装 1 号轴承盖，使标记箭头朝前； 2. 顺时针转动 2 号凸轮轴，使定位销朝上
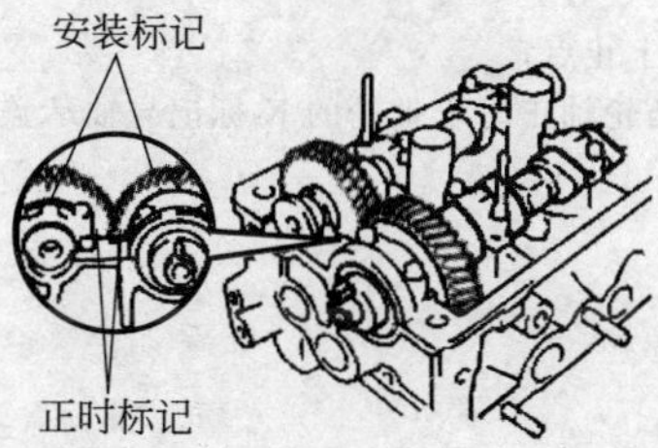	检查凸轮轴齿轮正时标记是否对准

图　例	操　作
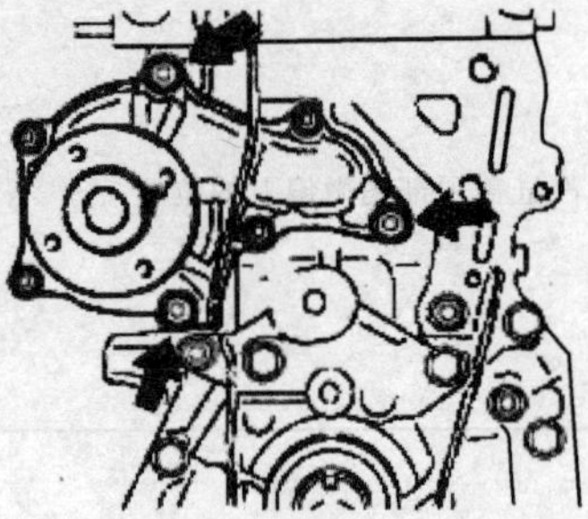	安装水泵总成，螺栓扭矩 14N·m
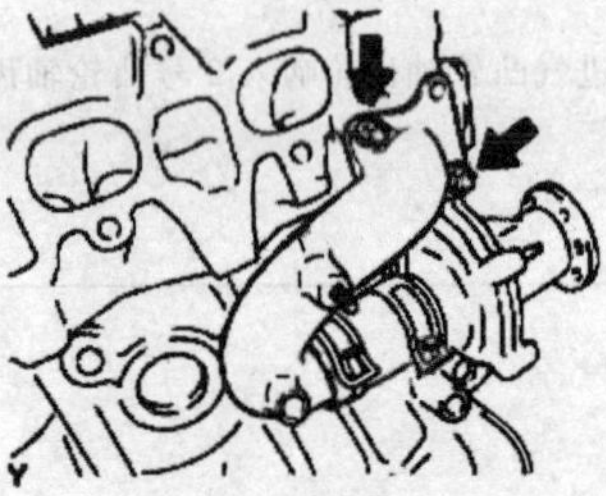	1. 安装进水管； 2. 安装机油尺导管； 3. 安装 1 号发电机支架； 4. 安装 1 号发动机吊钩； 5. 安装 2 号发动机吊钩
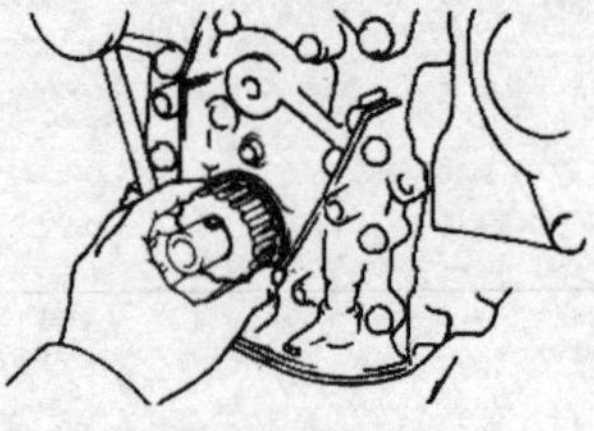	安装曲轴正时皮带轮： 1. 对准皮带轮定位键和带轮键槽； 2. 推入正时皮带轮，带凸缘一面在内侧； 3. 安装横置发动机安装支架
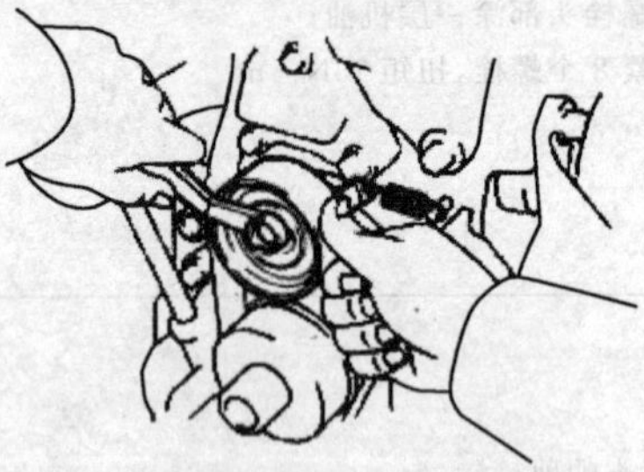	安装 1 号正时皮带惰轮分总成： 1. 用螺栓安装 1 导正时皮带惰轮，注意先不要拧紧螺栓； 2. 安装惰轮张紧弹簧； 3. 安装张紧弹簧； 4. 推动惰轮使其尽量靠近皮带轮，拧紧螺栓
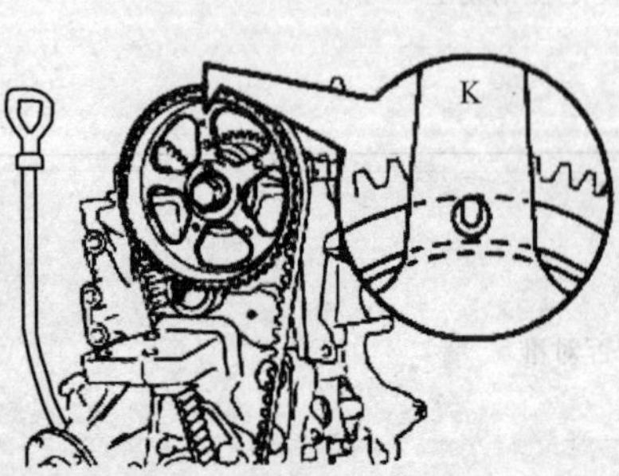	1. 将 1 号汽缸定位在压缩冲程上止点； 2. 转动凸轮轴的六角部分，将凸轮轴正时皮带轮的 K 标记与轴承盖的正时标记对正

图例	操作
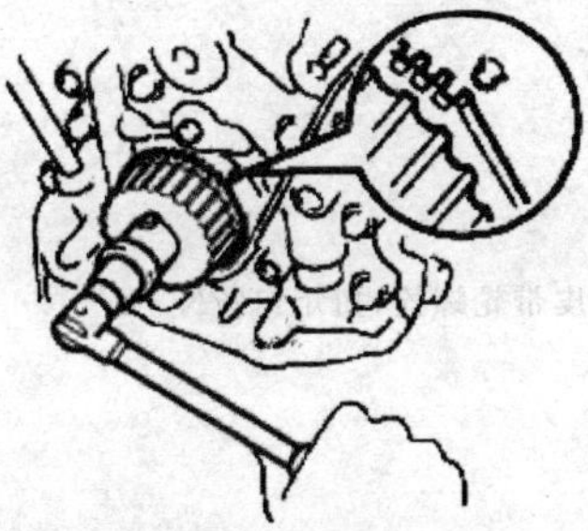	转动曲轴，并将曲轴正时皮带轮和机油泵体的正时标记对准
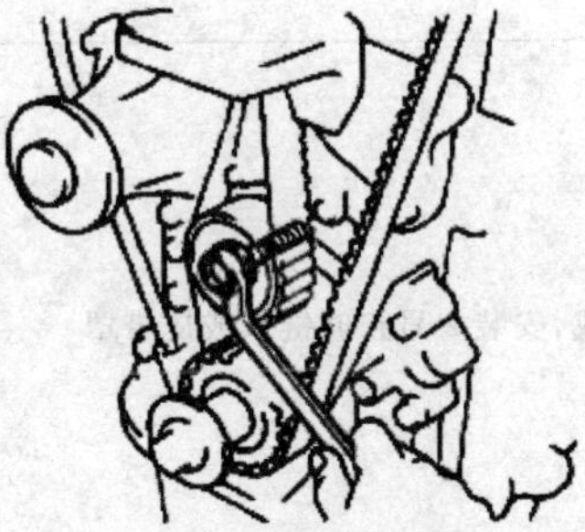	安装正时皮带，检查正时皮带轮的张紧轮，紧固1号正时皮带惰轮，扭矩37N·m
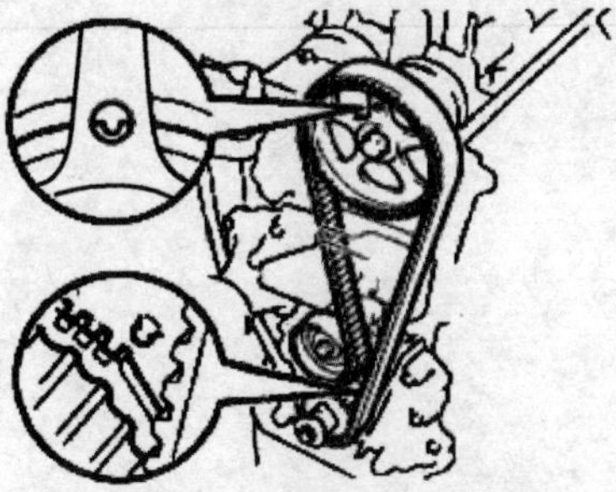	检查配气正时
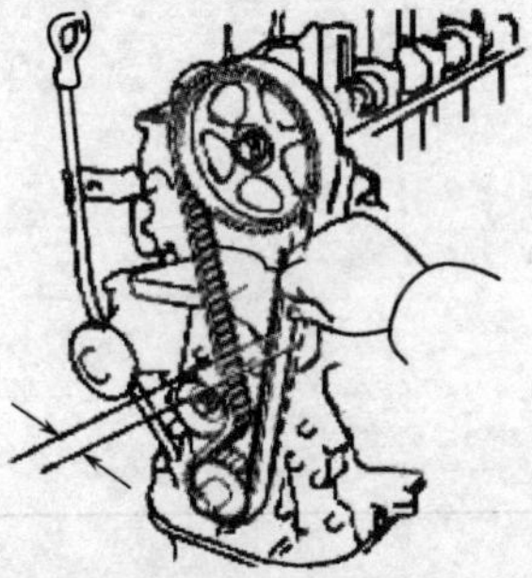	检查正时皮带扰度，皮带扰度范围为5～6mm，如果扰度不合适，调节惰轮
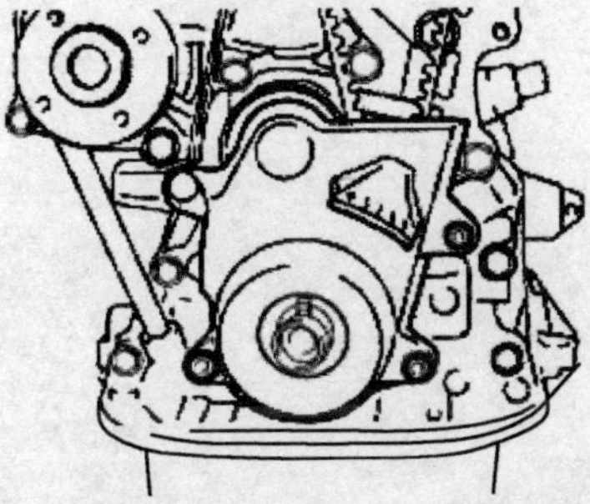	1. 安装正时皮带导轮； 2. 安装导轮，注意面朝内安装； 3. 安装正时链条或皮带罩分总成

图　例	操　作
	安装曲轴皮带轮，使用SST安装皮带轮螺栓，扭矩：127N·m
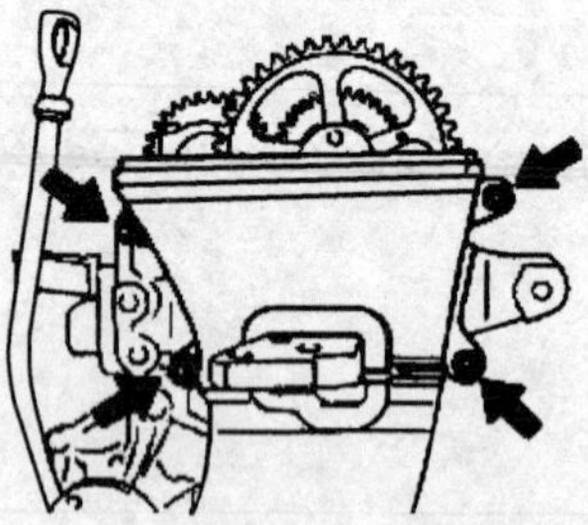	安装曲轴齿轮或皮带轮罩分总成，安装2号正时链条或皮带罩
	安装气门室盖分总成
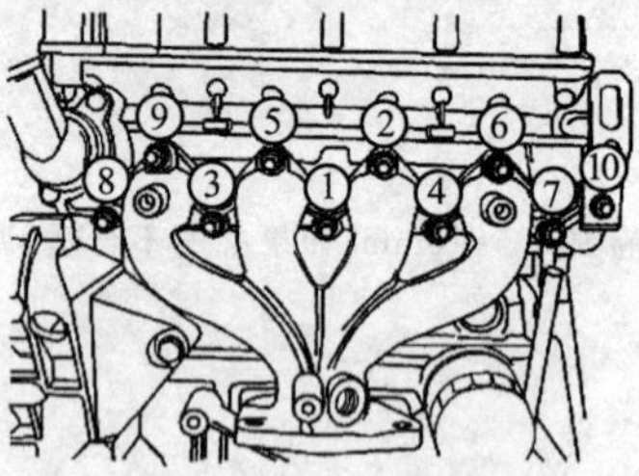	安装进排气管，紧固力矩25N·m
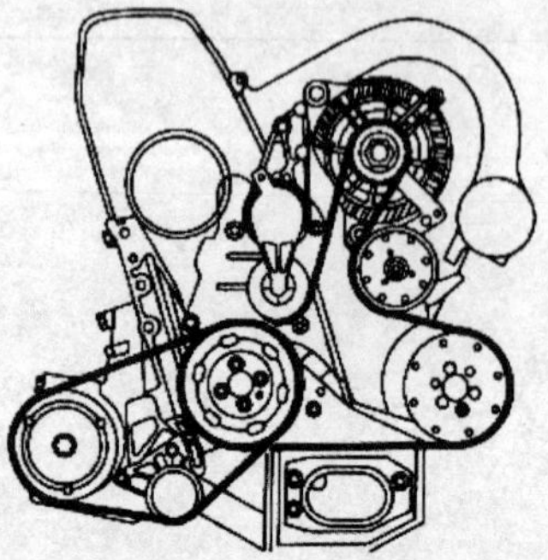	1. 安装发动机附件； 2. 安装空调压缩机； 3. 安装发电机； 4. 安装启动机； 5. 安装皮带

汽车发动机装配作业方案见表 6-8。

表 6-8 汽车发动机装配作业方案

<table>
<tr><td colspan="2" rowspan="2">车辆信息描述</td><td>车辆描述</td><td colspan="2"></td></tr>
<tr><td>车辆发动机描述</td><td colspan="2"></td></tr>
<tr><td colspan="2">注意安全事项</td><td colspan="3">(1)注意人身和机件的安全,不了解情况的先了解后动手;
(2)认真学习发动机装配工艺、注意零件检测项目过程标准;
(3)注意防火用电安全;
(4)认真接受实习前的安全知识教育</td></tr>
<tr><td rowspan="2">发动机组装作业方案</td><td colspan="3">作业要领</td><td>检查记录</td></tr>
<tr><td colspan="3">1. 清洁汽缸壁;
2. 检测第 1 道气环的开口间隙(使用 0.20mm 间隙规),标准:0.20～0.40mm;
3. 检测第 1 道气环的侧隙(使用 0.05mm 间隙规),标准:0.06～0.09mm;
4. 检测第 2 道气环的开口间隙(使用 0.20mm 间隙规),标准:0.20～0.40mm;
5. 检测第 2 道气环的侧隙(使用 0.05mm 间隙规),标准:0.05～0.09mm;
6. 检测油环的开口间隙(使用 0.8mm 间隙规),标准:0.25～0.50mm;
7. 检测油环的侧隙(使用 0.04mm 间隙规),标准:0.03～0.06mm;
8. 安装活塞环,有字的一面朝上;
9. 清洁缸体和大瓦;
10. 安装大瓦,注意顺序不能互换,对瓦面进行润滑;
11. 清洁润滑曲轴,放置曲轴。进行转动检查;
12. 安装主轴承盖(共 5 个、安装主轴盖时从中间向两边分两次拧紧,力矩 65N·m+90°),转动检查;
13. 测量曲轴轴向间隙(使用 0.10mm 间隙规),标准:0.07～0.23mm;
14. 测量径向间隙(使用塑料间隙规),标准:0.02～0.04mm;
15. 清洁润滑汽缸壁;
16. 清洁润滑活塞,调整气环角度;
17. 安装活塞;
18. 转动检查;
19. 安装后曲轴油封,力矩 10N·m;
20. 安装机油泵,力矩 10N·m;
21. 安装链轮和传动链,力矩 22N·m;
22. 安装机油泵链条张紧器;
23. 安装曲轴前端油封,力矩 10N·m;
24. 安装油底壳(从中间到两边对称均匀上好,力矩 10N·m;
25. 安装汽缸垫(注意正面朝上);
26. 安装汽缸盖(螺栓从中间向两边交叉对称分 2 次均匀扭紧,力矩 40N·m+180°;
27. 将带传动链的凸轮轴和调整器放入缸盖;
28. 用机油润滑凸轮轴工作面;
29. 拧紧凸轮轴调整器(包括 3366),力矩 10N·m;
30. 交叉拧紧进气凸轮轴第 2 和第 4 个轴承盖,力矩 10N·m;
31. 交叉拧紧排气凸轮轴第 2 和第 4 个轴承盖,力矩 10N·m;
32. 安装拧紧进气凸轮轴第 1 个轴承盖,力矩 10N·m;
33. 安装拧紧排气凸轮轴第 1 个轴承盖,力矩 10N·m;
34. 检查轴承盖上的箭头与轴上的标记是否对齐;
35. 检查两标记之间的 16 个链辊;
36. 拆下 3366;
37. 将双轴承盖涂抹密封胶后进行安装,力矩 10N·m;
38. 装上并拧紧进气凸轮轴第 3 和第 5 个轴承盖,力矩 10N·m;
39. 装上并拧紧排气凸轮轴第 3 和第 5 个轴承盖,力矩 10N·m;
40. 安装霍尔传感器转子及其外壳,力矩 10N·m;
41. 安装水泵;
42. 使用专用工具安装曲轴正时带轮,力矩 90N·m+90°;
43. 安装张紧轮、张紧器,力矩分别为 10N·m 和 25N·m;
44. 安装正时皮带,调试正时带松紧;
45. 安装正时带护罩和皮带轮,其中 2 个 M10 螺栓的力矩 10N·m,1 个 M19 螺栓的力矩 23N·m;
46. 安装凸轮轴罩盖,力矩 10N·m;
47. 安装进气歧管,力矩 10N·m;
48. 安装垫片、排气管,力矩 10N·m</td><td>第 1 道气环间隙:

第 2 道气环间隙:

油环间隙:

曲轴间隙:

活塞间隙:

配气正时调整记录:</td></tr>
</table>

教学活动三　自我测试与考核评价

自我测试见表 6-9。

表 6-9　自我测试

发动机装配时注意事项都有哪些？
发动机下部的安装顺序是什么？
发动机上部的安装顺序是什么？

考核评价见表 6-10。

表 6-10　考核评价表

班级：＿＿＿＿＿＿　　姓名：＿＿＿＿＿＿　　学号：＿＿＿＿＿＿

项目	自我评价			小组评价			教师评价		
	10-9	8-6	5-1	10-9	8-6	5-1	10-9	8-6	5-1
	占总评 10%			占总评 30%			占总评 60%		
学习活动 1									
学习活动 2									
协作精神									
纪律观念									
表达能力									
工作态度									
安全意识									
任务总体表现									
小计									
总评及教师评语									

任课教师：＿＿＿＿＿＿　　　　　　年　月　日

学习任务三　发动机吊装与磨合

教学活动一　发动机磨合试验

凡是经过大修的发动机，在装配后还需要按照一定的规范和要求进行磨合与调试，磨合与调试是修理工艺过程的一个重要工序，磨合时要根据不同的发动机合理选择与之相适应的磨合规范，以达到磨合时间短、磨合损耗小、磨合质量高的磨合效果，发动机的磨合试验规范包括发动机的磨合转速、工作负荷及各阶段的磨合时间。未经磨合与调试的发动机是不允许装车使用的。磨合的目的如下。

1. 扩大摩擦副工作表面实际接触面积

新零件和经过修理的零件，由于摩擦副工作表面存在各种误差，装配后实际配合接触面积仅为设计面积的1/1000～1/100，配合表面上单位压力会超过设计值的百倍乃至千倍，局部温度很高，容易产生塑性变性和黏着磨损，造成抱轴，拉缸等故障。只有使新零件在特定的磨合规范下运动，使粗糙表面的微观凸点镶嵌并产生微观切削，配合面接触面积不断扩大，才能在短期内形成适应正常工作的配合表面。

2. 清除在加工、装配过程中的误差

零件在加工和装配过程中都存在误差，使零件不能很好地配合，必须通过有控制的磨合处理予以修正。

3. 全面检验发动机修理质量，发现故障及时排除。

发动机磨合分为冷磨合与热磨合两个阶段。

冷磨合是由外部动力驱动，对主要摩擦副进行磨合，以降低其配合表面的粗糙度，提高配合质量。冷磨合设备主要有冷磨合台架、简单磨合台架等，冷磨合时须拆除汽油机的火花塞或柴油机的喷油器。冷磨合初始转速一般为400～600r/min，然后以20～40r/min的级差逐级增加转速，冷磨合终了转速一般为1000～1200r/min。冷磨合一般用较薄的2号或3号锭子油，或用20号机械油，如用汽油机机油，应根据季节不同分别渗入15%～20%的煤油或柴油，冷磨合时间一般约1.5～2.0h。冷磨合注意事项如下。

① 检查有无漏水、漏油现象。

② 观察机油压力是否正常，若不正常应立即停机检查，排除故障，冷却液温度达到90时应及时用风扇冷却。

③ 检查各摩擦副表面附近是否过热，各部有无异响等现象，若有应及时排除故障。

④ 冷磨合结束后应将发动机部分分解，检查活塞、活塞环与汽缸内壁、曲轴主轴承、连杆轴承与曲轴轴颈的磨合情况，排除发现的故障，然后将发动机全部机件清洗干净，按要求全部装复。

热磨合是发动机利用自身动力运转进行的磨合，目的是继续降低零件表面的粗椅度，提高配合质量。热磨合时首先进行无负荷热磨合，即在空载情况下，以600～1000r/min转速运转1h，对发动机的油路、电路、润滑系、冷却系等进行必要的检查和调整，并及时排除故障。无负荷热磨合后，如果有条件，可以进一步进行有负荷热磨合，即用试验台的加载装置对发动机施加载荷，进一步改善摩擦副工作面的微观不平度，检验新修发动机的功率恢复情况，发现因修理或装配不当而产生的某些前一阶段磨合难以发现的故障。有负荷热磨合分一般磨合和完全磨合两种。一般磨合的时间较短，经一般磨合的发动机只能进行个别点的测试（如最大功率点，最大转矩点和最低燃油消耗点的转速测试），完全磨合的发动机进行整个外特性曲线的测试。对于大修的发动机，要求进行一般磨合就可以了。有负荷热磨合规范见表 6-11。

表 6-11　有负荷热磨合规范

起始转速/(r/min)	800	每级磨合负荷/kW		3.68
起始负荷/kW	0.1～0.2P_e	最高磨合负荷/kW		0.8P_e
每级递增转速/(r/min)	200	最高磨合转速/r/min	一般载货汽车	0.6n_e
每级磨合时间/min	30～45		轻型汽车	0.5n_e

注：P_e—额定功率（kW）；n_e—额定转速（r/min）。

有负荷热磨合注意事项：①检查水温、机油压力和油温是否符合原厂规定；②发动机在各种情况（负荷）下应运转平稳，无异响；③观察各部衬垫、油封、水封及油管接头处有无漏油、漏水、漏气的现象。

发动机热磨合后要检查以下几方面：

（1）汽缸壁表面应光洁，呈深蓝色，无异常磨损；

（2）活塞裙部磨痕均匀，无拉毛起糟现象；

（3）活塞环外圆表面的接触痕迹应小于 90%，端隙应大于原间隙的 25%；

（4）曲轴轴承和连杆轴承，表面应光滑平整，接触面积应大于 75%以上；

（5）汽缸压力应符合原厂规定。

最后按规定标准装复发动机，加入清洗油，怠速运转 5min，然后放出，加入合适的机油。

表 6-12 所示为 AJR 发动机磨合规范。

表 6-12　AJR 发动机的磨合规范

磨合阶段		曲轴转速/r/min	磨合时间/min	磨合阶段		曲轴转速/r/min	磨合时间/min
冷磨合	1	400	45	热磨合	1	700～900	45
	2	600	45		2	1000～1200	45
	3	800	30		3	1400～1500	45

大修的发动机经过磨合运行以后，有条件的修理厂还需进行发动机性能的测试，用加载的方法测量出反映发动机动力性和经济性的几项技术指标，包括发动机最大功率、最大转矩和最低燃油消耗率，以及它们的对应转速，用以鉴定发动机大修后的性能是否达到标准。

4．发动机大修竣工验收

大修后的发动机经装合调整和试验后，要进行验收。技术部门进行发动机性能测试，判定其是否符合出厂合格要求，签发合格证，给予质量保证。发动机竣工验收的具体内容如下。

（1）检查并加足冷却液、机油、燃油。

（2）用检视方法检验发动机装备状况，要求装备齐全、有效，各零部件及附件应符合规定的技术条件。

（3）启动发动机，冷车启动要求在环境温度大于－5℃时应启动顺利，允许连续启动 3

次，每次启动时间小于 5s；热车启动要求在发动机正常工作温度下 5s 内能启动。

(4) 启动发动机运转至正常工作温度，用转速表或用发动机综合仪测量检查怠速状况，要求发动机怠速运转稳定，转速符合原设计规定，转速波动小于 5r/min；再检查转速变化工况，用转速表检查，发动机改变转速时应过渡圆滑，突然加速或减速时不得有爆燃声、断火、回火、放炮等现象。

(5) 检查发动机运转时有无异响。可用检视法或用发动机异响分析仪检查，要求发动机在正常状况下运转时不得有异常响声。

(6) 检视发动机机油压力、冷却液温度、机油温度。在发动机正常运转工况下应符合原设计规定。

(7) 用转速表、汽缸压力表或发动机分析仪测量检查汽缸压力和各缸压力差，应符合原设计规定。

(8) 检查发动机进气歧管真空度。用转速表、真空表检查，要求汽车发动机怠速时，进气歧管真空度应在 57～70kPa。

(9) 检查发动机功率和转矩。将发动机运转到正常工作温度，用测功机或发动机综合测试仪进行测量，要求发动机最大功率、最大转矩小于原设计标定值的 90%。

(10) 检查发动机燃料消耗率。用油耗计、测功机按有关规定测量，要求发动机最低燃料消耗小于原设计要求。

(11) 检查发动机排放。要求汽油机柴油机排放应符合标准规定。

(12) 检查润滑油质量。用检视或润滑油质分析仪检查，要求发动机润滑油规格、数量、质量应符合原设计规定。

(13) 检查发动机泄漏情况，用检视方法检查，要求发动机应无漏水、漏油、漏气、漏电现象，但润滑油、冷却液密封接合面处允许有不致形成滴状的浸渍。

(14) 用检视方法检查柴油发动机停机装置，要求柴油发动机停机装置应灵活有效。

(15) 用检视方法检查和加装限速装置，要求发动机应按规定加装限速片或对限速装置作相应调整，并加铅封。

(16) 检视发动机涂漆。要求发动机外表应按规定涂漆、漆层均匀，不得有漏涂现象。

(17) 填写发动机修理竣工检验表。

教学活动二　制定作业方案

参考表 6-13，制定维修作业方案。

表 6-13　参考用维修手册

图　例	说　明
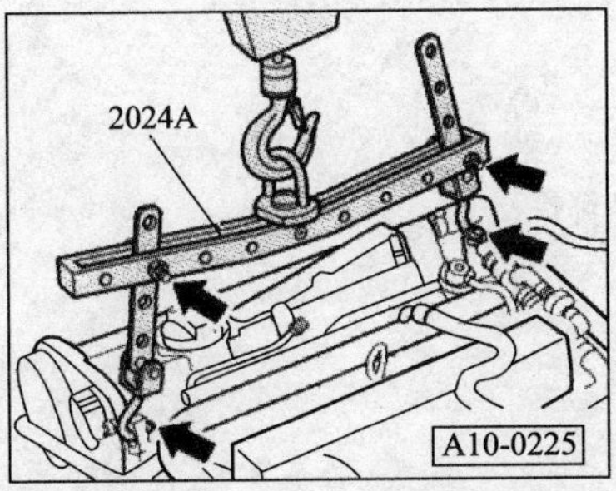	将 2024A 装到发动机上，然后挂到 V. A. G1202A 上。为确保总成重心平衡，应按图示挂好起吊件，起吊装置必须按箭头所示用锁止销固定

图　　例	说　　明
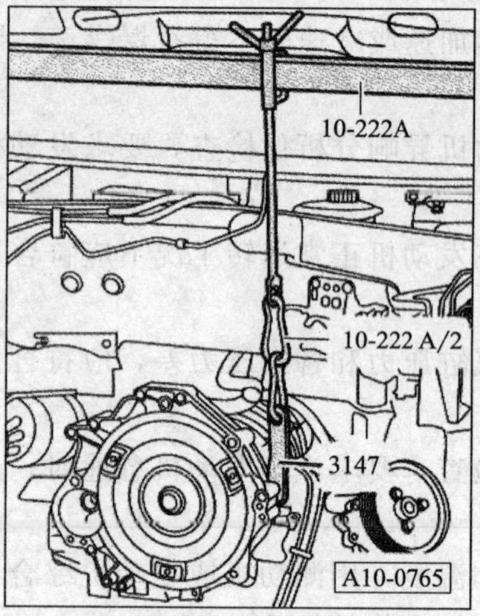	从下向上拧能够着的发动机/变速器连接螺栓
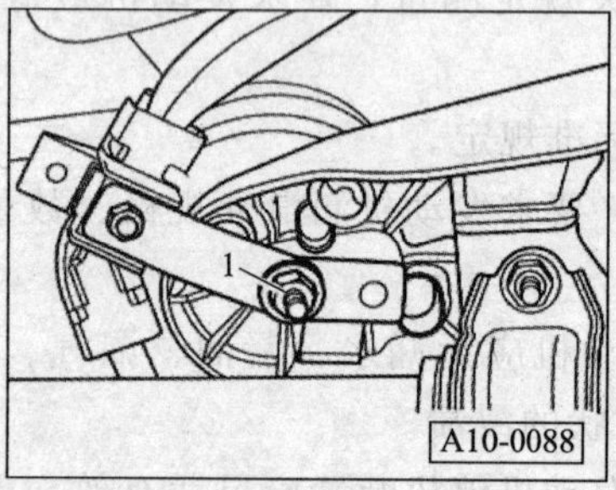	标出螺栓 1 在发动机左、右悬下部的位置，拧上发动机左、右悬置下部螺母
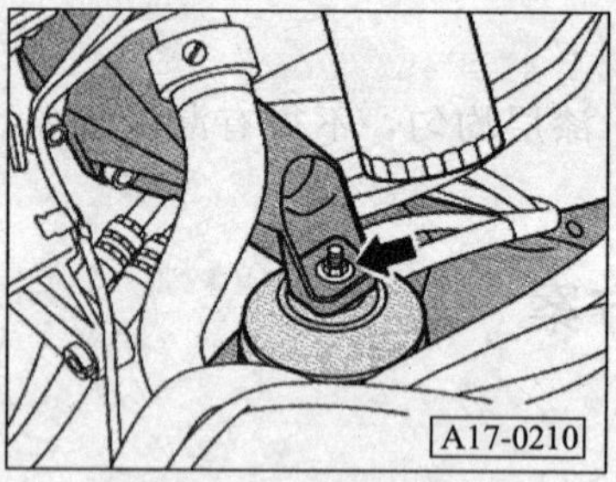	将发动机左、右悬置螺母拧上几圈
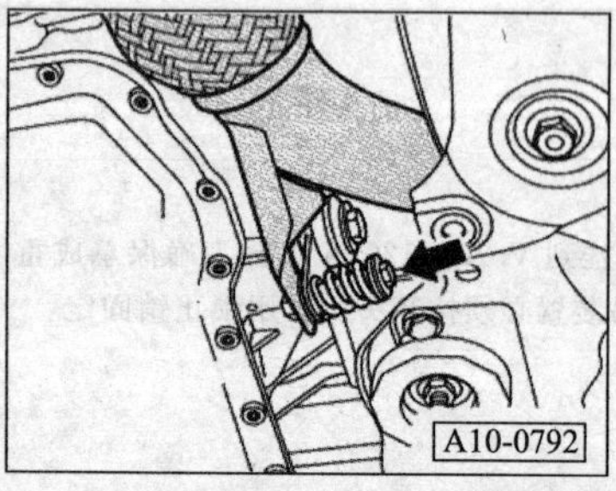	拧上箭头所指的排气系统支架螺栓

图　　例	说　　明
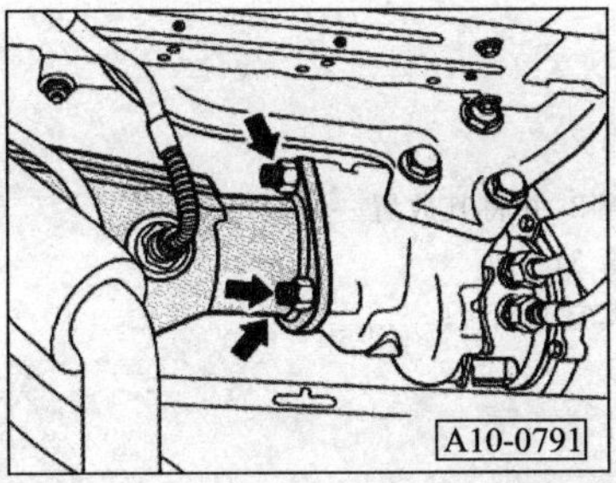	拧上箭头所指的废气涡轮增压器/催化净化器紧固螺母
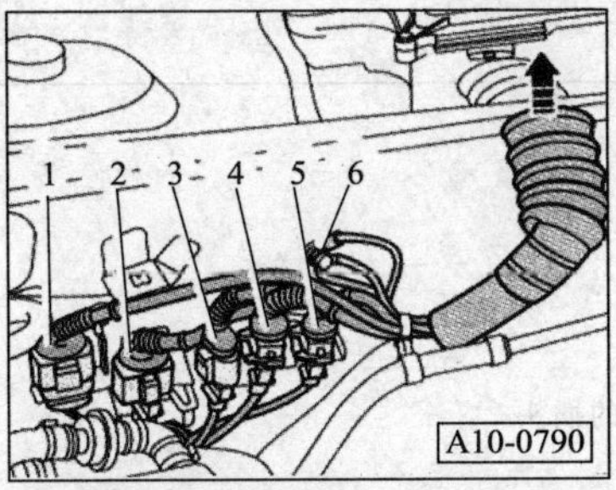	1. 拧上接地螺栓； 2. 从支架上安装插头； 3. 安装传感器插头 1～5； 4. 按箭头方向安装线束，将其放置一旁； 5. 安装变速器左侧的车速表传感器 G22 的插头 6，将供电导线放在一旁
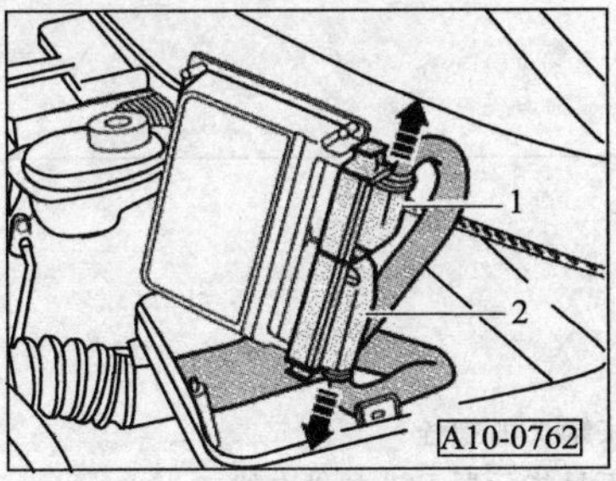	安装箭头所示的插头定位机构，拔下控制单元的推头
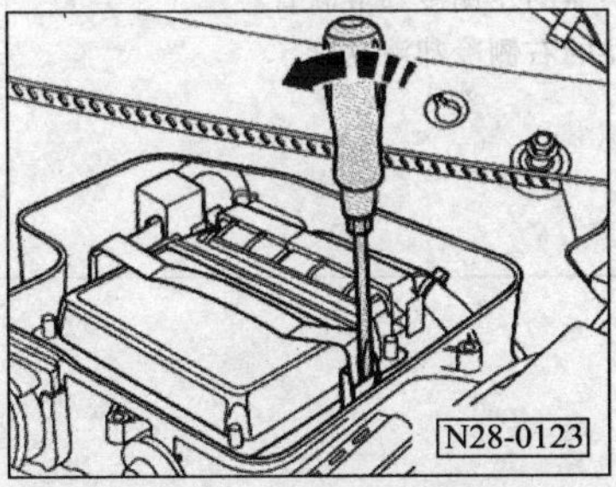	用一螺丝刀安装固定夹箍
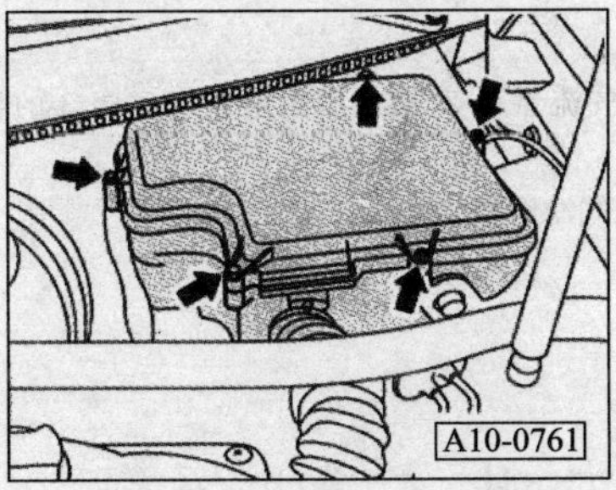	安装压力舱内电器盒盖

图　例	说　明
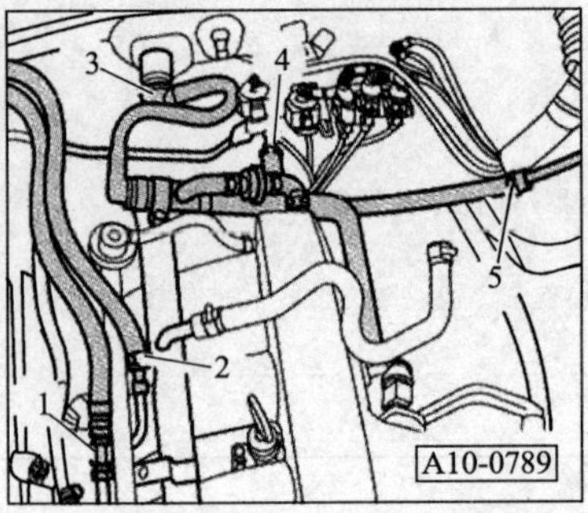	1. 安装燃油供油管 1 和回油管 2，并将其放置一旁； 2. 安装接制动阻力器的真空管 3； 3. 安装接活性炭罐电磁阀的真空软管 4； 4. 安装接真空罐的真空软管 5
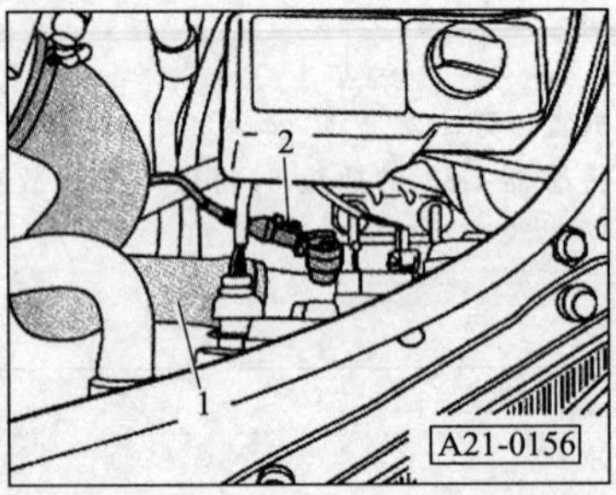	1. 安装空气软管 1； 2. 安装增压压力传感器 G31 的插头 2
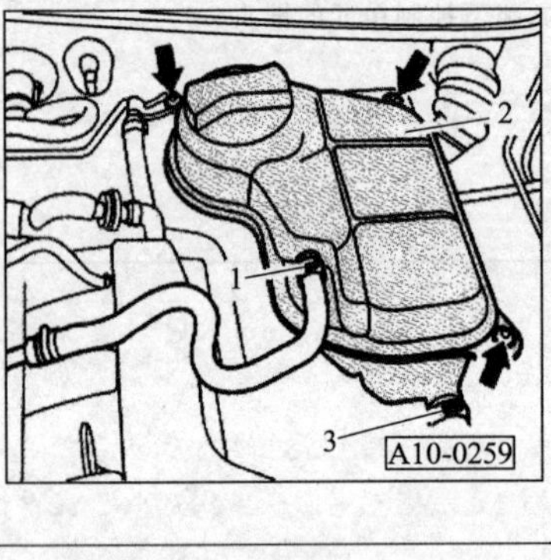	1. 安装冷却液软管 1 和 3； 2. 安装箭头所示的冷却液膨胀罐 2 的螺栓； 3. 安装膨胀罐下部的冷却液不足指示器 F66 的供电线； 4. 安装发动机下部通往热交换器的左侧冷却液软管； 5. 安装汽缸盖接头上热交换器的右侧冷却液软管
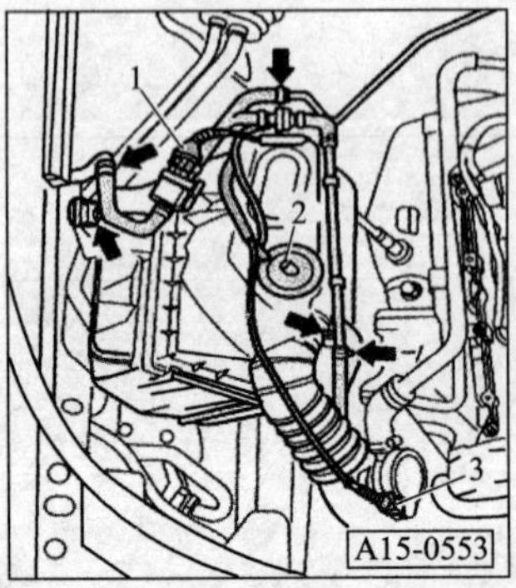	1. 安装锁支架螺栓，使之倾斜； 2. 安装活性炭罐电磁阀 1、空气流量计 2、增压压力限制电磁阀 3 的导线插头； 3. 安装箭头所示软管，拆下空气滤清器壳体

图　例	说　明
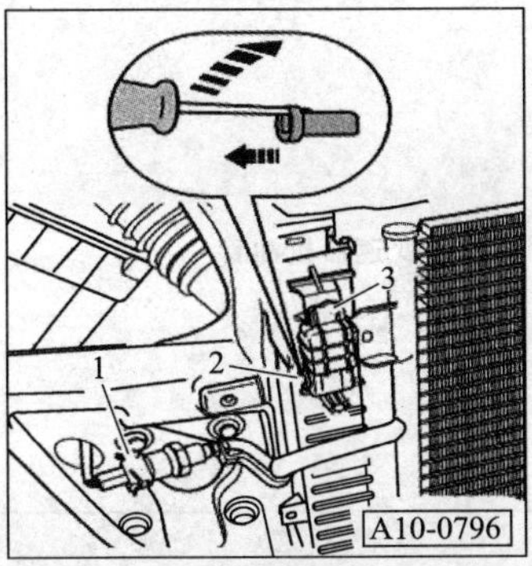	带空调的车，不可扭曲，折叠或弯曲冷凝器及制冷剂管路。 1. 安装散热器左、右导风罩固定螺栓； 2. 安装空调低压开关 F73 上的插头 1； 3. 安装两个固定销 2 和 3，将其拽向一旁； 4. 安装冷凝器的两个支架； 5. 将冷凝器向上拉离支架，向侧面移动，并用金属丝将其固定到右前轮上
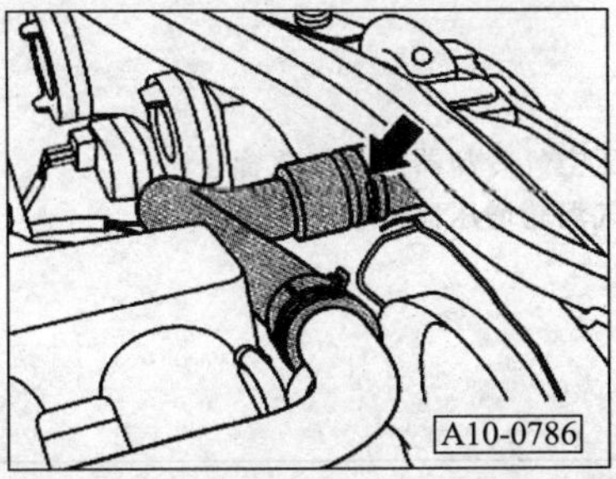	安装箭头所示的散热器上部冷却液软管
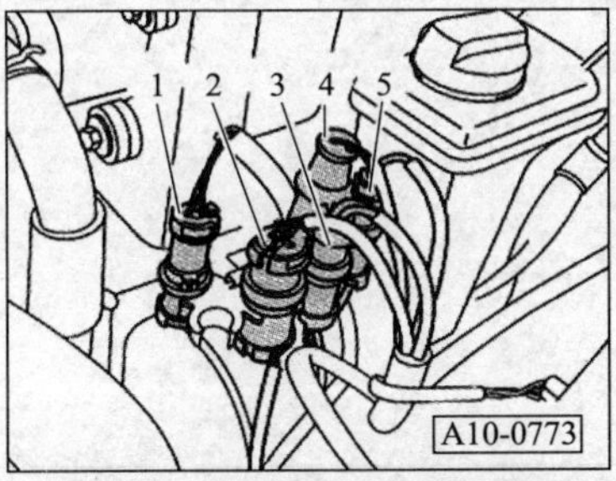	1. 安装锁支架上的发动机舱盖拉锁； 2. 安装助力转向液压油罐上的护板； 3. 安装 ABS 单元前部的插头 1～5，将供电导线放在一旁
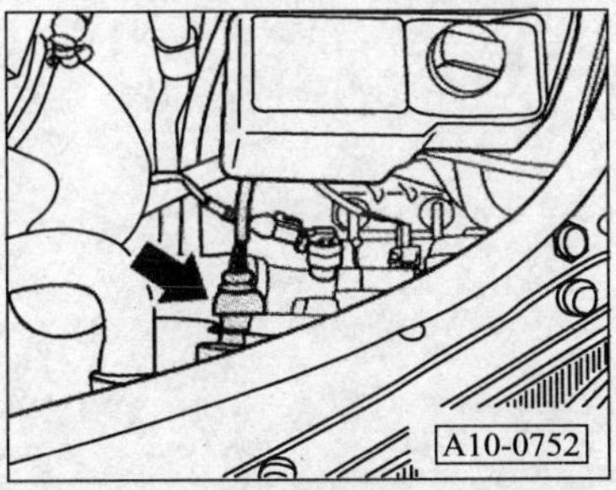	安装车两侧的大灯供电插头
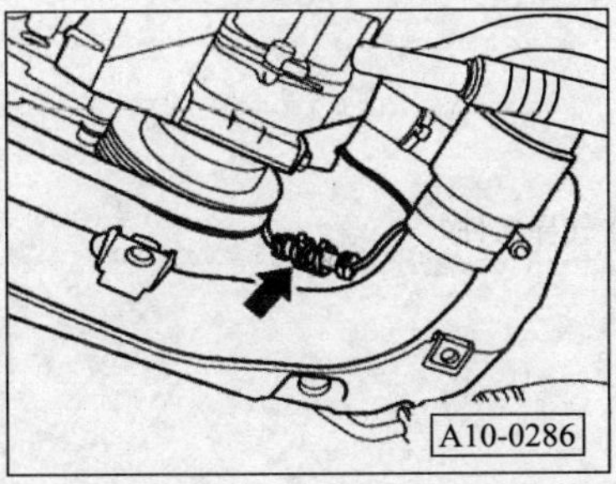	带空调的车，安装锁支架右下方的压缩机电磁离合器的绿色供电插头

图　　例	说　　明
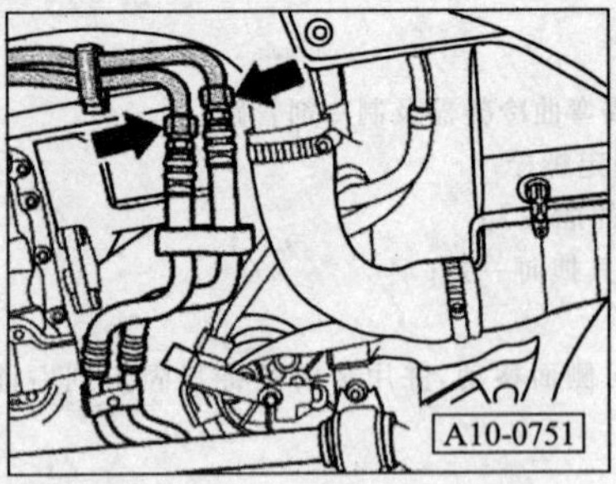	带自动变速器的车，安装箭头所示自动变速器机油管
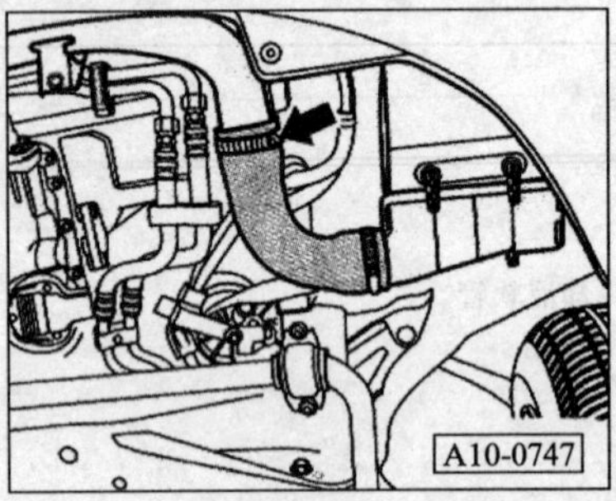	1. 安装通往锁支架左下部增压空气冷却器的空气软管； 2. 安装通往锁支架右下部废气涡轮增压器的空气软管
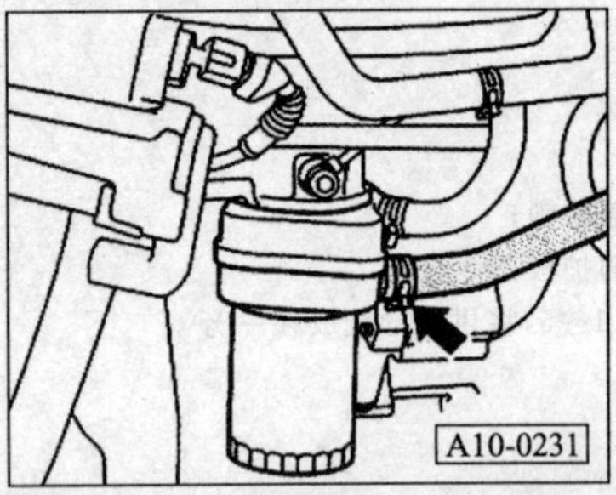	安装机油冷却器冷却液软管
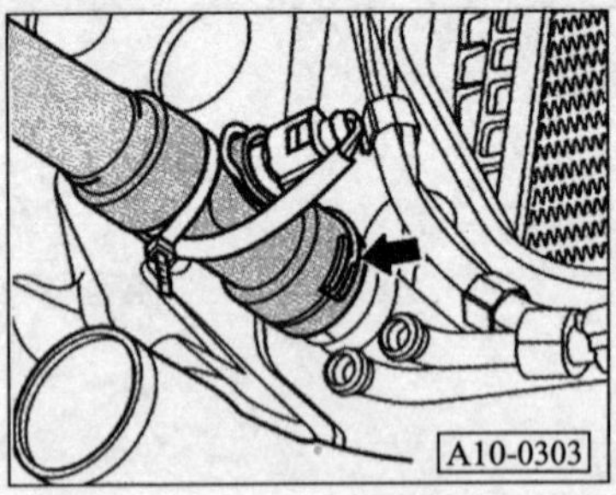	安装冷却液软管夹箍
	安装增压空气冷却器前部的空气导向件

图　例	说　明
	安装保险杠快速接头及箭头所示螺栓
	1. 安装箭头所示的螺栓； 2. 安装空气导管 1 和 2
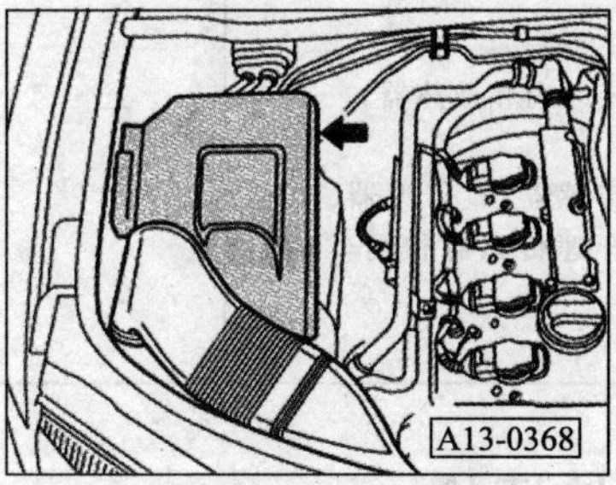	安装箭头所示的空气滤清器盖
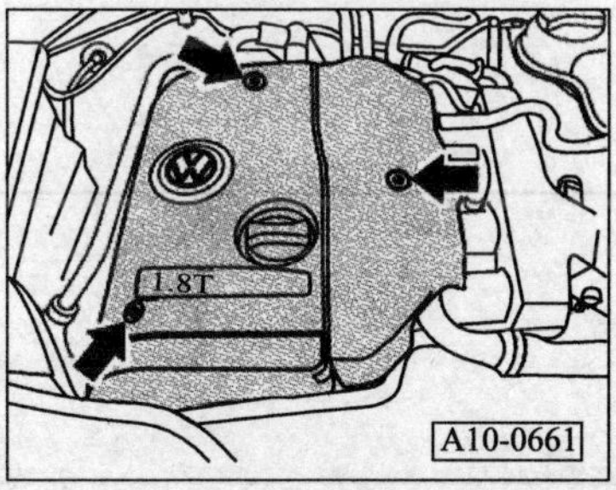	拆下发动机盖罩
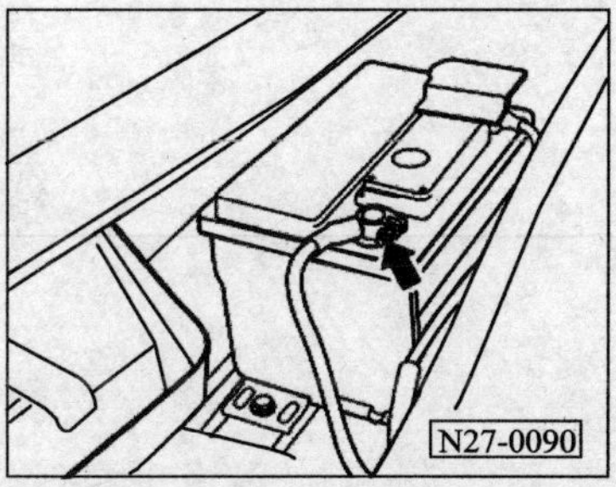	1. 连接箭头所示的蓄电池地线； 2. 安装冷却液膨胀罐盖

汽车发动机更换附件作业方案见表6-14。

表6-14 汽车发动机更换附件作业方案

车辆信息描述	车辆描述		
	车辆发动机描述		
注意安全事项	(1)注意人身和机件的安全,不了解情况的;先了解后动手,特别是注意在车底下工作时的人身安全; (2)未经许可,不准扳动机件和乱动电器按钮开关; (3)注意防火; (4)认真接受实习前的安全知识教育		
作业项目	作业步骤和要领		检查记录
发动机更换附件作业	1. 用小吊车和发动机吊机吊住发动机的吊耳(吊钩的位置应能保证发动机重心平衡); 2. 安装排气歧管和排气管的连接螺栓,安装发动机左右两侧的发动机与车身的固定螺栓; 3. 安装车身上的搭铁线; 4. 安装动力转向助力泵带轮的螺栓,安装传动带,再从支架上安装动力转向助力泵; 5. 安装传动带和张紧轮; 6. 安装空调压缩机与支架的连接螺栓,取下传动带和压缩机; 7. 安装进油管和回油管; 8. 安装空调加热器的暖水管; 9. 安装节气门拉索上的片簧插片,从节气门控制臂上安装节气门操纵拉索; 10. 安装进气歧管罩固定螺栓,安装进气歧管罩,安装空气滤清器盖; 11. 安装空气滤清器到节气门体之间的进气软管; 12. 安装炭罐电磁阀的真空管、空气流量计插接器; 13. 安装散热器上、下水管,安装电动散热风扇的固定螺栓,安装风扇和散热器; 14. 装回放油螺塞,安装油底壳下的导流板; 15. 连接发动机、启动机、水温传感器、机油压力报警器、爆振传感器、氧传感器、转速传感器、霍尔传感器、活性炭罐电磁阀、发动机ECU变速器上的车速传感器和倒车灯开关导线的插接器; 16. 安装蓄电池的负极线		

教学活动三 自我测试与考核评价

自我测试内容见表6-15。

表6-15 自我测试

发动机磨合的目的是什么?
什么是冷磨合,什么是热磨合?
无负荷热磨合和有负荷热磨合的区别是什么?

考核评价见表 6-16。

表 6-16 考核评价表

班级：______ 姓名：______ 学号：______

项目	自我评价			小组评价			教师评价		
	10-9	8-6	5-1	10-9	8-6	5-1	10-9	8-6	5-1
	占总评 10%			占总评 30%			占总评 60%		
学习活动 1									
学习活动 2									
协作精神									
纪律观念									
表达能力									
工作态度									
安全意识									
任务总体表现									
小计									
总评及教师评语									

任课教师：______ 年 月 日

参 考 文 献

[1] 吕秋霞．汽车发动机构造与维修［M］．北京：人民交通出版社，2005.
[2] 刘建平．汽车发动机机械维修工作页［M］．北京：人民交通出版社，2007.
[3] 刘炽平，符强．汽车发动机机械系统检修［M］．上海：上海交通大学出版社，2012.
[4] 赵殿明．汽车发动机构造与维修［M］．哈尔滨：哈尔滨工业大学出版社，2013.